MATLAB
程序设计语言

汤 波 主编

清华大学出版社
北京

内 容 简 介

MATLAB 功能强大,编程方便,是国际公认简单且高效的工程计算软件。目前已有很多书籍介绍其在工程上的应用,但很少从一门程序设计语言的角度介绍它。

本书不对 MATLAB 基础操作进行过多介绍,而着重于 MATLAB 内部实现原理的分析,从而编写更为强大和高效的程序。MATLAB 语法和函数与 C 语言较为接近,而且涉及内存、对象等操作,因此本书较适合有一定 C 语言基础的读者。

图书在版编目(CIP)数据

MATLAB 程序设计语言/汤波主编.—北京:清华大学出版社,2022.6(2022.12 重印)
ISBN 978-7-302-60788-5

Ⅰ.①M… Ⅱ.①汤… Ⅲ.①Matlab 软件—程序设计 Ⅳ.①TP317

中国版本图书馆 CIP 数据核字(2022)第 075843 号

责任编辑:佟丽霞 王 华
封面设计:常雪影
责任校对:赵丽敏
责任印制:朱雨萌

出版发行:清华大学出版社
   网 址:http://www.tup.com.cn,http://www.wqbook.com
   地 址:北京清华大学学研大厦 A 座 邮 编:100084
   社 总 机:010-83470000   邮 购:010-62786544
   投稿与读者服务:010-62776969,c-service@tup.tsinghua.edu.cn
   质量反馈:010-62772015,zhiliang@tup.tsinghua.edu.cn
印 装 者:三河市天利华印刷装订有限公司
经 销:全国新华书店
开 本:185mm×260mm 印 张:17   字 数:411 千字
版 次:2022 年 7 月第 1 版   印 次:2022 年 12 月第 2 次印刷
定 价:72.00 元

产品编号:087269-01

MATLAB 既是一门编程语言,也是一种编程环境,形成集成的软件体系。由于"一切数据皆为数组"的数据类型设计、便于入门的动态类型和弱类型解释型语言、方便强大的图形绘制功能、丰富的工具箱支持,以及堪称典范的帮助系统,MATLAB 业已发展为国际公认功能强大的工程计算软件。

这里简单介绍一下编写本书的初衷、内容和特点。

如今 MATLAB 相关书籍很多,极大地方便了用户学习和掌握这门语言。但大部分书籍着重介绍 MATLAB 函数,对于 MATLAB 语言环境下独特的编程思想和编程方法的讨论不是很多;部分书籍面向专业场景介绍 MATLAB 专业函数用法,对于通用场景的优化使用讨论也不多。

作者在学习和使用 MATLAB 过程中,一次次被其数组和图形系统的内在统一性及协调性所折服,由于其他书上很难找到这些资料,因此萌发了发掘其实现原理以及应用场景,编写一本书的想法。作者并不希望本书成为又一本 MATLAB 函数使用说明书,而希望其成为一本 MATLAB 技术说明书。其着眼点不在函数用法,而在 MATLAB 的内部实现原理、语言范式上,并通过构建一系列微型应用场景,比较多个程序,剖析 MATLAB 的独特用法。

全书主要由三部分构成,分别为通用编程、图形系统和文本 IO。

第一部分是通用编程。其中剖析了"一切数据皆为数组"的内部实现,介绍了MATLAB 数据内部存储结构、传值和写时复制机制等。以完全数为例,通过 10 种不同的实现方法,演示了向量化编程和数据流编程方法;详细解读了函数数据类型作为形参、作为返回值,以及作为高阶函数、作为闭包等用法,初步触及了函数式编程理念;通过闭包引出了面向对象编程方法,以银行账户为例,用 MATLAB 解读了封装、继承、动态绑定等,着重分析了 MATLAB 中值和句柄类的内部实现、面向对象编程方法等。

第二部分是图形系统。采用简单案例分析 MATLAB 中高阶图形函数后,详细介绍了MATLAB 图形对象系统构成、对象句柄的获取和控制方法。作者构造了 10 个例子来揭示这些精细控制,如实现 Word 中的艺术字效果,用特殊线型绘图,将图例置于文字下方,在图形中显示表格等;作为工程应用,绘制美观图形可以让工作结果升华,作者从清晰、字体、颜色、空间和表现形式等 5 个方面解读了如何绘制美观的图形;最后介绍了构建用户界面,研究了 6 种方式实现控件句柄的获取和控制、Java 数据类型和用 Java 定制界面的方法。

第三部分是文本 IO。可能所有的工程问题,突破原理最后都只剩下了插值和 IO。IO 中难的是字符串生成,比字符串生成更难的是字符串读取。作者通过字符分割案例,以及 7 种不同的实现方法,比较了字符级别处理、字符串级别处理、词法级别处理方法。在词法级别处理中,深入介绍了正则表达式及其在 MATLAB 中的几个特殊扩展。最后给出了工作过程中抽象出来的几个小的读取文本案例,比如非纯数值规则文本读取、读取带注释文本、通过编写模板读取文件等。

本书最后一章为一个综合案例,在 MATLAB 帮助中,可以通过"参阅"(see also)从单个函数引申到一类函数。哪个函数"参阅"其他函数最多?哪个函数被"参阅"得最多?作者编写 MATLAB 程序进行了研究,这里涉及通用编程、图形界面、文本 IO、算法等,同时通过例子加深了对 MATLAB 中强大帮助系统的理解。

作者在编写本书过程中找到了很多乐趣。如在写完全数程序中引出了数据流编程方法,作者突然想起 Simulink 就是这种架构,因此用 Simulink 建了一个完全数识别器;在编写正则表达式中,想起 Stateflow 就是有限状态机,因此又用 Stateflow 建了一个数字识别器。做完这些事情,再一次感受到了 MATLAB 的博大精深,对 Simulink 和 Stateflow 的认识也提高了一些。作者希望能找到更多志同道合的读者,一起挖掘和体会这些乐趣。

本书在编写过程中秉持三个特点。首先,它是一本研究性的书,很多功能作者没有直接给出结果,而是通过将相关概念一遍遍尝试,由 MATLAB 的输出给出结论。这可能给阅读带来一定困难,但作者希望这种写法对于真正想了解机理、编写更好程序的读者有用;其次,它是一本实用的书,对于每个研究得出的结果,作者构造了大量不超过 50 行代码的程序来展示这些研究成果,对冲研究性描述带来的阅读困难。这些程序对应于实用场景,比如用 MATLAB 实现指针和二叉树、滚动截屏、代码复制为彩色、做文件缓存等,小程序既反映了相应知识点,也可以在真实场景中应用;最后,书中嵌入了计算机知识的介绍,如数据流、函数式、面向对象编程范式、Knuth 和 TeX、John Conway 的生命游戏、眼睛视觉与绘图颜色、Metapost/asymptote/Graphviz 绘图软件等,希望能提升读者对计算机程序的兴趣。

为了在研究过程中,便于比较运行效率和输出内存结果,本书中案例和输出都是用 MATLAB 2010b 的 32 位版本实现的,这个版本很老,很多函数可能已经更新,或者有更好的。但作者相信,对于编程思想和编程方法的理解,是超越了版本号的。

由于作者水平有限,书中难免出现错误,恳请广大读者和同行批评指正,作者不胜感激。

目 录

CONTENTS

1

MATLAB是什么

20 世纪 70 年代末,MATLAB 诞生了。新墨西哥州大学计算机系主任克莱韦·莫勒(Cleve Moler)为了让学生方便地进行矩阵计算,封装了当时代表矩阵计算最高水平的线性代数计算库 LINPACK 和 EISPACK 的接口,建立了交互式计算平台 MATLAB,作为免费软件向公众开放。

20 世纪 80 年代初,史蒂夫·班格特(Steve Bangert)主持开发了解释器程序,史蒂夫·克莱曼(Steve Kleiman)完成了图形功能设计,约翰·利特尔(John Little)和克莱韦·莫勒主持开发了数学分析模块,编写了用户指南,形成了 MATLAB 的第一个商业版本。

5.0 版后,MATLAB 引入了更多的数据结构,如多维矩阵等,使用更为方便。5.3 版本后,MATLAB 核心由 Fortran 转为了 C 语言。

7.2 版后,MATLAB 版本采用年代命名法,7.2 版以 R2006a 命名。至此,MATLAB 版本每年发布两次并按 a 和 b 后缀命名。

如今 MATLAB 既是一门编程语言,也是一种编程环境,形成集成的软件体系,并具有如下特点:

(1)"一切数据皆为数组"的数据类型设计。语言抽象能力大幅提升,提高了代码的简洁性和可读性。

(2)动态类型(无须显式声明数据类型)、弱类型(变量获得类型后仍可赋值为另一种数据类型)的解释型语言。MATLAB 采用了运行期间确定数据类型,且数据类型可变的设计,以程序执行效率为代价,大大解放了编程的学习成本和人力成本。

(3)方便、强大的图形绘制功能。MATLAB 内置强大、易于使用、具备自动化控制能力的数据图形和交互界面制作功能,达到数据计算、数据展示的一体化。

(4)丰富、强大的工具箱支持。MATLAB 始终跟踪最新的数值计算库(BLAS、LAPACK 等),保证了矩阵计算函数的正确和高效;同时 MATLAB 吸收了工业界,尤其是控制领域的大量成果,形成了完善的工具箱支持。发展至今,对于日常工作,MATLAB 内部的函数和功能,几乎包罗万象,只有你不知道的,没有它缺少的。

(5)堪称典范的强大的帮助系统。

正是以上特点的综合作用,MATLAB业已发展为国际公认功能强大的工程计算软件。

MATLAB最常用的4个界面如图1-1～图1-4所示,分别为主窗口、编辑器窗口、绘图窗口和帮助窗口,这4个界面将是本书的主要内容。其他的如Simulink、界面制作等界面未列出,本书会少量涉及。

主窗口中,命令窗口(command window)为最主要界面,类似Windows下的DOS窗口或Linux下的Shell窗口,在命令提示符">>"后输入命令,按回车键即可反馈输出。

其余均为辅助界面,比较重要的为工作空间(workspace),用于显示本环境中内部储存变量。主窗口中部件均为浮动窗口,可根据习惯任意增删或排列,其操作习惯与Windows其他软件完全相同。

图1-1　MATLAB主窗口

图1-2　MATLAB编辑器窗口

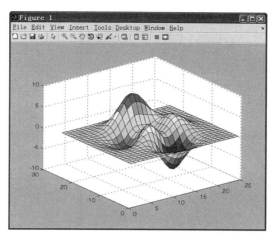

图 1-3　MATLAB 绘图窗口

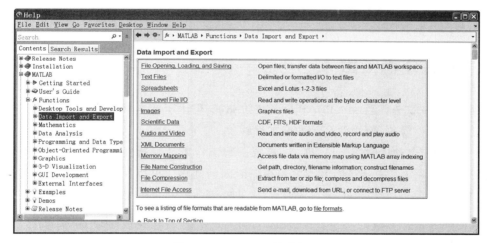

图 1-4　MATLAB 帮助窗口

作为例子,可在命令窗口中输入如下命令后按回车键

```
>>  disp('Hello world!')
```

或在主窗口菜单中选择 File/New/Blank M-File,弹出编辑器窗口,在其中敲入

```
>>  disp('Hello world!')
>>  A = [1 2 3; 4,5,6]
>>  B = pinv(A)
>>  A * B
>>  text(0.5,0.5,'Hello world!')
```

输入到编辑器中,保存后按 F5 键运行,观察其输出结果。

关于窗口的使用读者可自行摸索,此处不再赘述。

2

MATLAB入门

2.1　性能分析函数

性能分析一般是熟悉 MATLAB 后的进阶功能，但由于在本书中常会用到，因此放到最前面，它的使用很简单，使用两套函数基本就够了。

tic/toc：tic 启动计时器。tic 和 toc 函数一起工作来计量逝去的时间。tic 自身存储当前时间，稍后使用 toc 来计算当前与之前存储时间的间隔。可以使用 tic;toc 对来获取两者之间时间间隔，也可以使用 t1＝tic;toc(t1) 来获取当前到 t1 的时间。

profile：程序执行时间分析器。profile on 启动分析器并清除之前记录。profile viewer 图形化显示记录结果。

2.2　数据类型

在 MATLAB 2010b 版本，MATLAB 内部使用 15 种数据类型，如图 2-1 所示。这些类型均组成矩阵或向量，矩阵或向量最低维数为 0×0。

"一切皆数组"，这是 MATLAB 变量的最大特点。如 a＝3，代表 a 为 1×1 数组。MATLAB 内部大多数函数均是操作数组并返回数组，如[3 4]＝＝[3 4]并不是返回1，而是[1 1]。

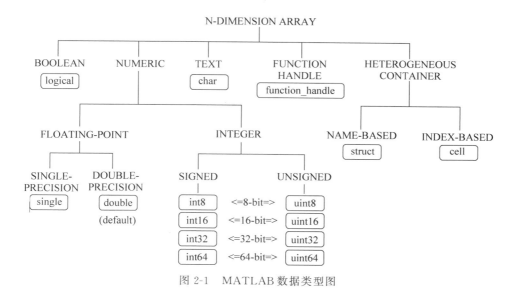

图 2-1　MATLAB 数据类型图

2.3　常用操作符

操作符是语言中使用最多的方法的助记符,对操作符掌握的程度体现了对一门语言掌握的程度。MATLAB 中定义了丰富的操作符(表 2-1),且不少操作符含有多重含义,需要在 MATLAB 使用中反复体会。

表 2-1　常用操作符列表

操作符	名　称	含　义	操作符	名　称	含　义
@		生成 λ 函数/类文件夹	.	点号	小数/结构体/类方法/当前文件夹
:	冒号	生成矩阵、矩阵切片等	..	点点	上层文件夹
,	逗号	元素分隔/数组列分隔符	…	省略号	续行
!	感叹号	调用操作系统命令	.()		结构体动态访问
()	圆括号	数组下标/函数	%	百分号	注释/输出格式控制
+	加号	正数/包文件夹	%{ %}		多行注释
[]	中括号	数组生成、拼接	~	波浪号	函数调用中忽略的参数
;	分号	不显示变量/数值行分隔符/分隔多条命令	{}	大括号	元胞数组生成
' '	单引号	字符串		空格字符	行中元素分隔符/函数输出分隔符
*	星号	在某些命令中用于模式匹配	/或\	斜杆或反斜杆	访问文件夹

在 MATLAB 中:

(1) 单行注释符号是"%",多行注释为%{　%}(但相信大多数人不会用它,因为还有什么比选中行,然后按 Ctrl+R 快捷键更方便的呢?);

(2) 续行符号是"…";

（3）字符串使用单引号"'"，而不是双引号；

（4）在命令后使用分号"；"可关闭显示变量；

（5）数字采用()访问，下标从1开始。

在 MATLAB 帮助的 Programming Fundamentals/Basic Program Components/Symbol Reference 可以看到关于 MATLAB 这些符号的说明。

2.4　常用运算符

常用运算符如表 2-2 所示。

表 2-2　常用运算符列表

运算符	含　义	运算符	含　义
[]/()/{}	数组生成、访问	.	结构体访问
;	不显示变量	,	分隔
:	生成矩阵、矩阵切片	<	小于
+	加	>	大于
-	减	<=	小于等于
*	乘(矩阵运算)	>=	大于等于
.*	点乘(逐元素运算)	==	等于
/	除(矩阵运算)	~=	不等于
./	点除(逐元素运算)	&	与(逐元素运算)
\	左除(矩阵运算)	|	或(逐元素运算)
.\	左点除(逐元素运算)	~	非(逐元素运算)
^	指数(矩阵运算)	&&	标量与
.^	点指数(逐元素运算)	||	标量或
'	转置/字符串		

在 MATLAB 中：

（1）存在逐元素运算和矩阵运算，一般情况下两者均返回矩阵(而不是 $1×1$ 数组)；

（2）为了掌握矩阵宏观规律，比如是不是都是 0 等，需要联合一些函数使用，如 any 函数(所有都为 0 则返回 0)或 all(所有都为 1 则返回 1)函数。

2.5　常用操作符和运算符优先级

常用操作符和运算符优先级如表 2-3 所示。

表 2-3　常用操作符和运算符优先级列表

优先级(从大到小)	符　号	备　注
1	()	
2	.' , ^ , .^	
3	+ - ~	+- 分别代表正负号，为单目运算符

续表

优先级（从大到小）	符　　号	备　　注
4	.* ./ .\ * / \	
5	＋ －	
6	:	
7	< <= > >= == ~=	
8	&	
9	|	
10	&&	
11	||	

在 MATLAB 中,冒号操作符优先级比加减乘除都要小,在使用时需尤其注意。如 [1:3+2]得到的是[1 2 3 4 5],[(1:3)+2]才能得到[3 4 5]。

2.6　变量赋值和字符显示

```
>>  a = 3          % 赋值 3 到变量a并显示结果到命令窗口
>>  b = 4;         % 赋值 4 到变量b,输入分号后结果不显示
>>  disp(b)        % 显示变量 b 的值
```

第 1 行和第 2 行中进行了变量赋值,第 3 行显示变量值。

MATLAB 中处理变量的一些基本命令包括:

(1) who 显示当前变量,含更多信息的形式为 whos。如 b＝whos('a')。

(2) clear 清除工作空间变量,后可接一些控制参数。如 clear global。

(3) exist 检测变量或函数等是否存在。如 exist('a')。

(4) disp 显示变量值,更具有定制化的形式为 sprintf。如 disp('abc')。

disp 有个特殊的功能,它可以显示超链接,包括 HTML 链接、FTP 链接,以及 MATLAB 命令(使用 matlab:前缀)。例如:

```
>>  disp('< a href = "matlab:a = 3,b = 4"> hyperlink </a>')
```

第 1 行在窗口显示 hyperlink,单击后会执行 a＝3,b＝4 命令。

2.7　数值矩阵

MATLAB 中,使用中括号[]一次性输入数值矩阵内元素,采用()依次输入或访问数值矩阵内元素,数组下标从 1 开始。[]本身代表空数组,删除操作可以采用赋值为[]实现。例如:

```
>>  A = []              % A 为空数组
>>  A = [1,2,3]          % A 为 3 维行向量,中间用逗号或空格分隔
>>  B = [-1;-2;3]        % A 为 3 维列向量,中间用分号或回车分隔
>>  C = [1:3;4,5,6]      % C 为 2×3 矩阵,赋值时 a:b:c 代表从 a 间隔 b 直至不越过 c(可能不等于 c)
>>  A(4) = 4             % A 变为 4 维行向量
>>  C(2,3)               % 输出 6
>>  C(:,1:2)             % 输出列向量[1 2;4 5],访问值时单独的冒号表示访问的行或列的所有值
>>  C*C'                 % 输出[14 32; 32 77],变量右侧单引号表示矩阵转置,上式表示 C 和其转置的
                         % 矩阵乘积,要求左侧矩阵列维数与右侧矩阵行维数相同
>>  C.*C                 % 输出[1 4 9; 16 25 36],英文句号和乘号的组合表示矩阵相应元素乘积,
                         % 此时要求两矩阵维数完全一致
>>  D = abs(B)           % 输出[1 2 3],MATLAB 内置语法可作用到向量或矩阵的每一个元素上,再组合成
                         % 同样维数的向量或矩阵,称之为向量化操作,这点与 C 语言习惯不同,是个比
                         % 较重要方便的特性
>>  C(:,1) = []          % 删除 C 的第一列,此时输出 C = [2 3;5 6]
```

2.7.1 中括号操作符

中括号操作符用于代表空数组:

```
>>  isempty([])
```

创建数组:

```
>>  A = [1; 2; 3]
```

它还可以用于拼接数组,创建数组其实就是一种拼接:

```
>>  B = [A,eye(3)]
```

在函数中,还可以使用中括号返回一个函数的多个输出:

```
>>  [A,B] = find(A == 0)
```

2.7.2 冒号操作符

冒号操作符是 MATLAB 中最有用的操作符,它可用于创建数组,进行数组切片或用于循环。在创建数组时:

j:i:k 表示从 j 开始,步长 i,直至不大于 k 的数组,数学表述为 [j,j+i,j+2i,…,j+m * i],其中 m=fix((k−j)/i),如果 i==0,或 i>0 且 j>k,或 i<0 且 j<k 时,上述命令返回空矩阵[]。

j:k 等价于步长为 j:1:k。如 1:3 等价于[1,2,3]。

在数组切片时冒号代表本维度的所有元素:

A(i,:)访问 A 的第 i 行。

A(:,j)访问 A 的第 j 列。

A(:,:)为等价的二维矩阵,当 A 为矩阵时 A(:,:)和 A 值相同。

A(j:k)冒号代表创建数组,等价于 A([j,j+1,…,k])。

A(:,j:k)第一个冒号表示切片所有行,后一个冒号创建 j:k 数组,为[A(:,j),A(:,j+1),…,A(:,k)]。

A(:,:,k)返回三维数组第三维的第 k 个元素。

A(:)返回 A 所有元素,并转化为列向量。

用于循环时,冒号操作符作用仍为创建数组:

for i=2:3:8 等价于 for i=[2 5 8],代表 i 循环 3 次,分别为 2、5、8(但 MATLAB 在实现上,对冒号操作符效率有所优化)。

for i=1:length(a)最为常用,代表从 1~向量长度循环。

使用冒号操作符中尤其需要注意其优先级小于加减乘除号,因此[1+2:4]的结果为[3,4],而不是[3,4,5]。

2.7.3　数组切片

数组本身可以接受数组作为参数,访问或修改数组的元素。可翻译为切片(slicing)。

```
>>  a = [1 2 3;4 5 6;7 8 9];
>>  a([2,3],[3,2,1])                          % 输出[6 5 4; 9 8 7]
>>  a([2,3],[3,2,1]) = 3                       % 输出[1 2 3;3 3 3;3 3 3]
>>  a([2,3],[3,2,1]) = [60 50 40; 90 80 70]    % 输出[1 2 3;40 50 60;70 80 90]
>>  a([2,3],[3,2,1]) = a([2,3],[3,2,1]) * 10   % 输出[1 2 3;400 500 600;700 800 900]
```

MATLAB 可以用矩阵切片访问数组,a([2,3],[3,2,1])的含义为:访问一个 2×3 数组 b,b(1,1)⇔a(2,3),b(1,2)⇔a(2,2),b(1,3)⇔a(2,1),…。

切片中重要的操作符除了":",还有"end",用于表示本维度的最后一个元素。例如:

```
>>  a = [1:3;4:6;7:1:9];
>>  a(end, :)   % 输出[7 8 9]
```

MATLAB 还引入一种特殊的切片,称为逻辑(logical)切片,其访问效率略高于 find 操作符,可用于提供一种数组切片。

```
>>  a = [1 2;3 4];
>>  a([1 1;1 0])                    % 错误,??? Subscript indices must either be
                                    % real positive integers or logicals.
>>  a(logical([1 1;1 0]))           % 输出[1;3;2],logical 将默认的 double 型矩
                                    % 阵转换为逻辑型矩阵
>>  a = 1:10^7;tic,a(find(a>100)) = 10;toc   % Elapsed time is 0.531437 seconds.
>>  a = 1:10^7;tic,a(a>100) = 10;toc         % Elapsed time is 0.148712 seconds.
```

2.7.4　矩阵生成

大多数数值计算程序的核心是对矩阵的操作,而矩阵操作的核心是矩阵的生成。MATLAB 提供了难以计数的矩阵生成方法,可粗略进行归类如下。

2.7.4.1　直接赋值

利用[ ]等直接赋值,此处不再赘述。

2.7.4.2　直接生成

通过 MATLAB 自带命令直接生成,这些自带命令提供了直接赋值的组合包装,使用更为便利。

zeros/ones/eyes 生成元素为 0/1/单位矩阵。例如:

```
>>  a = zeros(3,4)
```

diag 根据对角元素生成矩阵,或从矩阵提取对角元素。例如:

```
>>  a = diag(1:3)
```

rand 生成随机矩阵。例如:

```
>>  a = rand(3,4)
```

reshape 改变矩阵维度而不改变元素。例如:

```
>>  a = reshape(rand(3,4),[4,3])
```

linspace/logspace/meshgird 生成线性排列/指数排列向量/网格,例如:

```
>>  a = linspace(10,1,10)
>>  [X Y] = meshgrid(a,2 * a)
```

hilb/invhilb/toeplitz/compan/hadamard/hankel/magic/pascal/rosser/vander/wilkinson 生成各种特殊矩阵。

gallery 加参数如 circul/dorr/house/invhess/jordblock/poission/vander/wilk 可生成 Householder/Hessenberg/Jordan/Poission/Vandermomde/Wilkinson 等矩阵。

2.7.4.3　数学运算生成

$+-*/^$为基本数学运算,其中乘法和除法除了提供矩阵操作,也提供逐元素操作的"点乘"。例如:

```
>> a = [1 2; 3 4; 5 6]
>> b = [1 2 3; 4 5 6]
>> c = [1 1; 1 1]
>> a * b          % a(3x2)和 b(2x3)矩阵乘积,需要 a 的列数与 b 的行数相等,得到 3x3 数组
>> a. * b'        % a 和 b 的转置点乘,需要 a 的维度与 b 转置的维度完全相等,得到 3x2 数组
>> b\c            % b 左除 c,假设结果为 a,相当于 b * a = c,得到 3x2 数组
>> (b * a).\c     % (b * a)左点除 c,矩阵维度必须一致
```

sum/norm/det/rank/trace/inv 求矩阵和/范数/行列式/秩/迹/逆。例如：

```
>> a = rand(3,3)
>> rank(a)            % 矩阵的秩
>> trace(a)           % 矩阵的迹
>> norm(a)            % 矩阵范数
```

eig/lu/chol/qr/planerot/rjr/schur/svd 求 矩 阵 特 征 向 量、LU/Cholesky/QR 分 解、Givens/Jacobi 旋转、舒尔、SVD 分解等。例如：

```
>> a = rand(3,3)
>> [v d] = eig(a)        % 特征值和特征向量
>> [q r] = qr(a)         % qr 分解
>> [u s v] = svd(a)      % svd 分解
```

2.7.4.4 组合生成

[]/cat 矩阵拼接。

repmat 重复或铺砌数组。例如：

```
>> a = repmat([1 2; 3 4],[2 3]) % 行上重复 2 次,列上重复 3 次
```

accumarray 通过聚集下标生成。accumarray 的使用较为复杂,详见 2.7.5.7 节。

2.7.4.5 变形生成

'/transpose,permute 数组的转置,'/transpose 用于一二维,更高维使用 permute。例如：

```
>> a = [1 2; 3 4; 5 6]
>> a'
>> permute(a,[2 ,1])        % 与 a'相等
>> a = rand(1,2,3,4);       % a 为 1x2x3x4 的 N 维矩阵
>> size(permute(a,[3 2 1 4])) % 现在为 3x2x1x4,高阶无法使用'
```

circshift 循环移动数组。例如：

```
>> A = [ 1 2 3;4 5 6;7 8 9];
>> B = circshift(A,1)           % 1、2 行下滚,7 8 9 移到第一行
>> C = circshift(A,[1 -1])      % 先按行滚动 A,然后按列滚动,得到[8 9 7;2 3 1;5 6 4]
```

reshape 改变矩阵维数但不改变矩阵数值顺序。由于 MATLAB 中矩阵按列存储,很多执行结果和直观看到的不一致,在使用 reshape 时需格外小心。例如:

```
>>  a = [1 2 3; 4 5 6]
>>  a(:)                    % matlab 按列存储,a 的顺序为 1 4 2 5 3 6
>>  b = reshape(a,[3 2])    % b 为[1 5; 4 3; 2 6]
>>  b(:)                    % b 的顺序仍为 1 4 2 5 3 6
```

rot90/flipud/fliplr 矩阵逆时针转 90°/上下交换/左右交换。例如:

```
>>  a = [1 2 3; 4 5 6]
>>  rot90(a)               % 逆时针转 90°,得到[3 6; 2 5; 1 4]
>>  fliplr(a)              % 左右镜像,得到[3 2 1; 6 5 4]
```

sort 排序。例如:

```
>>  a = [1 2 3; 4 5 6]
>>  [b i] = sort(a,2,'descend')  % 2 表示按矩阵第二维(列)排序,descend 表示降序
```

unique/intersect/union 集合唯一/交/并。

```
>>  a = repmat([1 2 3; 4 5 6],[2 3])
>>  unique(a,'rows')           % 返回不重复的行
>>  [b i j] = unique(a)        % 返回不重复的数,以及在矩阵中出现的下标,b = a(i),a = b(j)
```

2.7.4.6 逻辑生成

is???? 谓词(isempty,isnumeric,isglobal,ischar,iscell,isnan)等返回逻辑(logical)类型。例如:

```
>>  isnumeric('abc')        % 返回 0
>>  isnan([1 2 nan 3])      % 返[0 0 1 0]
```

find 查找元素。例如:

```
>>  [1 2 3 0] == 0          % 返回[0 0 0 1]的逻辑数组
>>  find([1 2 3 0] == 0)    % 返回 4
```

any 如含任何非零元素则返回 1,all 如含任何零元素则返回 0。

```
>>  any([1 2 3 0] == 0)     % 是否有一个 1,返回 1
>>  all([1 2 3 0] == 0)     % 是否全部为 1,返回 0
```

2.7.4.7 高阶函数生成

arrayfun/bsxfun/cellfun/structfun 函数作用在矩阵/矩阵逐元素/元胞/结构体每个元

素上返回的数组。例如：

```
>> arrayfun(@sin,[1 2 3 4])          % 相当于 sin([1 2 3 4])
```

2.7.5 几个复杂的矩阵生成命令示例

如善用上述矩阵生成命令，有利于编写更简洁高效的程序。如常用的 find、sort、unique 等，较为常用的 repmat、arrayfun、cellfun 等，以及不太常用的 bsxfun、accumarray 等。

2.7.5.1 find 示例

```
>> X = [1 0 4 -3 0 0 0 8 6];
>> X>0                   % 返回[1   0   1   0   0   0   0   1   1]
>> find(X)               % 按顺序返回所有非零元素的下标[1 3 4 8 9]
>> find(X,4)             % 按顺序返回最多4个非零元素的下标[1 3 4 8]
>> find(X,4,'last')      % 从后往前按顺序返回最多4个非零元素的下标[3 4 8 9]
>> find(X>2)             % 按顺序返回所有大于2的元素的下标[3 8 9]
>> find(0<X & X<5)       % 注意使用 & 表示逐元素
>> [r,c,v] = find(X)     % r为所有非零元素的行下标,c为列下标,v为值
```

2.7.5.2 sort 示例

```
>> A = [78 23 10 100 45 5 6];
>> sort(A)               % 返回5        6     10     23     45     78     100
>> A = [3 7 5; 0 4 2];
>> sort(A,1)             % = sort(A),按列排序返回[0 2 4;3 7 5]
>> sort(X,'descend')     % 按列排序降序返回[3 7 5;0 2 4]
>> sort(A,2)             % 按行排序返回[3 5 7;0 2 4]
>> [B,IX] = sort(A,2)    % B为排序值=[3 5 7;0 2 4]; IX为对应下标=[1 3 2;1 3 2]
```

需注意的是，find 默认返回下标，而 sort 默认返回值。

2.7.5.3 unique 示例

```
>> A = [1 1 5 6 2 3 3 9 8 6 2 4]
>> unique(A)             % 不按原有顺序返回[1 2 3 4 5 6 8 9]
>> [b,m,n] = unique(A)   % 返回b同上,m=[1 5 6 1 2 3 4 9 8],n=[1 1 5 6 2 3 3 8 7 6 2 4],保证
                         % b=A(m),A=b(n)
```

2.7.5.4 repmat 示例

```
>> repmat([1 2;3 4],3,2)     % 返回 [1 2 1 2;3 4 3 4;1 2 1 2;3 4 3 4;1 2 1 2;3 4 3 4]
```

2.7.5.5 arrayfun 示例

```
>>  A = [1 2 3;4 5 6];B=[1 2 3;4 5 6];
>>  arrayfun(@minus,A,B)                          % 等价于 A-B,@表示 λ 表达式
>>  arrayfun(@(a,b) a * b,A,B)                     % 等价于 A. * B
>>  arrayfun(@minus,A,B,'UniformOutput',false)     % 将每个运算元素纳入元胞数组
```

在很多时候使用 cellfun,可简化程序编写。例如:

```
>>  cellfun(@(s) ['  ' s],{'ab' 'cd' 'ef'},'UniformOutput',false)    % 在每个字符串前增加两
                                                                     % 个空格
```

2.7.5.6 bsxfun 示例

MATLAB 直接支持矩阵和标量(1×1 矩阵)运算,但不直接支持按行或列运算。

```
>>  A = [1 2 3;4 5 6]; B=1; C=[1;2];
>>  A-B; A-C               % 支持 A-B,不支持 A-C
>>  A-repmat(C,1,3)        % C 为 2×1 维,不能与 A——相减,因此采用 repmat 凑足维数
>>  bsxfun(@minus,A,C)     % 直接采用逐元素操作,bsxfun 发现前者对应维无元素且对应维度
                           % 上为标量时,直接减去此标量
```

2.7.5.7 accumarray 用法

A＝accumarray(subs,val,sz,fun,fillval,issparse)

如上的 accumarray 命令中,fun、fillval、issparse 分别代表操作函数、填充值和是否输出为稀疏矩阵,理解的难点在 subs,它有两个含义。

第一个含义是 subs 自身的列位置。如 subs 为[1;2;4;2;4],一共 5 个元素,列位置分别为[1;2;3;4;5],如 subs＝[1 2;1 2;4 1;3 1;4 1],列位置还是[1;2;3;4;5],这个列位置反映的是 val 值的映射。

第二个含义是 subs 的内容,它代表了在输出矩阵中的下标。如 subs 为[1;2;4;2;4],代表将结果输出到 1、2、4、2、4 的位置,如 subs＝[1 2;1 2;4 1;3 1;4 1],代表要将结果输出到[1 2]、[1 2]、[4 1]、[3 1]、[4 1]位置。这里输出位置有重复,比如 1、2、4、2、4 中,2 和 4 均输出了 2 次,但 3 和 5 不输出。

这种位置的空置和重复反映了 accumarray 的精髓:accumarray 是一个智能搬运工。它把 val 中各元素按需要(subs 内容)搬运到相应位置(subs 下标)。重复搬运的地方采用 fun 算子集成(默认为加法),没搬到的地方用 fillval 填充(默认为 fun([]))。如果还有位置没搬运到,但也需要填充,就用 sz 扩充一下矩阵维度。

```
>>  val = 101:105;
>>  subs1 = [1; 2; 4; 2; 4];
>>  subs2 = [1 2; 1 2; 4 1; 3 1; 4 1];
>>  A = accumarray(subs1,val)
>>  B = accumarray(subs2,val,[],@(x)sum(diff(x)))
```

返回(%部分为增加的注释,真实输出不含)。

```
A =
   101        % A(1) = val(1) = 101
   206        % A(2) = val(2) + val(4) = 102 + 104 = 206
     0        % 填充默认值 sum([])
   208        % A(4) = val(3) + val(5) = 103 + 105 = 208
B =

     0    - 1  % B(1,2) = sum(diff([val(2),val(1)]))
     0      0  % 填充默认值 sum(diff([]))
     0      0  % B(3,1) = sum(diff([val(4)]))
     2      0  % B(4,1) = sum(diff([val(3) val(5)]))
```

2.8　字符串

在两个单引号内申明字符串,其访问方法与数值矩阵一致。转义字符与 C 语言相同,由反斜杠\隔开,但引号通过重复单引号两次输入。基本语法为:

```
>> a = 'a''b''c\n'
```

字符串操作有如下基本命令:
upper/lower 字符串转化为大/小写。例如:

```
>> upper('abc')
```

blanks 创建空字符串。例如:

```
>> blanks(3)
```

deblank/strtrim 删除字符串尾端/两端空格。例如:

```
>> strtrim('   ab c   ')
```

strcmp/strcmpi/strncmp/strncmpi 比较(加 i 为不区分大小写,加 n 为仅比较前 n 个字符)字符串是否相等。例如:

```
>> strncmp('abcde','abc',3)
```

strcat/strvcat 基本与[]相同,但它可以一次性拼接几个元胞数组字符串。例如:

```
>> strcat({'Red','Yellow'},{'Green','Blue'})
```

sprintf 将格式化文本写入字符串。例如:

```
>> sprintf('The array is %dx %d.',2,3)
```

字符串的操作可以很复杂,将在后续章节介绍。

2.9　元胞数组

MATLAB定义了元胞数组(cell array),它和矩阵类似,但其中元素不仅仅为数值,也可以为矩阵、字符串,以及元胞数组。

元胞数组赋值和引用元素时用{},用()返回对应下标处的数据元胞,用[]拼接元胞,删除元胞时用()。例如:

```
>>  a = {1,'2',{3,4}}          % a 为 {[1]      '2'      {1x2 cell}}
>>  a{1}                       % 返回 1
>>  a(1)                       % 返回 {1}
>>  a = [a,3]                  % a 为 {[1]      '2'      {1x2 cell} 3}
>>  a{2} = []                  % a 为 {[1]      []       {1x2 cell} 3}
>>  a(2) = []                  % a 为 {[1]      {1x2 cell} 3}
>>  a = {a,3}                  % a 为 {{1x3 cell} 3}
```

2.9.1　小括号与大括号

表2-4列出了矩阵操作和元胞数组对应操作的实现方式对比。元胞数组存在小括号和大括号两种操作,使用小括号赋值时,需注意等式右侧为元胞。

表 2-4　矩阵和元胞数组括号操作对照表

操作类型	矩　　阵	元胞数组用法 1	元胞数组用法 2
数组直接生成	a=[1 2]	a={1 2}	
单个元素访问	a(2)	a{2}	a(2)仍返回元胞
多个元素访问	a([1 3])		a([1 3])仍返回元胞
单个元素赋值	a(3)=4	a{3}=4	a(3)={4}
多个元素赋单值	a(3:4)=4		a(3:4)={4}
多个元素赋多值	a(3:4)=[4 5]		a(3:4)={4 5}
数组拼接	a=[[1 2] [3 4]]		a=[{1 2} {3 4}]
数据删除	a(3)=[]		a(3)=[]
数据展开		a{2:3}	

2.9.2　逗号操作符与逗号分隔表

逗号可在矩阵、函数参数、命令中使用。它用于矩阵代表行分隔符,用于函数,作用是分割参数,用于命令,作用是切分不同命令(同时在命令窗口输出结果)。后两者,可以统称为逗号分隔表(comma-separated list)。例如:

```
>>  1,2,3
```

输出

```
ans =
    1
ans =
    2
ans =
    3
```

而元胞数组的大括号切片,返回的就是逗号分隔符。例如:

```
>> a = {1,2,3}; a{:}    % 输出同 1,2,3 的输出
```

利用这个特性,可发挥强大的力量。它可以作为多元素赋值,拼接赋值等:

```
>> a = {1,2,3}; [b,c,d] = a{:}                    % 等价于 b = 1;c = 2;d = 3
>> a = {1,2,3}; [a{:}]                             % 直接生成数组
>> c = cell(2,1); [c{:}] = deal([10 20],[14 12]);  % c{1} = [10 20],c{2} = [14 12]
>> d = struct('a',{1,2}); [d.a] = deal([10 20],[14 12]) % d(1).a = [10 20]
```

在有些动态程序中,函数参数个数事先是未知的,只有计算中才能知道。此时为了写出更好、更通用的程序,可利用逗号分隔表生成动态参数。例如:

```
>> X = - pi:pi/10:pi;
>> Y = tan(sin(X)) - sin(tan(X));
>> C{1,1} = 'LineWidth';        C{2,1} = 2;
>> C{1,2} = 'MarkerEdgeColor';  C{2,2} = 'k';
>> C{1,3} = 'MarkerFaceColor';  C{2,3} = 'g';
>> plot(X,Y,'-- rs',C{:})    % 相当于 plot(X,Y,'-- rs','LineWidth',2,'Mar...')
```

包括赋值,都可以视为动态参数的"语法糖"。例如:

```
>> [b,c,d] = a{:}                        % b、c、d 赋值
>> [b,c,d] = deal(a{:})                  % 等价于上式
>> [b,c,d] = deal(a{1},a{2},a{3})        % 等价于上式
>> [c{:}] = deal([10 20],[14 12])        % c 赋值
>> [c{1} c{2}] = deal([10 20],[14 12])   % 等价于上式
```

2.9.3　数值型数据结构之间的转换

数值型数据结构可以用矩阵、字符串和元胞存储。MATLAB 内置了大量转换函数(表 2-5~表 2-8)。

表 2-5　数值→元胞转换函数

函数名	功　能	示　　　例
mat2cell	将矩阵切割转换为元胞	mat2cell([1 2 3 4;5 6 7 8;9 10 11 12],[1 2],[1 3]) 矩阵先按行切两块,第 1 行和第 2~3 行,再按列切成两块,第 1 列和第 2~4 列

函数名	功　能	示　例
num2cell	将数值矩阵转换为元胞	num2cell(1:3) 生成{1,2,3}
arrayfun	对矩阵每个元素操作,返回矩阵或元胞(设置"UniformOutput"为 false)	arrayfun(@(x) x,[1 2]) arrayfun(@(x) x,[1 2],'UniformOutput',false) 生成[1,2]和{1,2}

表 2-6　元胞→数值转换函数

函数名	功　能	示　例
cell2mat	将元胞重新组合为矩阵	cell2mat({[1] [2 3 4]; [5; 9] [6 7 8; 10 11 12]}) 生成[1 2 3 4; 5 6 7 8; 9 10 11 12]
cellfun	对元胞每个元素操作,返回矩阵或元胞	cellfun(@(x) x,{1 2}) 生成[1,2]
deal	从输入提取输出	V={1 {2 3}}; [a,b]=deal(V{:}) 生成 a=1,b={2 3}

表 2-7　数值→字符串转换函数

函数名	功　能	示　例
char	将 ASCII 码转换为字符	char(65) 生成"A"
int2str	找到最近的整数将数值转换为字符串	int2str(3.4) 生成"3"
mat2str	生成[]输入格式的字符串	mat2str(magic(3)) 生成"[8 1 6; 3 5 7; 4 9 2]"
num2str	按指定格式(默认 4 个数字,如果需要加指数)将数据转换为字符串	num2str(pi,'%10.5f') 生成"3.14159"
dec2bin/dec2hex	将十进制数值转换为其他进制字符串描述	dec2hex(1234) 生成"4D2"
sprintf	按指定格式将数据转换为字符串	sprintf('%10.5f',pi) 生成"3.14159"

表 2-8　字符串→数值转换函数

函数名	功　能	示　例
cast/typecastint8/double...	将字符转为相应 ASCII 码值	cast('A','double') double('A') 均生成 65
str2double	将字符串转换为数值,如数值为多维则字符串用元胞组合	str2double({'2.71' '3.1415'}) 生成 [2.71 3.1415]
str2num	将字符串转换为数值	str2num('1+2i') 生成 1+2i(小心空格,如"1　+2i"将生成 1 和 2i,最好使用 str2double 代替)

续表

函数名	功 能	示 例
hex2dec/bin2dec...	将其他进制字符串转换为十进制数值描述	hex2dec('4D2') 生成 1234
sscanf	按指定格式将字符串转换为数据	sscanf('3.1415','%f') 生成 3.1415
eval	求值表达式	eval('3.1415+1') 生成 4.1415

2.10 结构体

MATLAB 结构体的元素不需要提前申明,使用语法看起来与 C 语言比较类似。

```
>>  a.b = 3; a.c = 'abc';            % 如之前 a 未赋值,则生成两个元素的结构体
>>  a = struct('b',3,'c','abc')      % 与上一致,生成两个元素的结构体
>>  fieldnames(a)                    % 返回 2x1 cell,内为结构体 a 所有元素名称
```

2.10.1 ()操作符

结构体也是数组。例如:

```
>>  a.b = 3;a(2).c = 4               % 会发现 a(1),a(2)均含有 b、c 两个元素
```

2.10.2 .()操作符

.()可动态访问结构体,这种访问方法在动态程序中尤为实用。例如:

```
>>  a.b = 3;
>>  name = 'b';
>>  a.(name)                         % 等价于 a.b
```

2.11 流程控制

MATLAB 中的流程控制与 C 语言看起来比较接近。

for 格式如下:

```
for(x = initval:endval)
    statements
end
```

while 格式如下：

```
while(expression)
    statements
end
```

if 格式如下：

```
if expression1
    statements1
elseif expression2
    statements2
else
    statements3
end
```

switch 格式如下：

```
switch switch_expr
  case case_expr
    statement
  case {case_expr1,case_expr2,case_expr3,...}
    statement
  otherwise
    statement
end
```

在 for、while 循环中，使用 break 跳出本层循环，使用 continue 命令跳至本层循环头部继续执行。

与 C 语言相比，对于 if 和 switch，注意其中的关键字分别为 elseif（无须空格）和 otherwise。

此外，MATLAB 采用 end 作为流程控制的结束。从 C 语言切换过来时常会忘记写 end，对于这种明显错误，MATLAB 编辑器垂直滚动条（如果程序太短则未显示）右侧会有深红色提示。将鼠标移上去后，可显示如下图形。

```
Line 13: An END might be missing, possibly matching IF.
```

如果确实丢失了 end，运行程序时会得到如下错误提示。

```
??? Error: File: XXXX.m Line: XXX Column: XXX
At least one END is missing: the statement may begin here.
```

2.12　命令、脚本和函数

MATLAB 单条程序的语法存在两种形式：命令（command）和函数（function）。命令的参数用空格分割，对应的函数形式是将参数置于括号内并增加引号。例如：

```
>>  help help  % 等价于 help('help')
```

如果申明了字符串 a='help',则 help a 将返回错误,因为其含义为 help('a'),而不是 help(a)。

为方便地管理多条程序,可将它们存入一个后缀为. m 的文件中。储存的语法也存在两种形式:脚本(script)和函数。脚本是多个单条命令的组合,函数需要增加函数描述的头文件。除嵌套函数外,所有头文件之前不得出现单条命令。

```
function [out1,out2,...] = myfun(in1,in2,...)  % 输入输出均可以为空
```

嵌套函数是如下的函数形式:

```
function [...] = mainfun(...)          % 主函数,可从外部访问
statement

function [...] = nestedfun(...)        % 嵌套函数,嵌套函数仅在本函数内可见
statement
```

或:

```
function [...] = mainfun(...)          % 主函数,可从外部访问
    statement
    function [...] = nestedfun(...)    % 嵌套函数,嵌套函数仅在本函数内可见
        statement
    end                                % 函数要用 end 结束
end                                    % 主函数也要用 end 结束
```

嵌套函数仅在本函数中可见,如不进行特殊处理,无法被外部访问。

2.12.1　@与匿名函数

MATLAB 中使用@表示函数句柄,例如:

```
>>  a = @sin      % a 为 sin 函数的句柄
>>  a(pi/6)       % 相当于 sin(pi/6),返回 0.5
```

@还可用来快速生成函数:

```
>>  a = @(x) x    % a 为函数,接受 x,返回 x
```

此时称为匿名函数,当它被调用时,相当于调用函数:

```
function b = a(x)
b = x
```

与 function 关键字声明的函数不同,匿名函数本身是一个数据类型,可作为参数传递,可以在程序中动态生成。

2.12.2 缺省参数

在 C 语言中,可采用:

```
void fun( int a, int b, int c = 0)
```

代表函数 fun 可以缺省第三个参数,而且默认缺省只能从后往前,即 void fun(int a=0, int b)是不符合语法的。

MATLAB 支持缺省参数(nargin/nargout/varargin/varargout),缺省参数在函数内部判断和执行。在编写的函数内部,变量 nargin 代表输入参数个数,nargout 为输出参数个数,varargin 为可变的输入参数列表,varargout 为可变的输出参数列表。

这种缺省参数在函数内部判断和执行的方式,使得缺省表达能力更为强大。例如:

```
                        fun_varargin_out_example.m
01   function [h, i, j] = fun_varargin_out_example(a, b, c)
02   if(nargin == 2) c = 0; end               % 同上 C 语言用法
03   if(nargin == 2) c = b; b = a; a = 0; end  % 表示输入两个参数代表 b 和 c,缺省的是 a.
04   if(nargout == 1)   h = a; end             % 如果输出仅保存到 1 个元素,则输出 a
05   if(nargout == 2) h = b; i = c; end        % 如果输出保存到 2 个元素,则分别保存 b 和 c
```

强大和灵活的反面就是错误和混乱,因此需要编程者的合理分配。

有时候,编程时并不知道需要输入输出多少个变量,这时就可以使用 varargin 和 varargout 了。譬如结构体赋值,可以逐一赋值,也可以采用键/值配对形式赋值。例如:

```
>>  setfield('a', 1, 'b', 2)
```

setfield 函数采用了可变输入如下(下述程序不带任何错误处理,MATLAB 自身实现的 setfield 则更为实用,在命令窗口键入 edit setfield,按回车键后可以查看代码):

```
                        setfield.m
01  function s = setfield(varargin)
02  for i = 1:nargin/2
03    s.(varargin{i * 2 - 1}) = varargin{i * 2};      % .()代表动态访问
04  end
```

MATLAB 自带的 deal 函数给出了关于可变输入输出的一个极佳的范例。MATLAB 不支持 a=b=c=d=e=f=g=1 的赋值,一个一个赋值太麻烦,这时可以采用逗号分隔符。例如:

```
>>  [a b c d e f g] = deal(1,1,1,1,1,1,1) % 或简写为[a b c d e f g] = deal(1)
```

其中 deal 函数的代码为：

```
                              deal.m
01  function varargout = deal(varargin)
02  if nargin == 1,
03    varargout = varargin(ones(1,nargout));
04  else
05    if nargout ~ = nargin
06      error('MATLAB:deal:narginNargoutMismatch',...
07              'The number of outputs should match the number of inputs.')
08    end
09    varargout = varargin;
10  end
```

2.13　变量的作用域

MATLAB 将变量存储在工作空间内(workspace)。命令窗口和所有脚本共用基工作空间(base workspace)，每个函数有单独的工作空间，以实现数据的隔离保护。默认情况下，MATLAB 函数中的变量只能在本函数中使用，不能在其他函数和基工作空间使用，在函数多次调用时也不保留原值，数据的交互均采用函数参数传递形式。为了更改变量作用域，可使用如下方法。

2.13.1　全局变量

global：global 将变量声明为全局变量，需注意的是：变量的声明必须在赋值前；全局变量在函数内被引用时，仍需要再次进行 global 声明。

persistent：persistent 类似于 C 语言里的 static，进行声明后，变量在本函数的多次调用中不清除。此变量可以被 clear functions 命令(functions 指具体的函数名)清除，如不想被清除，须在函数内增加 mlock 命令。

运行下述函数多次，可发现其返回值每次递减：

```
                          variablescope.m
01  function variablescope
02  persistent a;
03  if(isempty(a)) a = 3;end
04  a = a - 1;
05  disp(a);
```

2.13.2　引用父(或基)工作空间

可以用 evalin 从基工作空间或父工作空间获取数据：

```
01  v = evalin('base','var');
```

可以用 assignin 或 evalin 对基工作空间或父工作空间赋值:

```
01   assignin('base','a', − 1);
02   evalin('base','a = − 1;');
```

其中 evalin 的第一个参数可以为'base'或'caller',分别指基工作空间或父工作空间。

2.13.3　外部文件交换

采用外部文件交换可以跨越所有空间。

2.13.4　闭包

嵌套函数和匿名函数提供了一种被称为闭包的功能。如 3.3.8 节,嵌套函数的子函数可以引用其父函数中的变量。例如:

```
>>   a = 3; b = @() a; b(),a = 4; b()
```

其返回值均为 3,这是因为 b 函数本身包括了被声明当时所处的环境,当外界环境改变时,它仍保留了当时的环境,这种保留当时环境的特性被称为闭包。尽管闭包不是很知名,但使用场合很多。如 ode45 的第一个参数为函数名,一般传入时间和自变量 x,但有时需要传入更多的参数。我们可以使用匿名函数传入更多的参数。

```
>>   ode45(@(t,x,a) fun(t,x,a),tspan,x0,a)
```

这里的匿名函数就形成了一个闭包,闭包带来了一系列编程特性,将在"6　函数数据类型和函数式编程"一章详述。

2.13.5　自省

MATLAB 变量大部分表现与 C 语言相同,但其实现机制完全不同。C 语言运行时,对变量的引用只表现为地址的指针的引用,其源程序中的名称已完全消失。在 MATLAB 中,当对变量赋值时,存在一个变量的标签,从而也多出了更多的自省的机制。

如直接运行 whos 命令,可以打印所有的变量。如下命令可将工作空间内所有变量压缩到一个结构体内:

```
>>   a = whos; cellfun(@(s) evalin('caller',sprintf('W. % s = % s;',s,s)),{a.name});
```

这个标签无处不在,有很多依赖于这个标签而工作的命令。

如查看某个变量是否存在:exist('want_known','var');

如查看函数中输入或输出参数有几个:nargin,nargout;

如传入函数的可变输入或输出参数:vargin,vargout;

如查看父函数名:mfilename,dbstack;

如查看函数参数传入时的真实名称:inputname,dbstack。

下述例子利用了跨域赋值和自省功能,可以在不返回值的情况下交换 2 个输入参数。

```
01  function exchangevar (a,b)
02  % 交换 a、b 变量的值
03  assignin('caller',inputname(1),b);
04  assignin('caller',inputname(2),a);
```

这个函数可以正常工作,但仅仅作为示例,在一般情况下不要使用。因为它对于同一程序的同一形参,多次运行可能出现不同的返回值,使得函数逻辑复杂,程序更容易出错,调试更为困难。

2.14 IO 操作

MATLAB 提供了比较高级的命令 save 和 load,它可以直接保存工作空间内的变量。

```
>>  a = 3;b = 4;c = 5;
>>  save data.mat;          % 保存工作空间内的所有变量
>>  save data.mat a b       % 保存变量 a 和 b
>>  load data.mat;          % 读入保存的变量,如工作空间已有同名变量就覆盖
```

更为复杂的读写,可以通过 fopen 打开文件句柄,再使用 fscanf 和 fprintf 等函数。其基本用法与 C 语言非常类似。

```
>>  A = fscanf(fileID,format,sizeA)
>>  fprintf(fileID,format,A,...)
```

IO 操作其实很复杂,本书有专门章节分析,此处不再详述。

2.15 图形显示

```
>>  t = 0:pi/30:2 * pi;       % t 为从 0 到 360°的 41 维行向量
>>  plot(cos(t),sin(t));      % cos(t) 为 41 维行向量的横坐标,sin(t) 为 41 维行向量的纵坐
                              % 标,上述命令绘制了一个圆形
>>  axis equal;               % 强制 x、y 坐标等比例
```

简单图形使用 plot 就足够了,本书有专门章节分析更为复杂、实用的图形控制。

2.16 C 语言调用接口

MATLAB 可调用 C 语言程序,接口的入口函数如下:

```
void mexFunction(
    int nlhs,mxArray * plhs[],
```

```
        int nrhs,const mxArray * prhs[])
{
    /* more C/C++code ... */
}
```

即入口名称为 mexFunction,无返回值,其参数包含:

prhs:函数右侧的输入参数数组

plhs:函数左侧的输出参数数组

nrhs:右侧参数数目,即 prhs 数组的维数

nlhs:左侧参数数目,即 plhs 数组的维数

以 X＝myFunction(Y,Z)函数为例,其左端含 1 个参数,右端为 2 个参数,对应数组如图 2-2 所示。

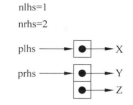

图 2-2   MATLAB 的 C 语言接口函数参数数组示意图

在使用前,安装任一 C 语言编译器,如 visual studio、gcc 等,在 MATLAB 输入 mex-setup 命令配置编译器,即可编译、运行编写的 C 语言程序。

其具体使用可参见帮助 MATLAB/User's Guide/External Interfaces/Creating C/C++ Language MEX-Files/C/C++Source MEX-Files。

2.17   示例：拼图游戏

给出拼图小游戏作为本章结束,其中包含矩阵、流程控制、函数等基本用法。

cmd_pintu.m

```
01  function pintu
02  pintu = [2 4 3;1 0 6;7 5 8];
03  pintudone = [1 2 3;4 5 6;7 8 0];
04  disppintu();
05  assignin('caller','move',@move);          % 第 23 行单击时需使用 move 函数,已跨越作用域
06
07      function move(m,n)                     % 嵌套函数中可使用父函数中的参数
08          [i,j,~] = find(pintu == 0);        % 找到为 0 的格子坐标
09          if(norm([m－i n－j]) == 1)          % 移动相邻格子
10              [pintu(m,n) pintu(i,j)] = deal(pintu(i,j),pintu(m,n));       % 交换两个值
11              disppintu();
12          end
13      end
14
15  function disppintu()
16      clc; % 清空屏幕
17      disp('拼图游戏');
18      [m,n] = size(pintu);
19      str = [];
20      for i = 1:m
21          for j = 1:n
22              v = pintu(i,j);
23              if(v) str = [str sprintf('< a href = "matlab: move( % d, % d)">% d</a> ',i,
                        j,v)]; % 增加超链接
```

```
24                   else str = [str '   '];end
25              end
26          if(i~ = m) str = [str sprintf('\n')];
27          end
28      end
29      disp(str);
30      if(all(pintu == pintudone)) disp('完成!');end  % 判断是否完成
31    end
32
33 end
```

第 02 行,生成 3×3 排列的矩阵,其中 0 处代表空格。

第 03 行,为拼图游戏完成时的矩阵状态,每次移动拼图需将状态与此状态相比,判断游戏是否结束。

第 04 行,调用显示拼图函数。

第 05 行,第 23 行超链接中调用了 move 函数,其作用域在基工作空间,无法访问函数内部,因此将其作为句柄导出。如果将 move 和 disppintu 函数写成两个独立文件就不需要此句,但此时需要给函数传入 pintu 和 pintudone 变量。

第 07 行,嵌套的 move 函数可以直接使用父函数中的 pintu 变量,而不需要传递。

第 08 行,查找 pintu 为 0 的坐标,其中～表示占用符,表示这个变量不需要使用,但需要知道这里有个变量。除了～外,也可以使用 ans(MATLAB 默认输出变量名),或省略。

第 09 行,求 n-i 和 n-j 的平方和,确保移动的格子与空的格子相邻。

第 10 行,将换空格和移动格对调。

第 11 行,交换顺序后,再次画出拼图。

第 15 行,拼图嵌套子程序,清除之前的拼图并重新绘制。

第 23 行,插入超链接,单击后执行 move 函数,每个数字对应不同参数值,即本数字所在的坐标位置。

第 30 行,如果图形对应,则输出完成。其中==返回的结果为矩阵,使用 all 保证所有矩阵元素均为 1。

运行上述程序即可进行拼图游戏,游戏中,显示的数字带有下划线,鼠标移动至其上,MATLAB 状态栏会显示单击本链接执行的命令,单击后,图形刷新显示。

3

MATLAB帮助的使用

3.1 MATLAB 帮助的命令

MATLAB 提供了强大的帮助系统。不夸张地说，80％的问题都能很方便地从帮助里找到答案；10％的问题，也能通过较为隐蔽的途径从帮助里找到答案。各种各样的MATLAB 书籍里，大多是 MATLAB 帮助的复制或重组。而且，遇到问题翻遍各种书籍上都找不到任何线索时，却几乎总能从帮助里找到解决办法。

如果说 MATLAB 的帮助还有什么缺点，那就是，首先它不是全中文的，即使浅显，也不敌母语读起来顺畅；其次它仅仅是使用方法的介绍，较少涉及原理的说明。这也是本书的定位点：它是中文的，并涉及部分 MATLAB 实现原理的分析，帮助你编写更强大、更简洁和更高效的程序。

为了不介绍详细命令，就有必要详细介绍帮助的使用。MATLAB 中提供了如下命令：

```
HELP 在命令窗口显示帮助文本
DOC 在帮助浏览器显示 HTML 文档
DOCSEARCH 在帮助浏览器查找 HTML 文档
LOOKFOR 在所有 M 文件中搜索关键字
EDIT 编辑 M 文件
```

3.2 HELP HELP

在命令窗口输入 help help，按回车键出现关于"帮助的帮助"，建议对帮助项逐一尝试，熟悉其使用。

HELP 在命令窗口显示帮助文本
单独的 HELP 命令列出 MATLABPATH 目录(MATLAB 搜索路径)的所有主要帮助主题.

HELP/列出所有操作符和特殊字符的描述.

HELP FUN 显示函数 FUN 的语法和描述,如果 FUN 在 MATLAB 搜索路径下多次出现,HELP 显示发现的第一个路径下的信息.

HELP PATHNAME/PATH 显示 PATHNAME 路径下的函数 FUN 的帮助.使用此语法可得到重载函数的帮助.

HELP MODELNAME.MDL 显示 MDL 文件 MODELNAME 的模型属性/描述下的所有描述.如果安装了 Simulink,上述语法中无须指定.mdl 后缀.

HELP DIR 显示 MATLAB 路径 DIR 下每个函数的简要描述.DIR 可以为相对路径.如果恰巧有个函数名字为 DIR,则同时显示文件夹和此函数的帮助.

HELP CLASSNAME.METHODNAME 显示类 CLASSNAME 下 METHODNAME 方法的帮助.为获取方法 METHODNAME 的类名 CLASSNAME,使用 CLASS(OBJ),其中 METHODNAME 是与对象 OBJ 对应的类的成员.

HELP CLASSNAME 显示类 CLASSNAME 的帮助.

HELP('syntax')显示 MATLAB 命令和函数中使用的语法的帮助.

T = HELP(TOPIC)返回 TOPIC 的帮助文本为字符串,其中文本行与行间采用\n 分隔.TOPIC 是 HELP 的任意可选参数.

注意:
1. 在运行 HELP 前使用 more on 命令,以在显示满屏时暂停输出;
2. 以上帮助语法描述中,函数名称采用大写以引人注目.实际上,常使用小写的函数名称.对于使用混合大小写的函数(如 javaObject),使用混合大小写形式;
3. 使用 DOC FUN 以在帮助浏览器中显示函数的帮助,这里可能提供额外信息,如图形和更多的例子;
4. 使用 DOC HELP 得到如何生成您自己的 M 文件帮助的信息;
5. 使用 HELP BROWSER 以在帮助浏览器中访问在线文档.使用帮助浏览器的 Index 或 Search 选项卡来发现关于 TOPIC 或其他项的详细信息.

例子:
help close - 显示 CLOSE 函数的帮助
help database/close - 显示 Database 工具箱下 CLOSE 函数的帮助
help database - 列出 Database 工具箱下所有函数,并显示 DATABASE 函数的帮助
help general - 列出路径 MATLAB/GENERAL 下所有函数
help f14_dap - 显示 Simulink 模型 f14_dap.mdl 文件的描述(必须安装 simulink)
t = help('close') - 得到 CLOSE 函数帮助,并将之存储在 t 字符串内

参见 doc, docsearch, helpbrowser, helpwin, lookfor, matlabpath, more, partialpath, which, whos, class.

重载方法:
　　cgmathsobject/help
　　cvtest/help
　　cvdata/help

```
fdesign.help
帮助浏览器下引用页
doc help
```

3.3 MATLAB 帮助使用

3.3.1 MATLAB 演示

在命令窗口输入 demo，或在帮助浏览器 Contents 属性页中选择 MATLAB/Demos，可访问 MATLAB 的演示。其中包括 HTML、VIDEO、M 文件、GUI 界面等，对于演示，既可以单击子项右上侧的"Run in the Command Window"或"Run this demo"执行，也可以选择帮助中带灰底的文字，按 F9 执行。

作为开始，Demos 下的 Mathematics/Basic Matrix Operations，Graphics/2-D Plots 的代码和执行结果是必读的。

作为娱乐，3-D Visualization、Other Demos/Minesweeper、Other Demos/Game of Life 的执行结果不能不看。

如果有时间，建议花半天时间将其 DEMOS 全部走一遍，了解 MATLAB 能干的事情，以及干这些事情的代码的总体情况。

生命游戏

DEMOS 里有一个游戏：生命游戏（图 3-1）。位于 Demos/Other Demos/Game of Life。它是英国数学家约翰·康韦（John Conway）在 1970 年发明的元胞自动机，每个格子是一个元胞生命，它会因周围 8 个格子中元胞数目而决定生死（3 个生、2 个不变、其他死）。在这简单规则下，它可以孕育出众多复杂的优美图案，呈现出意想不到的复杂行为。这种从简单到有序的转变，开辟了"复杂性科学"这门交叉型学科。斯蒂芬·沃尔弗雷姆（Stephen

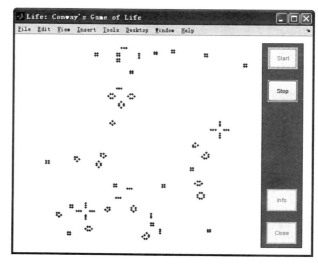

图 3-1 生命游戏界面

Wolframe)就曾经构造了一种一维世界的元胞自动机,并编写了《一种新科学》。沃尔弗雷姆还是 Mathematica 软件的开发者。Matlab/Mathematica/Maple 为工程师"三驾马车",其中 Matlab 更擅长数值分析,后两者擅长符号运算。

3.3.2　帮助目录

帮助浏览器中的 Contents 属性页中,列出了所有关于 MATLAB、工具箱,以及 Simulink 的帮助(如果确定已安装的工具箱没有显示帮助,只需从主界面菜单 File/Preferences/Help 中勾选需要显示的选项)。逐级访问树形列表可以找到需要查看的帮助。作为初学者,MATLAB/Getting Started 是必读的。

3.3.3　命令集

帮助浏览器中的 Contents 属性页中,选择 MATLAB/Functions,其中列出了关于 MATLAB 自带的所有函数,包括桌面工具和开发环境、数据输入输出、数学、数据分析、编程和数据结构、面向对象编程、图形、3D 显示、GUI 开发、外部接口等。作为初学者,命令集未免枯燥,但当熟悉 MATLAB 后,时常翻一翻命令集,常会有意外惊喜。

3.3.4　搜寻

lookfor 可搜寻所有 M 文件的第一行注释(称为 H1 行),找到需要的关键词,然后列出。lookfor 没有索引,搜寻起来很慢,更常用的是帮助浏览器。

3.3.5　帮助浏览器

在命令窗口输入 doc fun,MATLAB 将弹出浏览器,显示关于 fun 的帮助。在命令窗口输入 docsearch word,或在打开的帮助窗口左侧输入框中输入 word,按回车键后在 Search Results 中将列入发现的话题,剩下的就是你在列表中搜寻了。

3.3.6　"参阅"

help fun 或 doc fun 可显示关于 fun 函数的帮助。有些时候,对于那种已经到了嘴边,就是吐不出来的功能,可查询类似功能的其他函数,在此函数的"参阅"(或引用,see also)内,多半可以发现需要的函数。譬如忘记了两个集合的交集的命令,但依稀记得并集函数为 union,于是 help union,在它的"参阅"中直接就找到了 intersect 函数。也许有时一次找不到,跳转几次"参阅",可能就有需要的命令。

3.3.7　TAB 键

在命令窗口中输入命令时,输入字符的前面一部分,再按 TAB 键可补全命令。此时,如果以此字符开头的函数或变量唯一,则直接补全函数或变量,否则弹出列表以供选择。此功能除提高输入效率外,也可以用来作为命令提示。如想看看 MATLAB 有无进制转换函数,输入十六进制的英文单词前半部分 hex,然后按两次 TAB 键,就可以发现 hex2dec。再执行 help hex2dec,其他进制转换均在"参阅"中列出了。

3.3.8　编辑代码

也许你已经发现,使用命令 help help 可以出现超链接,但 t＝help('help')则不出现。如果 help 函数的第一个参数是'-help','-helpwin'或'-doc',又可以显示超链接。这种现象非常奇怪,任何书上或帮助里均不会告诉你为什么。对于一个现象的分析,还有什么比运行一遍代码更有效的呢? edit fun 可弹出函数编辑代码(edit)。

运行 edit help,打开系统函数 help.m 后,设置断点后跟踪。发现 helpProcess 这一类的初始化函数中,如果无返回值,则加超链接,否则不加。

哪儿加超链接呢? /matlab/helptools/＋helpUtils/@helpProcess/hotlinkHelp.m 中,它以最后一个 see also 字符作为开头,以 overloaded 或者 note 或者两行连续按回车键或者文本结束作为结束,将搜索到的内容作为 see also 字符,增加超链接标签。当然,很多时候我们不会这么无聊,但当程序出错时,有些时候,MATLAB 仍会将你引导到相应的 M 文件中。

3.4　编写自己的帮助

也许你已经发现 help 打印的内容就是函数代码开头的注释行。这不是巧合,而是 MATLAB 的设计,称为自文档化(self-documenting)。不要小看 self 这个词,现代程序语言越来越注重这种 self 设计,它代表了一种内省或自省的威力。

每一个函数下连续的以％开头的注释,都将作为文档出现,包括 MATLAB 自带,他人编写,或者自己编写的程序。一个典型的程序为:

```
                              fact.m
01  function f = fact(n)
02  % Compute a factorial value.
03  % FACT(N) returns the factorial of N,
04  % usually denoted by N!
05  % See also factorial,prod.
06
07  % Put simply,FACT(N) is PROD(1:N).
08  f = prod(1:n);
```

第 01 行,函数定义行,定义函数名称,输入和返回值。

第 02 行,H1 行,对于程序的一句话总结,当在整个文件夹使用 help,或使用 lookfor 时显示。

第 03、04 行,连续的以注释字符％开头的行,将作为帮助文档在 help 命令中出现。

第 05 行,see also 行(see 和 also 用一个空格隔开,两个单词可任意大小写),其后词汇均会被 help 识别为超链接。

第 07 行,由于之前为空行,它不再是帮助文本。

第 08 行,函数体。

将以上文件保存到 fact.m 后,输入 help fact 命令将显示:

```
Compute a factorial value.
FACT(N) returns the factorial of N,
usually denoted by N!
See also factorial, prod.
```

输入 doc fact 命令,将在帮助浏览器中显示:

```
fact
   Compute a factorial value.
   FACT(N) returns the factorial of N,
   usually denoted by N!.
See also
   factorial, prod
```

自己编写的程序怎么在帮助浏览器中显示公式和图形呢? 这需要单独编写文件,已与 self-documenting 无关了。

4

一切数据皆为数组

MATLAB 的核心理念为"一切数据皆为数组"。

4.1 一切数据皆为数组 1

在命令窗口输入:

```
>> a = 3;
```

此时工作空间中增加了一个名称为 a,值为 3 的变量。双击后弹出"变量编辑器"窗口,窗口中显示 a 为 <1×1 double> 变量(图 4-1)。

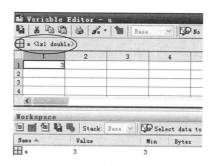

图 4-1   变量 a 在工作空间和变量编辑器中显示

在命令窗口输入:

```
>> a
>> a(1)
>> a(1,1)
>> a(1,1,1,1,1,1,1)
```

均返回 3。即单数值的 a,可当成一个数,又可当成一维数组、二维数组、n 维数组。n

最大值是多少呢？在文档中没有查到，执行：

```
>>  a = 3;n = 10^4;b = num2cell(ones(1,n));a(b{:}) = 4  %  用{:}逗号分隔表生成 10^4 个参数 1
```

即到了 1 万维还可使用。再执行：

```
>>  a = [1 2 3;4 5 6];
>>  a(1,2)              % 返回 2
>>  a(1,2,1)            % 返回 2
>>  a(3)               % 返回 2
>>  a(1,4)             % 返回错误??? Attempted to access a(1,4); index out of bounds because
                       % size(a) = [2,3].
>>  a(7)              % 返回错误??? Attempted to access a(7); index out of bounds because
                      % numel(a) = 6.
>>  a(1,1,2)          % 返回错误??? Attempted to access a(1,1,2); index out of bounds because
                      % size(a) = [2,3,1].
```

MATLAB 将值存储为矩阵后，仍可当成一维向量访问，只要总维度不超过矩阵元素总数即可；也可以当成二维矩阵访问，此时会检测数组下标是否越界；还可以当成 n 维矩阵访问，只要其后维数为 1 即可。

函数 sub2ind 和 ind2sub 可完成一维到 n 维之间的转换。

```
>>  a = [1 2 3;4 5 6];
>>  [i,j,k] = ind2sub(size(a),3)
>>  sub2ind(size(a),1,2,1)
```

reshape 函数用于更改 MATLAB 记录的维数信息，而不会改变数组值的排列本身。

```
>>  a = [1 2 3;4 5 6];
>>  b = reshape(a,3,2)   % b = [1 5;4 3;2 6]
>>  b(3)                 % 返回 2,与 a(3)相同
```

一般而言，数组是多少维就用多少维访问，这样最自然。但事实上一些常用方法，在我们不知情的情况下使用了一维的访问方法。例如：

```
>>  a = [5 7;9 10];
>>  find(a>8)            % 输出[2;4],输出 2 和 4 原因见后
>>  a(find(a>8)) = 2     % 输出[5 7;2 2]
```

MATLAB 的 15 种数据类型，包括标量、向量、矩阵、字符串、元胞数组、结构体、对象，最终均组成矩阵或向量，这在 MATLAB 中称为数组(array)。数组才是 MATLAB 唯一的数据类型。

MATLAB 内一切数据皆为数组

记住它，对理解 MATLAB 大有裨益；理解它，对使用 MATLAB 大有裨益。

4.2 数据格式查看接口

注意：此节代码仅在 **2010b** 的 **32** 位和 **64** 位版本测试通过，在 **2015a** 及以后版本中，已无法获取真实 **mxArray** 地址。

为达到"一切数据皆为数组"，MATLAB 使用了一套数据结构来管理，它被 MATLAB 包装。根据帮助描述（External Interfaces/Calling C/C++ and Fortran Programs from MATLAB Command Line/MATLAB Data），包装内容包括数据的类型、维度、存储的数据地址、实数或复数（如果为数值）、非零最大元素（如果为稀疏矩阵）、域的数目及名称（如果为结构体或对象）。

MATLAB 帮助里没有提供内部数据的说明，是一个黑盒子。但无论如何，数据都按二进制存储在计算机内存，利用 MATLAB 的 C 语言接口，可读取 MATLAB 内部数据储存字节进行格式分析。MATLAB 的示例程序中（example）里提供了 explore.c 用于读取。

如输入：

```
>>  cd([matlabroot '/extern/examples/mex']); % 需要安装 MATLAB 的 mex 工具箱
>>  a.b = 3;
>>  explore(a);
```

将输出：

```
------------------------------------------------
Name: prhs[0]
Dimensions: 1x1
Class Name: struct
------------------------------------------------

        (1,1).b
------------------------------------------------
Dimensions: 1x1
Class Name: double
------------------------------------------------
    (1,1) = 3
```

explore 函数由 C 语言编译，此目录下的 explore.c 揭示了关于 MATLAB 内部数据格式的简单信息。由于源程序较长（616 行），逻辑较多，此处进行了简化。

```
                            dispaddr.cpp
01   # include "mex.h"
02
03   void mexFunction(int nlhs,mxArray * plhs[],int nrhs,const mxArray * prhs[])
04   {
05       if(nrhs < 1) mexErrMsgTxt("输入一个变量作为参数.\n");
06       mexPrintf(" % p\n",prhs[0]);
07   }
```

第 01 行,引入头文件。

第 03 行,mex 编译 C 语言程序的标准入口函数。

第 05 行,如果未输入变量,调用 MATLAB 定义的宏输出错误信息。本句函数与 MATLAB 的 error('输入一个变量作为参数.')效果一致。

第 06 行,调用 mexPrintf 宏打印字符,它会调用 C 语言的 printf 函数。printf 的%p 描述符表示使用 16 进制格式打印变量的地址,后面还要用到的%x 描述符表示使用 16 进制格式打印变量的值。mex.h 中已包含 stdio 库。

第 06 行中最重要的为 prhs[0],它指输入的第一个变量的地址。这个地址及其内容已经被 MATLAB 包装了,它是如何组织的,对于 MATLAB 调用而言是一个黑盒子。要解开黑盒子,就要先知道黑盒子在哪儿,具体就是参数的地址入口。

完成后在 MATLAB 中输入命令:

```
>>  mex dispaddr.cpp
>>  a = 0;
>>  dispaddr(a);              % 输出 BD8A738
```

完成 dispaddr 的编译和使用。dispaddr 打印了参数地址,可以编写 getaddr.cpp 程序把地址保存到变量中:

```
                              getaddr.cpp
01   # include "mex.h"
02   typedef unsigned __int64 uint64;   //Microsoft c++defined
03
04   void mexFunction(int nlhs,mxArray * plhs[],int nrhs,const mxArray * prhs[])
05   {
06     if(nrhs < 1) mexErrMsgTxt("输入一个变量作为参数.\n");
07
08     plhs[0] = mxCreateNumericMatrix(1,1,mxUINT64_CLASS,mxREAL);   //创建一个 mxArray * 类
                                                                     //型的 64 位整型变量
09
10     uint64 * pointer = (uint64 * ) mxGetPr(plhs[0]);   //pointer 为指向 plhs[0]数据的
                                                           //地址
11     * pointer = (uint64)prhs[0];   //prhs[0]为 mxArray * 指针,将之强制转换为整型,并赋值
                                      //到 plhs[0]处
12   }
```

第 02 行,定义数据格式,本处定义了 64 位的无符号整型变量(其中_intxx 为 Microsoft C++定义,不用考虑使用 short、int、long 等哪个是几位的了。如果使用了其他,需要改为 unsigned long long)。如计算机安装了 64 位的 MATLAB,CPU 寄存器为 8 个字节(64 位),程序中使用 8 个字节表达整型和指针较为方便。对于 32 位的 MATLAB,指针需 4 个字节。因此,使用 uint64 型变量可适用于目前的 32 位和 64 位机器。

第 08 行调用 MATLAB 提供的 mxCreateNumericMatrix 子程序创建数组作为输出,函数原型为:

```
mxArray * mxCreateNumericMatrix(mwSize m,mwSize n,
  mxClassID classid,mxComplexity ComplexFlag);
```

前两个参数表示维数,第 3 个表示变量类型,最后一个表示为实数还是复数。

第 10 行利用 mxGetPr 函数得到输出的地址,函数原型为:

```
double * mxGetPr(const mxArray * pm);
```

mxGetPr 返回的为双精度实数类型的指针,但我们需要的是 64 位整型指针,因此需要进行强制类型转换。

第 11 行,将输入变量地址写入此指针。这个函数返回值就是这个地址。

完成后在 MATLAB 中输入:

```
>>   mex getaddr.cpp
>>   a = 0;
>>   dispaddr(a);            % 打印地址,地址动态分配,每台机器、每次运行的输出不一样
>>   getaddr(a)             % 地址复制到变量
```

输出(32 位系统)为:

```
BD8A738
ans =
            198747960
```

两者输出看起来不一致,这是因为 dispaddr 输出的为 16 进制,而 getaddr 输出的为 10 进制。输入 dec2hex(198747960),或 hex2dec('BD8A738'),表明两者一致。

这就是 mxArray 的入口地址,MATLAB 并未披露 mxArray 的信息,包括其大小。为确定 mxArray 长度,可多次申请变量,根据操作系统分配,有可能出现两个变量正好相邻的情况,此时两者地址的距离就是 mxArray 长度。输入:

```
>>   n = 1e2;p = zeros(n,1);
>>   for i = 1:n eval(sprintf('a % d = i;p(i) = getaddr(a % d);',i,i));end
>>   min(diff(sort(p)))
```

运行多次后发现,32 位操作系统输出均为固定的数值 56,64 位操作系统为 104。基本可以确定 32 位和 64 位系统上,mxArray 数据结构大小分别为 56 和 104 字节。

下面通过 dispmem.cpp 来输出这些字节。

```
                                   dispmem.cpp
01   # include "mex.h"
02   # include "windows.h"
03   typedef unsigned __int64 uint64;
04   typedef unsigned __int8  uint8;
05
06   void mexFunction(int nlhs,mxArray * plhs[],int nrhs,const mxArray * prhs[])
07   {
08     if (nrhs < 1 || !mxIsUint64(prhs[0])) mexErrMsgTxt("第一个参数必须是 64 位的地址参数");
```

```
09      if (nrhs < 2 || !mxIsDouble(prhs[1])) mexErrMsgTxt("第二个参数必须是 double 型的大小值");
10
11      int nbytes = (int)(mxGetScalar(prhs[1]) + 1e - 5);        //得到显示的总数目
12
13      uint64 *  data = (uint64 *)mxGetData(prhs[0]);            //得到输入变量存储数值的地址
14      uint8 *  mem = (uint8 *)data[0];                          //得到其值,1个字节1个字节输出
15      if(IsBadReadPtr((void * )mem,nbytes)) mexErrMsgTxt("内存不可读\n");    //监测内存是
                                                                              //否可读,非常重要!!!!!
16
17      for(int i = 0;i < nbytes;i++)
18      {
19          mexPrintf(" % 02x ",mem[i]);                         //逐字节输出
20          if( (i + 1) % 16 == 0) mexPrintf(" %\n");            //每16个字节回车以利于显示
21          else if( (i + 1) % 8 == 0) mexPrintf(" ");           //每8个字节加个空格以利于显示
22      }
23      mexPrintf(" %\n");
24
25      //将刚才的显示信息输出,以利于后续使用
26      char *  str = new char[nbytes * 2];char s[2];            //申请内存空间
27      for(int i = 0;i < nbytes;i++)
28      {
29          sprintf(s," % 02x",mem[i]);                          //利用了输出的16进制功能
30          str[2 * i] = s[0];                                   //将内容输出到变量利于后续访问
31          str[2 * i + 1] = s[1];
32      }
33      plhs[0] = mxCreateString(str);              //将C语言的 char * 类型转为 MATLAB 的字符串
34      delete str;                                 //删除动态分配的内存
35  }
```

第 08、09 行进行判断,确认第 1 个输入参数是否为 64 位无符号的地址,第 2 个参数是否为双精度实数。

第 11 行得到需要显示的总字节数目。

第 13 行得到输入变量中地址的真实存储位置。这是由于输入的第 1 个参数表面上是一个地址,但在 MATLAB 内部,它已经被 mxArray 包装了,数据真实位置在 mxGetData 得到的地址的第 1 个元素。

第 14 行,得到这个地址,然后告诉编译器一个字节一个字节地读数。

第 15 行,调用 Windows 的 API 函数,监测内存是否可读,不可读的内存段将导致 MATLAB 的崩溃。此处 IsBadReadPtr(const void * ,int)检测程序能否读取制定的内存段。Mac 和 Linux 中无此函数。

第 19 行,逐字节输出每个字节的 16 进制表达式。

第 33 行,mxCreateString 表示创建 MATLAB 字符串,并将 C 语言的 str 复制过来。

完成后在 MATLAB 中输入:

```
>> mex dispmem.cpp
>> str = computer('arch'); if(strcmp(str(end - 1:end),'64')) len = 104; else len = 56;end
>> a = zeros(5,8);
>> dispmem(getaddr(a),len)     % 显示变量 a 的 mxArray 内数据
```

MATLAB 输出显示（32 位系统输出）：

```
00 00 00 00 06 00 00 00    00 00 00 00 00 00 00 00
02 00 00 00 00 00 00 00    00 02 00 00 05 00 00 00
08 00 00 00 50 73 4b 1d    00 00 00 00 00 00 00 00
00 00 00 00 00 00 00 00
```

在输出中看到了 05 和 08，非常像矩阵维度。而 50 73 4b 1d 像是指针。编写 dispdataaddr.cpp。

```
                            dispdataaddr.cpp
01    # include "mex.h"
02    typedef unsigned __int64 uint64;
03
04    void mexFunction(int nlhs, mxArray * plhs[], int nrhs, const mxArray * prhs[])
05    {
06      if(nrhs < 1) mexErrMsgTxt("输入一个变量作为参数.\n");
07      mexPrintf(" % p\n", mxGetData(prhs[0])); //比 dispaddr 多了一个 mxGetData
08    }
```

输入：

```
>>  mex dispdataaddr.cpp
>>  dispdataaddr(a)
```

输出：

```
1D4B7350
```

看起来和之前 dispmem 中显示的 50 73 4b 1d 有点像，只是顺序不一样。实际上，这两个完全是一个东西。它和数据在计算机内的存储方式有关。

big endian 和 little endian

计算机储存数据有大字节序（big endian）和小字节序（little endian）的区分。对于多字节类型的数据，big endian 将低位字节排放在内存高端，而 little endian 正好相反。如字节号 0 1 2 3，对于 int a＝0x05060708，在 big endian 下，分别存放 05 06 07 08，而在 little endian 下分别存放 08 07 06 05。Intel 的 x86 系列采用 little endian 方式存储数据。即上述正确的地址是 1D4B7350，而在内存中显示则为 50734B1D。

最后，再强调一次，在 2015a 及以上版本无法获取 mxArray 地址，可以输入 format debug 手动看到地址。

4.3 一切数据皆为数组 2

通过上述几个 mex 程序，对 MATLAB 储存格式进行解析。

```
>>  str = computer('arch'); if(strcmp(str(end-1:end),'64')) len = 104; else len = 56;end
>>  a = [];
>>  b = zeros(1,1);
>>  c = zeros(3,1);
>>  d = zeros(3,6,5,2);
>>  disp('a:'); dispmem(getaddr(a),len);
>>  disp('b:'); dispmem(getaddr(b),len);
>>  disp('c:'); dispmem(getaddr(c),len);
>>  disp('d:'); dispmem(getaddr(d),len);
```

在 32 位系统上输出（真实输出无加粗）：

```
a:
00 00 00 00 06 00 00 00    00 00 00 00 00 00 00 00
02 00 00 00 00 00 00 00    00 02 00 00 00 00 00 00
00 00 00 00 00 00 00 00    00 00 00 00 00 00 00 00
00 00 00 00 00 00 00 00
b:
00 00 00 00 06 00 00 00    00 00 00 00 00 00 00 00
02 00 00 00 00 00 00 00    01 02 00 00 01 00 00 00
01 00 00 00 d0 6c 7e 0d    00 00 00 00 00 00 00 00
00 00 00 00 00 00 00 00
c:
00 00 00 00 06 00 00 00    00 00 00 00 00 00 00 00
02 00 00 00 00 00 00 00    00 02 00 00 03 00 00 00
01 00 00 00 80 89 79 0f    00 00 00 00 00 00 00 00
00 00 00 00 00 00 00 00
d:
00 00 00 00 06 00 00 00    00 00 00 00 00 00 00 00
04 00 00 00 00 00 00 00    00 02 00 00 10 17 80 0d
78 00 00 00 f0 bb d5 1c    00 00 00 00 00 00 00 00
00 00 00 00 00 00 00 00
```

看加粗部分，在 32 位 MATLAB 的 mxArray 中：

17～20 字节处变量代表了数组维度，其中空数组（0 维）、1 维、2 维在 MATLAB 中均视为二维矩阵；29～32 字节，以及 33～36 字节处给出了维度信息。

对于多维矩阵，在 MATLAB 中输入：

```
>>  dispmem(uint64(hex2dec('0d801710')),16);    % 字符串需与 d 矩阵输出的地址一致
```

在 32 位系统上输出：

```
03 00 00 00 06 00 00 00    05 00 00 00 02 00 00 00
```

正好是矩阵各维度信息。MATLAB 中的 sub2ind、ind2sub、reshape、size、length、numel，以及 isempty 函数，均是根据 mxArray 信息进行操作的，而不涉及对数据区域的访问。

输入：

```
>>  str = computer('arch'); if(strcmp(str(end - 1:end),'64')) len = 104; else len = 56;end
>>  posn = @(n) (n - 1) * 8 + [7 8 5 6 3 4 1 2];
>>  a = int8([3 + 4 * sqrt( - 1) 5 + 6 * sqrt( - 1)]);  % a = [3 + 4i 5 + 6i]
>>  disp('a: '); s = dispmem(getaddr(a),len);
>>  disp('Re: ');dispmem(uint64(hex2dec(s(posn(10)))),2);
>>  disp('Im: ');dispmem(uint64(hex2dec(s(posn(11)))),2);
```

在 32 位系统上输出：

```
a:
00 00 00 00 08 00 00 00   00 00 00 00 00 00 00 00
02 00 00 00 00 00 00 00   00 02 00 00 01 00 00 00
02 00 00 00 90 ce 7e 0d   f0 f9 7e 0d 00 00 00 00
00 00 00 00 00 00 00 00
Re:
03 05
Im:
04 06
```

即 32 位 MATLAB 的 mxArray 的 37～40 字节显示了数组的实部的地址，41～44 字节显示了数组的虚部的地址。MATLAB 存储中，复数的实部和虚部是分开存储的。

再输入：

```
>>  str = computer('arch'); if(strcmp(str(end - 1:end),'64')) len = 104; else len = 56;end
>>  a = [1 2;3 4;5 6];
>>  b = {1 2;3 4;{5 6} {}};
>>  c = struct('a',a);
>>  disp('a: ');dispmem(getaddr(a),len);
>>  disp('b: ');dispmem(getaddr(b),len);
>>  disp('c: ');dispmem(getaddr(c),len);
```

在 32 位系统上输出：

```
a:
00 00 00 00 06 00 00 00   00 00 00 00 00 00 00 00
02 00 00 00 00 00 00 00   00 02 00 00 03 00 00 00
02 00 00 00 80 7f 2b 1d   00 00 00 00 00 00 00 00
00 00 00 00 00 00 00 00
b:
00 00 00 00 01 00 00 00   00 00 00 00 00 00 00 00
02 00 00 00 00 00 00 00   00 00 00 00 03 00 00 00
02 00 00 00 a0 6a 57 1d   00 00 00 00 00 00 00 00
00 00 00 00 00 00 00 00
c:
00 00 00 00 02 00 00 00   00 00 00 00 00 00 00 00
02 00 00 00 00 00 00 00   00 00 00 00 01 00 00 00
01 00 00 00 f0 d0 7e 0d   70 09 80 0d 00 00 00 00
00 00 00 00 00 00 00 00
```

在 32 位程序中，第 4 字节到第 8 字节代表不同的数据类型，其中 06 为矩阵（更确切地说为双精度矩阵）、04 为字符串、01 为元胞数组、02 为结构体、10 为函数。在 MATLAB 安装目录/extern/include/matrix.h 清晰地枚举了各种类型。

```
/**
 * Enumeration corresponding to all the valid mxArray types.
 */
typedef enum
{
    mxUNKNOWN_CLASS = 0,
    mxCELL_CLASS,
    mxSTRUCT_CLASS,
    mxLOGICAL_CLASS,
    mxCHAR_CLASS,
    mxVOID_CLASS,
    mxDOUBLE_CLASS,
    mxSINGLE_CLASS,
    mxINT8_CLASS,
    mxUINT8_CLASS,
    mxINT16_CLASS,
    mxUINT16_CLASS,
    mxINT32_CLASS,
    mxUINT32_CLASS,
    mxINT64_CLASS,
    mxUINT64_CLASS,
    mxFUNCTION_CLASS,
    mxOPAQUE_CLASS,
    mxOBJECT_CLASS,/* keep the last real item in the list */
#if defined(_LP64) || defined(_WIN64)
    mxINDEX_CLASS = mxUINT64_CLASS,
#else
    mxINDEX_CLASS = mxUINT32_CLASS,
#endif
    /* TEMPORARY AND NASTY HACK UNTIL mxSPARSE_CLASS IS COMPLETELY ELIMINATED */
    mxSPARSE_CLASS = mxVOID_CLASS/* OBSOLETE! DO NOT USE */
}
mxClassID;
```

上面的程序中一个个输入命令查看内存太麻烦，为方便解析可利用 disp 的超链接功能，编写内存查看函数如下。在编写前，删除 dispmem.cpp 中的 17～23 行，另存为 getmem.cpp 并编译。

```
                          dispmem_href.m
01  function dispmem_href(addr,nbyte)
02  % 显示带超链接的头信息,超链接按指针长度得到(可能不正确)
03  % addr 为 uint64 的头地址,nbyte 为显示的字节数,如不输入,则认为为 mxArray 大小
04  [c maxsize endian] = computer; % 得到计算机信息
05  if(strcmpi(c,'pcwin') || strcmpi(c,'glnx86')) nbit = 32; % 32 位
06  else nbit = 64;end
```

```
07    if(nbit == 32)
08      if(strcmpi(endian,'L')) norder = [7 8 5 6 3 4 1 2]; % little median
09      else norder = 1:8;end
10      len = 56;
11    else
12      if(strcmpi(endian,'L')) norder = [15 16 13 14 11 12 9 10 7 8 5 6 3 4 1 2];
13      else norder = 1:16;end
14      len = 104;
15    end
16    if(nargin == 2) len = nbyte;end
17    haddr = lower(dec2hex(addr,nbit/4)); % 将 addr 解析为 hex
18    disp([haddr(norder),':']);
19    context = getmem(addr,len); % 得到内容
20    str = [];
21    for i = 0:nbit/4:len * 2 - 1
22      s = context(i + (1:nbit/4)); % 按指针长度截取内容
23      if( i~ = 0 && mod(i,nbit) == 0) str = [str sprintf('\n')];end   % 回车
24      str = [str,sprintf('< a href = "matlab: dispmem_href(uint64(hex2dec(''%s'')),%d)">%s
        </a> ',s(norder),len,  s)];    % 增加超链接
25    end
26    disp(str);
27    disp(sprintf('------------------------------------< a href = "matlab: clc;
      dispmem_href(uint64(%d),%d)">******</a>',addr,len)); % 清屏仅显示本项
```

如果读者有较多时间，可以寻找或采用各种数据进行一一测试，相信可以大部分还原其信息。图 4-2 为作者还原的部分信息。

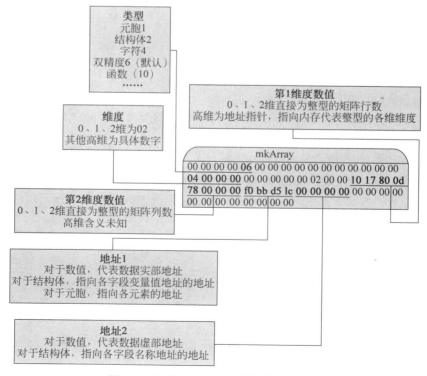

图 4-2 32 位 MATLAB 部分数据头信息

4.4 结构体和元胞的嵌套存储

对于结构体、元胞等,运行:

```
>>  a.abc = uint8([1 2;3 4]);a.cdef = uint8([1 3;5 8]);   % 结构体中申请两个变量
>>  dispmem_href(getaddr(a));
>>  b = {uint8([1 3 5 8]),{uint8([2 4 7 6])}};
>>  dispmem_href(getaddr(b));
```

查看相应内存内容,可解析结构体和元胞存储数据结构如图 4-3 和图 4-4 所示。

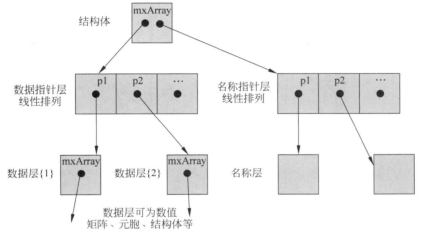

图 4-3　结构体数据结构解析

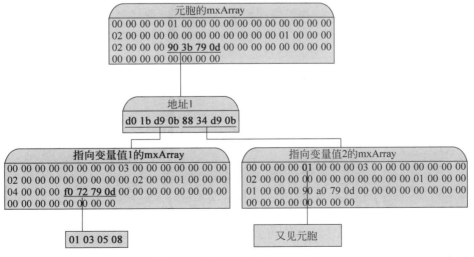

图 4-4　元胞数组数据结构示意

摒弃细节,可将之绘制为如图 4-5 所示的图形,其中数值类型的 mxArray 直接指向了一块线性排列的连续区域,从而对矩阵的操作可以在连续区域进行,实现了效率的最大化。元胞数组和结构体则使用了嵌套数据结构。

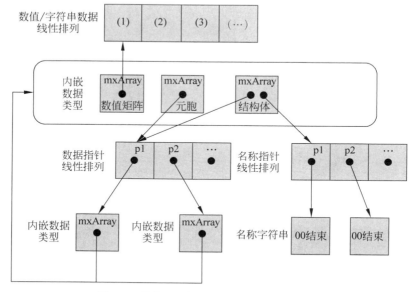

图 4-5　数值、元胞、结构体的储存层次关系

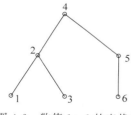

图 4-6　数值 1～6 的查找树

在数学上,如将运算应用于集合,产生的元素仍在集合内,则称集合对于运算封闭。比如自然数集合对于加法运算是封闭的,但对于减法则不是(会产生负数)。

对于元素的拼接,单纯采用矩阵无法封闭。在 C++ 中需要增加扩展类,而 MATLAB 通过内嵌元胞数组实现了封闭性,我们将这种能力称为内嵌数据对象的封闭性质,从而可以表达复杂数据,如下列程序中的树嵌套(图 4-6)。

```
                              abstractdata.m
01  function abstractdata
02  root = @(a) a{1};                       % 父节点
03  left_tree = @(a) a{2};                   % 左子树
04  right_tree = @(a) a{3};                  % 右子树
05  data = {4 {2 {1} {3}} {5 {} {6}}};
06  isintree(data,2.3)                       % 判断 2.3 是否在数组 1、2、3～6 内
07      function b = isintree(tree,x)
08          if(isempty(tree)) b = false;             % 树为空,没找到
09          elseif(x == root(tree)) b = true;        % 树的父节点
10          elseif(length(tree) == 1) b = false;     % 树仅为叶子节点;
11          elseif(x < root(tree)) b = isintree(left_tree(tree),x);    % 从左子树找
12          elseif(x > root(tree)) b = isintree(right_tree(tree),x);   % 从右子树找
13          end
14      end
15  end
```

第 02～04 行定义了父节点、左右子树访问的匿名函数。

第 05 行采用元胞数组定义了查找树。

第 08～12 行表示了查找树的表示方法。

4.5　写时复制机制

先申请一个 100Mb 数组 a,然后赋值 b＝a,MATLAB 会再申请 100Mb 空间吗?

```
>>  a = zeros(3,4);
>>  fprintf('变量 a 地址 : ');
>>  dispmem_href(getaddr(a));        % 显示 a 变量头
>>  b = a;
>>  fprintf('变量 b 地址 : ');
>>  dispmem_href(getaddr(b));        % 显示 b 变量头
>>  fprintf('b = a 后变量 a 地址 : ');
>>  dispmem_href(getaddr(a));        % 显示 a 变量头
>>  b(2) = 3;
>>  fprintf('修改 b 后变量 b 地址 : ');
>>  dispmem_href(getaddr(b));        % 显示 b 变量头
>>  fprintf('修改 b 后变量 a 地址 : ');
>>  dispmem_href(getaddr(a));        % 显示 a 变量头
```

分别赋值 a,b＝a,修改 b,然后打印变量地址和 mxArray 头。执行后输出如下:

```
变量 a 地址 : c8e65504:
00000000   06000000   00000000   00000000
02000000   00000000   00020000   03000000
04000000   4085d51f   00000000   00000000
00000000   00000000
---------------------------------------- ******
变量 b 地址 : a0c45904:
00000000   06000000   00000000   c8e65504
02000000   00000000   00020000   03000000
04000000   4085d51f   00000000   00000000
00000000   00000000
---------------------------------------- ******
b = a 后变量 a 地址 : c8e65504:
00000000   06000000   00000000   a0c45904
02000000   00000000   00020000   03000000
04000000   4085d51f   00000000   00000000
00000000   00000000
---------------------------------------- ******
修改 b 后变量 b 地址 : a0c45904:
00000000   06000000   00000000   00000000
02000000   00000000   00020000   03000000
04000000   b06fd51f   00000000   00000000
```

```
00000000   00000000
------------------------------------------- ******
修改 b 后变量 a 地址：c8e65504：
00000000   06000000   00000000   00000000
02000000   00000000   00020000   03000000
04000000   4085d51f   00000000   00000000
00000000   00000000
------------------------------------------- ******
```

申请 b＝a 后，可看到 3 个现象：

（1）第 13～16 字节出现了以前未见过的信息，如果仔细观察，发现其就是变量 a 地址。

（2）变量 a 的 mxArray 头变化了。赋值居然对原变量有影响！仔细观察，实际上是将 b 的地址注册进了 a。

（3）b 变量的数据区地址与 a 一模一样。

修改 b 后，发现：

（1）变量 b 的 a 引用被解除，而且被修改变量的数据区地址发生了变化。

（2）变量 a 的 b 引用被解除，数据区仍保存。

同理，如果直接更改 a，会发现 a、b 的引用被解除，同时 b 的数据区保存，a 的数据区被更改。

上述现象就是 MATLAB 的写时复制机制（copy on write，COW）。通过这种方式，函数调用时传值几乎可以达到传址的效果，同时规避了传址的一些副作用（改变了原变量）。

COW 的使用可能不止这里写的这么简单，很多的底层函数实现需考虑 COW 的影响，做起来不一定是那么容易的事情。好在，这一切对于 MATLAB 用户而言都是黑盒子，我们完全可以用简单的语法形式，享受其效率。

4.6　传值机制

在函数调用时，如果传入参数，并在程序中更改了此参数，退出后发现被传的参数不会改变。如下面函数中输出 3 而不是 4：

```
                                test_passvalue.m
01   function test_passvalue
02   a = 3;
03   passvalue(a)              % 调用函数
04   a
05   function passvalue(a)     % 函数中传入变量
06   a = 4
```

因此，可以认为 MATLAB 是传值的。有时可能会担心，如果被调函数的参数是一个特别大的（譬如数百兆的矩阵）数据，在函数调用时，对值的复制将产生巨大开销。针对此，Fortran 程序采用传址机制提高了效率，C 语言有传递指针的传址机制，但 MATLAB 中并没有这种机制（除了 handle 类）。它采用了一种综合的方法。

explore_passvalue.m

```
01  function explore_passvalue
02  a = 3;
03  fprintf('变量地址：');
04  dispmem_href(getaddr(a));          % 显示变量头
05  passvalue(a)                       % 调用函数
06  function passvalue(a)              % 函数中传入变量
07  fprintf('变量地址传入函数后地址：');
08  dispmem_href(getaddr(a));
```

运行后输出：

```
变量地址：b8da5904:
00000000   06000000   00000000   00000000
02000000   00000000   01020000   01000000
01000000   7080a92b   00000000   00000000
00000000   00000000
---------------------------------------- ******

变量地址传入函数后地址：68e05904:
00000000   06000000   00000000   b8da5904
02000000   00000000   01020000   01000000
01000000   7080a92b   00000000   00000000
00000000   00000000
---------------------------------------- ******t
```

运行后查看输出发现，MATLAB 传入函数参数后，复制并改变的仅是参数的 mxArray 头，数据区并未改变。即使传入数百兆的矩阵，MATLAB 改变的仅仅是数字节的信息。这种将传值机制与写时复制机制结合的策略，一方面大幅提高了程序运行效率；另一方面，对传入值的改变不会更改传入数据本身，从而大幅提高了程序的透明性和安全性。

还有一件趣事，在编辑器中运行脚本 a＝[1,2];dispmem_href(getaddr(a));与在命令解释器中运行上述两个命令输出的结果是不同的。直接运行脚本，将发现变量 a 产生了一个影子变量。也许脚本的环境与基工作空间（base workspace）的环境并不是一个东西，而是它的一个影子吧。

4.7　合理使用数据结构

4.7.1　矩阵按列储存

```
>>  a = unit8([1 2 3;4 5 6]);
>>  dispmem_href(getaddr(a));
```

监测矩阵的数据存储为

```
01 04 02 05 03 06
```

即对于矩阵,其存储规则为按列储存。理解这点,就可以解读很多函数返回参数的含义。

```
>>  sum(a)                              % 返回[5 7 9],与 sum(a,1)相同,为按列求和
>>  sum(a,2)                            % 返回[6;15],为按行求和
>>  m = sscanf('1 2 3 4 5 6','%f',[3 2]) % 返回[1 4;2 5;3 6];
```

譬如与 sum 类似的很多操作符首先作用在列向量上;sscanf 读取字符串数值之后,将其格式化储存,之后再按先列后行排列输出,即 sscanf('1 2 3 4 5 6','%f',[3 2])=reshape([1 2 3 4 5 6],[3 2])。如果要得到和输入看起来一致的矩阵,一定要按矩阵真实维度的转置读取,读取后还要对矩阵进行转置。

MATLAB 采用按列储存,是因为 Fortran 最早对数组采用按列存储,之后的 BLAS 库等均采用了此种方式,这属于习惯继承性的问题,尽管在今天看来,其对理解存在一定的不便。尤其是对于三维及以上矩阵,理解起来就更为困难了,但好在三维及以上数组使用场合不多。同时,MATLAB 部分命令修改了其外在表现形式,使之更符合习惯,譬如产生网格的 meshgrid 和 ndgrid 命令。

```
>>  x = [1 2 3];y = [4 5];
>>  [X,Y] = meshgrid(x,y)    % X = [1 2 3;1 2 3],Y = [4 4 4;5 5 5]
>>  [X,Y] = ndgrid(x,y)      % X = [1 1;2 2;3 3],Y = [4 5;4 5;4 5]
```

按我们的习惯,横坐标为 1、2、3,纵坐标为 4、5 的两个向量生成一个 3×2 的网格,但传统的 meshgrid 生成形式与习惯不一样,ndgrid 则生成与习惯一致的矩阵形式。对于三维矩阵,meshgrid 更不好理解了,[X1,X2,X3] = NDGRID(x1,x2,x3) 与 [X2,X1,X3] = MESHGRID(x2,x1,x3)) 相同,不存在四维及以上的 meshgrid 命令,但 ndgrid 则用于更多阶次。

4.7.2   指针

使用 C 语言的人对于指针有特殊的癖好,因为指针=别名(或引用),可以用来确保被多处引用的数据的一致性;指针=对数据底层的任意解释和完全掌握。指针,尤其是别名的功能,是很多数据结构固有的需求。

MATLAB 不显式地支持指针,但可以人为构造。

一种方法是使用字符串,比如

```
>>  a = 3;
>>  p_a = 'a';       % p_a 为 a 的名字,可代表 a 的指针
>>  eval(p_a)        % eval(p_a)表示访问内容
```

但这种字符串指针很难传入到函数中,这是因为字符串指针必须从调用的父函数才能找到值,对于单个函数还好办(使用 evalin),如果函数 A 调用函数 B 再调用 C,逻辑就有可

能乱掉了。

getaddr 函数得到的变量的地址就是一种脱离当前工作空间环境的、能绝对定位变量位置的东西，它完全可以作为指针。将 getaddr 配合 pointtodata 程序使用：

```
                              pointtodata.m
01   # include "mex.h"
02   # include < windows.h>
03   typedef unsigned __int64 uint64;
04
05   void mexFunction(int nlhs,mxArray * plhs[],int nrhs,const mxArray * prhs[])
06   {
07     if (nrhs < 1 || !mxIsUint64(prhs[0])) mexErrMsgTxt("第一个参数必须是 64 位的地址参数");
08     uint64 * pdata = (uint64 * )mxGetData(prhs[0]);        //得到输入变量存储数值的地址
09     mxArray * addr = (mxArray * )pdata[0];                 //其值指向真实数据的 mxArray
10     if(IsBadReadPtr((void * )addr,56)) mexErrMsgTxt("内存不可读\n");
11     plhs[0] = addr;
12   }
```

访问命令如下：

```
>>  a = 3;
>>  p_a = getaddr(a);           % p_a 为 a 的地址,代表 a 的指针
>>  pointtodata(p_a);           % pointtodata(p_a)表示访问内容
>>  a.b = 100;                  % 重新将 a 赋值为结构体
>>  pointtodata(p_a);           % pointtodata(p_a)内容已经变为结构体
```

如同 C 语言,对于指针的处理需要十分谨慎。由于 MATLAB 弱类型(变量获得类型后仍可赋值为另一种数据类型)的特点,我们要当心更换类型会改变变量地址。但测试发现,即使更改数据类型,只要不销毁变量,a 的 mxArray 地址都将维持不变,getaddr 还真有成为指针的潜质。

可用 getaddr 指针法重新实现 4.4 节的二叉查找树,搜索算法 isintree 与之前几乎相同,不同的是数据储存格式变了。在数据封装时,如第 09 行的 node1 中指定了 node2,但实际上 node2 还没有被赋值,这没有关系,因为在 node1 中被赋值的仅仅是 node2 的地址,当 node2 被改变时其地址并未变化,pointtodata(node1. p_father)仍可以找到它。

```
                              tree_bypoint.m
01   function tree_bypoint
02   NULL = pointer.NULL;
03   % 生成基础节点,使用类将更好
04   nodebase = gennode(NULL,NULL,NULL,0);
05   % 复制出 6 个节点,节点必须先存在,否则无法被引用
06   [node1 node2 node3 node4 node5 node6] = deal(nodebase);
07   % 指定每个节点的父节点、左右子节点
08   node1 = gennode(getaddr(node2),NULL,NULL,1); % 节点 1 的值为 1,父节点为 2,无子节点
09   node2 = gennode(getaddr(node4),getaddr(node1),getaddr(node3),2);
10   node3 = gennode(getaddr(node2),NULL,NULL,3);
```

```
11   node4 = gennode(NULL,getaddr(node2),getaddr(node5),4);
12   node5 = gennode(getaddr(node4),NULL,getaddr(node6),5);
13   node6 = gennode(getaddr(node5),NULL,NULL,6);
14   root = node4;
15   isintree(root,5) % 判断5是否在树内
16   isintree(root,2.3)
17
18   function x = gennode(p_father,p_leftson,p_rightson,value)
19   % 每个节点为结构体,包括父节点、左右子节点的指针和值
20   x = struct('p_father',pointer(p_father),'p_leftson',pointer(p_leftson),'p_rightson',
       pointer(p_rightson),'value',value);
21
22   function b = isintree(tree,x)
23   % 判断是否在树内
24   if(x == tree.value) b = true;
25   elseif(~isvalid(tree.p_leftson) && x < tree.value) b = isintree( + tree.p_leftson,x);
       % 首先判断是否存在子树
26   elseif(~isvalid(tree.p_rightson) && x > tree.value) b = isintree( + tree.p_rightson,x);
27   else b = false;
28   end
```

getaddr 指针法有个缺点,p_a 本身为 uint64 类型,如果程序编写中忘记了使用 pointtodata,如直接使用 p_a＋5 等,将返回错误计算结果。一个改进措施是用类包装起来, 如下程序所示,但需要一条条重载操作符,而且运行效率低。如果 MATLAB 能将指针作为 一种类型,实现程序级别的支持就好了。

```
                                    pointer.m
01   classdef pointer
02   % b = pointer(getaddr(a))可生成指针
03   %  + ptr 可访问指针
04   % bNULL 可判断是否为空指针
05     properties (Access = private)
06        ptr;
07     end
08     properties (Constant)
09        NULL = uint64(0);
10     end
11     methods
12        function self = pointer(ptr) % 构造函数
13           if(~isa(ptr,'uint64')) error('输入必须为 uint64 地址.');end
14           self.ptr = ptr;
15        end
16        function data = uplus(self)
   % 采用单目运算符＋号包装访问函数,如 MATLAB 后续能内嵌支持 * 的用法,则再好没有了
17           data = pointdata(self.ptr);
18        end
19        function b = isvalid(self)
20           b = (self.ptr == pointer.NULL);
```

```
21          end
22      end
23  end
```

4.7.3　提高程序执行效率

了解 MATLAB 数据存储方式,就明晰了如下提高程序的执行效率方法的原理。

(1) 向量化操作能达到最高效率。

(2) 使用数值矩阵,速度快于元胞数组。

(3) 如可能,一定要预先分配内存。[如确实未知分配内存大小,在 32 位版本中,使用元胞数组赋值普通数值(double 型)将比数值矩阵快 1 倍,但在 64 位版本,或赋值其他数据值时,数值矩阵更快]

```
                            vectorization.m
01  clear;clc;x = 0.01; n = 2e4;
02  tic; % 版本 1
03  for k = 1:n,y1(k) = x;end
04  t = toc;fprintf('耗时      %.6fs 矩阵/未预分配内存\n',t);
05  tic; % 版本 2
06  y2 = zeros(1,n);for k = 1:n,y2(k) = x;end
07  t = toc;fprintf('耗时      %.6fs 矩阵/预分配内存\n',t);
08  tic; % 版本 3
09  y3 = num2cell(zeros(1,n));for k = 1:n,y3{k} = x;end
10  t = toc;fprintf('耗时      %.6fs 元胞/预分配内存\n',t);
11  tic; % 版本 4
12  for k = 1:n,y4{k} = x;end
13  t = toc;fprintf('耗时      %.6fs 元胞/未预分配内存\n',t);
14  tic; % 版本 5
15  y5 = x * ones(1,n);
16  t = toc;fprintf('耗时      %.6fs 向量化操作\n',t);
```

输出为:

```
耗时 0.970648s 矩阵/未预分配内存
耗时 0.001517s 矩阵/预分配内存
耗时 0.053439s 元胞/预分配内存
耗时 0.552083s 元胞/未预分配内存
耗时 0.000373s 向量化操作
```

上述程序中,1～4 段为循环版本,5 为向量化版本。

版本 2 中,仅增加了一句预分配内存指令 zeros(1,n),效率顿时提高。这是因为:如果事先不指定,则 MATLAB 预先分配一个连续的默认长度的矩阵,当矩阵超过维度后,只能通过操作系统调用,扩充这个区域。如果内存后面还能用,重新标记一下就可以了,只是占用一些调用时间;如果后面不能用,则需要重新申请一片连续区域,并将原有值复制过来。因此事先全部申请就好了。此方法称为预分配内存。如果事先不知道大小,也可以先申请一个特别大的,最后再将它裁剪为需要的大小。

版本 3 中,使用了元胞数组,效率比使用矩阵低了一些。这是因为元胞数组本身的嵌套数据结构,访问一个数据,需要跳转元胞的 mxArray,然后再跳转访问矩阵的 mxArray,本身访问开销就要比矩阵高。

版本 4 中,使用了元胞数组,但未预分配内存,其效率反而高于矩阵。这是因为,程序的瓶颈不是访问开销,而是内存的扩充和复制:元胞数组中每增加一个变量,需要增加变量值本身,同时需要调整变量的指针的空间,但不同的是,在 32 位系统上,指针仅占用 4 个字节,而 MATLAB 默认的数值(double 型)占用 8 个字节,此时使用元胞矩阵将比数值矩阵快不到 1 倍左右。在 64 位系统上,或赋值的不是双精度数值,而是单精度甚至整型,使用数值矩阵仍快得多。

版本 5 为向量化操作。MATLAB 不仅在存储上一切皆为数组,其操作理念也数组化了,我们称之为向量化(vectorization)操作。MATLAB 内部函数实现向量化时,仍是循环操作,但采用 C 语言直接访问了数据区,而不需要每次都解析 mxArray,因此能达到更快的速度。

5

向量化编程和数据流编程

MATLAB 不仅在存储上一切皆为数组,其操作理念也数组化了,我们称之为向量化操作。本章举几个例子阐述 MATLAB 向量化编程及流编程思想。

5.1 简单的例子

即使是 MATLAB 的初学者,都能了解 $a=[2\ 3\ 4]$;$b=[3\ 4\ 5]$,两者可以直接使用 $a+b$ 求和,而不是使用循环。有些例子稍微复杂,但仍不难。

问题 1:求解 $\dfrac{2\times4\times4\times6\times6\times8\times\cdots}{3\times3\times5\times5\times7\times7\times\cdots}\left(\approx\dfrac{\pi}{4}\right)$

思路:上式可视为 $(2n)\times(2n+2)/(2n+1)^2$ 的乘积。

```
>>  n = 1:1e6; prod( (2 * n). * (2 * n + 2)./(2 * n + 1).^2 )
```

MATLAB 中,可直接使用向量运算代替循环,注意. * , . /的使用。

问题 2:生成一组向量,其奇数列处为奇数开方,偶数列处为偶数平方。

思路:生成自然数,然后根据相应的下标分别操作。

```
>>  a = 1:10; b = mod(a,2) == 0; a(b) = a(b).^2; a(~b) = sqrt(a(~b))
```

MATLAB 中对特定元素的访问可使用逻辑切片简化程序。

问题 3:对一组数值进行线性拟合。

思路:对于数据 x、y,寻找 a、b,使得 $\sum\limits_{i}(ax_i+b-y_i)^2$ 最小,将其对 a、b 求导可得 $\sum\limits_{i}2(ax_i+b-y_i)x_i=0$,$\sum\limits_{i}2(ax_i+b-y_i)=0$,提取 a、b 后可得。

$$\begin{bmatrix}\sum\limits_{i}x_i & n \\ \sum\limits_{i}x_i^2 & \sum\limits_{i}x_i\end{bmatrix}\begin{bmatrix}a \\ b\end{bmatrix}=\begin{bmatrix}\sum\limits_{i}y_i \\ \sum\limits_{i}x_iy_i\end{bmatrix}$$

```
>>  x = [1 2 3 4 5 6];y = x + rand(1,6)/3;
>>  ab = [sum(x) length(x);sum(x.^2) sum(x)]\[sum(y); sum(x. * y)]
>>  plot(x,y,'o',x,ab(1) * x + ab(2));
```

MATLAB 中可以直接应用带矩阵的数学公式。

问题 4：将二维数组交叉排列。

思路 1：申请一个数组，然后采用逻辑切片填充。

```
>>  a = [1 4; 2 5; 3 6];b = zeros(numel(a),1); b(1:2:end) = a(:,1); b(2:2:end) = a(:,2)
```

思路 2：由于数据是按列存储的，将之按行排列后直接更换维数。

```
>>  a = [1 4; 2 5; 3 6];b = a';b = b(:)
```

向量化的方法很多，多考虑必有收获。

问题 5：将向量扩充，每个数值重复这个数值代表的次数。

思路：对于每个数据，将生成向量置于元胞内，再重新组合。

```
>>  a = 1:5; cell2mat(arrayfun(@(x) x * ones(1,x),a,'UniformOutput',false))
```

使用 arrayfun 函数以及元胞的组合可以产生丰富的变化。

问题 6：矩阵每列和向量相加。

思路 1：将向量扩充为和矩阵同样维数。

```
>>  a = [1 4; 2 5; 3 6];b = [3 4]; a + repmat(b,3,1)
```

思路 2：利用 bsxfun 函数。

```
>>  a = [1 4; 2 5; 3 6];b = [3 4]; bsxfun(@(x,y) x + y,a,b)
```

用 repmat 对某些数据进行扩充是一个办法，用这种方法生成矩阵对性能存在影响，尝试使用 bsxfun 函数。

问题 7：1 一直加到 100，每次等于多少。

思路：MATLAB 自带了累积函数 cumsum。

```
>>  cumsum(1:100)
```

MATLAB 自带了一些高级函数可供使用，类似的还有 diff，它和 cumsum 有点逆运算的意思。譬如下面不太直观的理解。

问题 8：将一个数组为 0 处替换为它之前的数，不考虑第 1 个 0。

思路 1：采用循环就可以了。

```
>>  a = [2 0 0 0 3 0 4 5 0 0];
>>  j = 0;
>>  for i = 1:length(a)
>>    if(a(i) ~ = 0) j = a(i);else a(i) = j;end
>>  end
```

思路 2：可以对数据进行累积求和，但是在每个非 0 处不能重复累积，查找到这些数，先将它减去之前的数。

```
>>  a = [0 2 0 0 0 3 0 4 5 0 0];
>>  notzero = find(a);
>>  a(notzero(2:end)) = diff(a(notzero));
>>  a = cumsum(a);
```

这个例子看起来有点不太直观了，但作为学习或练习，是个很好的例子。

问题 9：查找 $n \times 2$ 个整数重复出现数的次数。

思路 1：用循环。

```
>>  p = [1 2; 3 4; 1 2; 3 5; 3 4; 3 4];
>>  n = ones(size(p,1),1);              % 次数记录表
>>  for i = 1:length(n)
>>    if(n(i) ~ = 0)                    % 如果被用不再扫描
>>      for j = i + 1:length(n)
>>        if(all(p(j,:) == p(i,:)))     % 行一致
>>          n(j) = 0;                   % 此行不用
>>          n(i) = n(i) + 1;            % 个数增加
>>        end
>>      end
>>    end
>>  end
```

思路 2：将第 1 列元素作为横坐标，第 2 列作为纵坐标，只要出现此坐标，就使用 accumarray 函数进行累积操作。

```
>>  p = [1 2; 3 4; 1 2; 3 5; 3 4; 3 4]; accumarray(p,1,[3 5],@ sum,0,true)
```

accumarray 比较难以理解，但是对于那种每个位置只出现一次的情况有奇效。

问题 10：查找 $n \times 2$ 个实数重复出现数的次数。

思路：由于实数不能作为下标，上例中 accumarray 已无法使用，但上例思路 1 中的循环程序仍可以使用。此外，思路 2 中，如 p 内数值较大，accumarray 创建数组极大。注意到 $n \times 2$ 数组可表示为 $n \times 1$ 复制数组，可写出如下程序：

```
p = [1 2; 3 4; 1 2; 3 5; 3 4; 3 4]
g = arrayfun(@(a,b)a + b × sqrt(-1),p(:,1),p(:,2))
[c  ia  ic] = unique(q); accumarray(ic,1)
```

在大多数情况下，向量化操作代码更为清晰、运行更快。每个向量化操作都有对应的循

环实现方式,MATLAB 历经多次编译器改进,循环效率迅速提升,甚至在某些场合使用循环代码更为清晰,速度也不慢,因此渐渐出现了正视循环的观点,譬如问题 10,向量化的代码就比较难懂。以下给出两个较为复杂的例子——完全数和数字字谜。

5.2　完全数

问题:求解所有 1～10 000 以内的完全数。完全数,是指所有真因子的和恰好等于自身的数值。譬如 $6=1+2+3,28=1+2+4+7+14$。

最直接的方法是循环求解,对于每个数,找到其所有真因子,求和,如果等于自身,则为完全数。

```
                          perfectnum1.m
01   allnums = 1:1e4;                        % 数值范围
02   for num = allnums
03     sumno = 0;                            % 和为 0
04     for i = 1:(num/2)                     % 扫描所有因子
05         if(mod(num,i) == 0)               % 如果能整除,则为因子
06             sumno = sumno + i;            % 求和
07         end
08     end
09     if(sumno == num) num,end              % 如果因子和与原数相等,则输出
10   end
```

程序 1 运行时间为 1.801 320s。它在最内层循环中通过求模扫描所有因子然后求和。求模这个系统内部函数可以向量化,变成 mod(num,1:num/2),再将 if 转换为逻辑切片。形成程序 2:

```
                          perfectnum2.m
01   allnums = 1:1e4;                            % 数值范围
02   for num = allnums
03     num1tohalf = 1:num/2;
04     factors = num1tohalf(mod(num,num1tohalf) == 0);
05     if(sum(factors) == num) num,end           % 如果因子和与原数相等,则输出
06   end
```

程序 2 中使用 mod(num,num1tohalf)==0 作为逻辑切片,筛选出是因子的数据。代码量立刻小了(只是运行时间升高到 1.927 306s。此点将在 5.3 节研究)。

为了得到更少的代码,可以取消 factors 和 num1tohalf 变量赋值行,直接将其放到代码中。factors 非常好替换,num1tohalf 在第 04 行出现了 2 次,第一个位置处比较难替换,但注意到 num1tohalf 后面是取下标,由于 num1tohalf 与 allnum 的前面元素一致,即 num1tohalf 取下标和 allnum 取下标的效果完全相同,因此形成程序 3:

```
                          perfectnum3.m
01   allnums = 1:1e4;
02   for num = allnums
03     if( num == sum( allnums( mod(num,1:num/2) == 0 )) ) num,end
04   end
```

程序 3 能运行，且运行时间加快到 1.777 050s，是目前 3 组代码中最简洁，也是运行最快的。

再做些辅助工作，申请一个数组，将数据存进去。形成程序 4：

```
                          perfectnum4.m
01  allnums = 1:1e4;   perfectnum = [ ];
02  for num = allnums
03    if( num == sum( allnums( mod(num,1:num/2) == 0 )) )
04        perfectnum(end + 1) = num;
05    end
06  end
07  perfectnum
```

由于不知道循环中什么时候能发现完全数，采用发现一个增加一个的策略。程序 4 运行时间 1.782 218s，和程序 3 差不多。但之前我们说过，如有可能最好进行内存预分配。形成程序 5：

```
                         perfectnum5.m
01  allnums = 1:1e4;   perfectnum = zeros(size(allnums));
02  for num = allnums
03    if( num == sum( allnums( mod(num,1:num/2) == 0 )) )
04        perfectnum(num) = num;
05    end
06  end
07  perfectnum = perfectnum(perfectnum~ = 0)
```

出乎意料的是，运行时间反而慢了一点，达到 1.816 791s。因为在 10 000 之内的完全数只有 4 个，预先分配内存却分配了 10 000 个，在这种情况下，效率并不高，编程时不能教条！

在程序 5 的第 04 行中，记录下符合的 num 值。这里可以转换一下思路，只要记录是否找到即可，可以改写为程序 6：

```
                         perfectnum6.m
01  allnums = 1:1e4;   bfind = logical(size(allnums));
02  for num = allnums
03    bfind(num) = (num == sum( allnums( mod(num,1:num/2) == 0 )));
04  end
05  perfectnum = allnums(bfind)
```

现在可使用 arrayfun 命令来消除程序 6 的循环，形成程序 7：

```
                         perfectnum7.m
01  allnums = 1:1e4;
02  allnums(  arrayfun(@(x) x == sum(allnums( mod(x,1:x/2) == 0)),  allnums)  )
```

另外还有一些人喜欢用 accumarray 命令，如下代码效果是一致的。

```
                              perfectnum8.m
01  allnums = [1:1e4]';
02  allnums(allnums == accumarray(allnums,allnums,[],@(x) sum(allnums(mod(x,1: x/2) ==
    0)))))
```

在向量化操作的威力下,没有比这更短的完全数代码了。只是运行时间提高到了
2.710 644s,代码可读性也不佳。

还有一点优化空间。MATLAB 默认的都是 double 型数值,实际上,我们在处理的都是
无符号整数,更改数据类型得到程序 10:

```
                              perfectnum10.m
01  allnums = uint32(1:1e4);
02  allnums(arrayfun(@(num) num == sum( allnums( rem(num,1:(num−1)/2) == 0) ),allnums))
```

这里的改动有 3 处:

(1) 将数据类型改为 uint32,它的表达范围是 0~4 294 967 295,在这个问题中足够
用了。

(2) 将 mod 改为 rem,根据文档,对于无符号数,mod 和 rem 表现基本一致,但在底层,
两者所做的检测不同。可能对于不同的计算机数据类型,两者效率不一样,在本例中程序运
行时间提高到了 0.633 752s。

(3) 注意到 num/2 被(num−1)/2 代替了吗?对于无符号整数,1/2 居然返回 1 而不是
0,5/2 居然返回 3 而不是 2。因此使用优化的数据类型时需仔细分析和测试。

由于优化数据类型可以加速,在程序 1 中将 allnums 声明为 int32 型,结果发现,计算不
仅没有加速,反而大幅减速,运行时间达到了 197.603 434s。

5.3　向量化与循环加速

对于程序 1 中出现的向量化时间反而变慢问题,进行如下程序测试。

```
>>  % feature accel off
>>  n = 1e5; nr = 1:n;
>>  tic; mod(n,nr); toc
>>  tic; for i = 1:n,mod(n,i);end; toc
>>  % tic;nr;toc
>>  feature accel on
```

测试 1 输出如下,第一行代表向量化操作时间,第二行代表循环时间。居然是循环
更快:

```
Elapsed time is 0.011122 seconds.
Elapsed time is 0.009942 seconds.
```

测试 2：将 n 改为 1e7，再运行输出如下。求解规模更大时，还是向量化快：

```
Elapsed time is 0.072405 seconds.
Elapsed time is 0.099233 seconds.
```

测试 3：再将 n 改为 1e5，并取消"tic;nr;toc"行的注释，输出如下。仅仅是增加了无关紧要行，向量化计算速度不变，但循环计算的速度急剧下降：

```
Elapsed time is 0.011146 seconds.
Elapsed time is 0.687384 seconds.
Elapsed time is 0.000011 seconds.
```

测试 4：取消第一行注释，即关闭加速。输出如下，向量化计算速度更快：

```
Elapsed time is 0.007804 seconds.
Elapsed time is 0.638635 seconds.
```

以上就是 MATLAB 的加速功能，我们不知道关于加速的更多信息，但从上述程序测试可以得出如下结论：

(1) 打开加速模式大大增加了循环的效率(0.009 942≪0.687 384)。

(2) 在大量运算情况下，向量化操作更快(0.072 405＜0.099 233)。

(3) 但某些情况下加速后的循环操作快(0.009 942＜0.011 122)。

(4) 加速功能一定程度降低了向量化操作效率(0.011 122＞0.007 804)。

(5) 出现(3)可能和加速相关，否则向量化还是更快(0.007 804＜0.009 942)。

(6) 程序复杂时加速算法可能失效(0.638 635≈0.687 384≫0.009 942)。

实际使用的程序都是很复杂的，此时很难想象 MATLAB 均能非常完美地完成加速，从这个角度而言，对于程序中瓶颈环节，非常有必要精心设计向量化操作。

5.4　数据流构架和 Simulink

再重新审视上述程序，其中 perfectnum2.m 看起来比 perfectnum1.m 复杂，但实际上，它的程序逻辑更简单了。首先将 prefectnum2 中涉及的计算显式写出：

```
                              perfectnum2_expand.m
>>  allnums = 1:1e4;               % 数值范围
>>  for num = allnums
>>    gene_1 = 1:num/2;            % 生成:1:num 的前半部分
>>    calc_1 = mod(num,gene_1);    % 计算:计算 num 与 gene_1 的余
>>    comp_1 = (calc_1 == 0);      % 比较:计算 calc_1 是否为 0,得到切片
>>    slice_1 = allnums(comp_1);   % 过滤:用切片来过滤 allnums
>>    calc_2 = sum(slice_1);       % 计算:计算满足要求切片的和
>>    comp2 = (calc_2 == num);     % 比较:将 calc_2 与 num 比较
>>    if(comp2) result = num,end   % 如果因子和与原数相等,则输出
>>  end
```

可以表达为如图 5-1 所示形式：

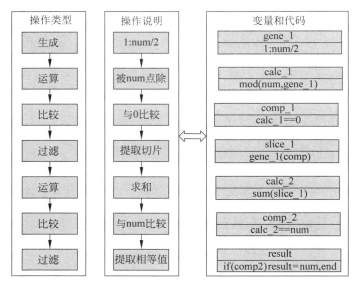

图 5-1　perfectnum2.m 程序逻辑

即 1:num/2 是数据源，数据源通过一系列运算器、比较器（也是一种运算器）和过滤器，最终得到计算结果。

这种面向数据流，通过运算器和过滤器，以及数据流动（管道）组织起来的程序称为管道/过滤器构架，或数据流构架。它将整个系统的输入/输出行为看成是多个运算器和过滤器的行为的简单合成。只要规范了软件接口，所有的过滤器就可以被连接起来，维护这种系统和增强系统的功能很简单，新的过滤器可以添加到现有系统中来，旧的过滤器可以被改进的过滤器替换掉。采用这种软件架构具有良好的隐蔽性和高内聚性、低耦合度的特点。

当然，这种架构也存在缺点，如其不适合处理交互的应用，每个过滤器都增加了解析和合成数据的工作，导致了系统性能下降。但 MATLAB 的数值计算工程应用中主要处理数组运算，不存在交互问题，且运算器和过滤器天生为向量化操作，运行效率不比 MATLAB 自带循环差，管道、过滤器的面向数据流构架将发挥强大的威力。

强大的 Simulink 就是数据流构架！Simulink 在航天、汽车、通信、信号处理等场合大量使用，并且易用。MATLAB 帮助中称其为基于模型（model-based）的设计，但作者认为它就是图形化的数据流（除数据在管道的流动外，Simulink 还包装了一层时间层，用以模拟变量流在时间上的推进，因此尤其适合于用常微分方程或差分方程描述的系统），模块或者模型就是运算器和过滤器，而连线就是管道。

因为都是数据流架构，就可以采用 Simulink 模拟完全数计算程序。

在 MATLAB 主界面中，选择 File/New/model 可以打开 Simulink 主界面如图 5-2 所示。

图 5-2　Simulink 主界面

在主界面中选择 View/Library Browser,或者按 🖩 图标,弹出模型库(图 5-3)。由于 Simulink 模型库众多,MATLAB 进行了简单分类,如 Sources 就是数据源,Sinks 为数据输出,Logic and Bit Operations 为逻辑运算,Math Operations 包含了常用的数学运算,等等。

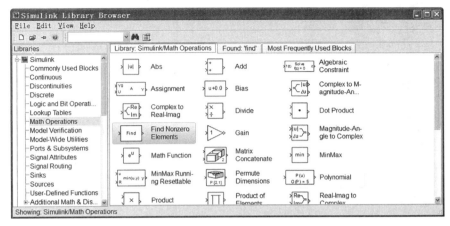

图 5-3　Simulink 模型库

值得注意的是,图形化 Simulink 模块不能完美支持数组的筛选运算。可能是因为大多数 Simulink 模块采用编译执行,而不是 m 程序的解释执行,这在增强了程序的计算效率同时,灵活性受到了一定的限制。比如大部分模块(除多口切换、S 函数等)要求数组的维度在编译时已确定,不能用来动态生成运行时才知道维度的数组。

在模型库中选择相应的组件,将之拖放到主界面中,再将组件相应的接口连接起来,即可形成所需的模型。图 5-4 中为一种完全数的 Simulink 模型,其中:

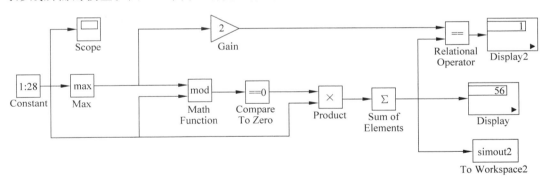

图 5-4　完全数的 Simulink 模型 s_perfect. mdl

(1)生成器:Constant 在 Source 分组内。此模块默认值为 1,双击模型,在 Main/Constant Value 中输入 1：28。

(2)运算器:max、gain、mod、product、sum of elements 在 Math Operations 分组中。某些模块,如 sum of elements 直接拖放即可;某些模块需进行适当配置,如 max 模块对应 MinMax 模块(将 min 改为 max),mod 对应 Math Function(将 exp 改为 mod)。

(3)比较器:relational operator、compare to zero 在 Logic and Bit Operations 分组中。

(4)后处理:display、scope、to workspace 在 Sinks 分组中。display 用以在界面中显示

当前值，scope 用来显示变量时间历程图，to workspace 用以将变量保存到 MATLAB 工作空间，实现 MATLAB 与 Simulink 间交互。

完全数的 Simulink 模型运行流程如下：

（1）源为数组 1～28，由于 Simulink 限制，图形化的模块无法从 28 生成 1～28，所以源从固定的 1～28 开始。

（2）源流向四处，一处用以图形显示，一处用以提取最大值，一处用以作为 mod 运算的分母，一处用以进行最终的因子求和。

（3）被提取的最大值流向两处，一处用以作为 mod 的分子，一处乘以 2 用以与因子做比较。

（4）分母和分子通过 mod 过滤器后，产生的系数与 0 进行逻辑比较，返回逻辑值。

（5）逻辑值本应用于数据筛选，之后求和，由于 Simulink 图形化模块不支持这种筛选，因此此处转换了一下，直接将源和逻辑值相乘，再求和，效果相同。

（6）将求和值与源数比较，判断是否完全数，显示在 display2 中，同时将求和的数显示出来，或送至工作空间。在 Simulink 中，可以任意添加显示。

至此整个数据流完成，程序可以在 Simulink 界面上单击三角箭头运行，也可在 MATLAB 工作空间内调用 sim('s_perfect') 运行。运行后会显示相应的值，同时双击 scope 还会显示数据的时间历程曲线。比如对于 28，Display2 输出 1，表明 28 为完全数，如改为 29，将发现输出为 0，即 29 不是完全数。

5.5　数字字谜

完全数的例子还能看出循环的影子，在某些问题中，向量化版本则完全和循环版本不一致，通过向量化可以写出更为通用的程序。

问题：SEND+MORE=MONEY，上述等式中，某个字母代表 0～9 的一个数字，不同字母对应数字不一致，找到每个字母对应的数字。

思路 1：逐一对字母进行循环，最后找到符合项，形成程序 1：

```
                              mathpuzzle1.m
01  for s = 0:9
02    if(s == 0) continue;end
03    for e = 0:9
04      if(e == s) continue;end
05      for n = 0:9
06        if(any(n == [s e])) continue;end
07        for d = 0:9
08          if(any(d == [s e n])) continue;end
09          for m = 0:9
10            if(any(m == [0 s e n d])) continue;end
11            for o = 0:9
12              if(any(o == [s e n d m])) continue;end
13              for r = 0:9
14                if(any(r == [s e n d m o])) continue;end
```

```
15                              for y = 0:9
16                                  if(any(y == [s e n d m o r])) continue;end
17                  if(sum([s e n d]. * 10.^(3: -1:0)) + sum([m o r e]. * 10.^(3: -1:0)) == sum([m o n e y].
    * 10.^(4: -1:0)))    % polyval([s e n d],10)具有同样功能,但非系统内部函数,调用起来更慢
18                                      disp([s e n d m o r y]);
19                                  end
20                              end
21                          end
22                      end
23                  end
24              end
25          end
26      end
27 end
```

在编辑器的自动缩进下,程序整体排版看起来很美,但是读起来就不那么美了,很难知道哪个 if 中的哪个变量会写错。而且作为字谜程序它不通用,如下个字谜是 a+b=c,就只能全部重写循环。

程序 1 计算耗时约 31.380 393s。

思路 2:一次性生成数据的所有组合,然后逐一判断哪个组合满足要求。形成程序 2:

```
                              mathpuzzle2.m
01  permute0to9s = perms(int8(0:9));                          % 生成 0~9 的所有排序
02  [~,~,subindex] = unique('SENDMOREMONEY');                 % 排列字符,并用 1~n 排序
03  permute0to9s = permute0to9s(:,subindex);                  % 生成字谜的所有排列
04  permute0to9s = permute0to9s( all(permute0to9s(:,[1 5 9]),2),:); % 滤掉任何开头为 0 的字母
05  for i = 1:size(permute0to9s,1)
06    row = permute0to9s(i,:);
07    if( sum(int32(row). * int32([10.^[3: -1:0 3: -1:0] - 10.^[4: -1:0]])) == 0 ),row,end
08  end
```

第 01 行生成[0 1 2 3 4 5 6 7 8 9]的所有组合,共有 10!×10=3 628 800×10 维,这是一个很大的数,假设为 double 型,则有 3 628 800×10×8/1024/1024=277M。而采用 int8,数据占用量减少了 8 倍。在处理大规模数据时,可以适当考虑存储格式。程序 2 使用 perms 函数递归生成了所有组合,此步骤花了约 3.209 786s。

第 02 行合并字符中相同的字符,subindex 代表了这些唯一字符的所有出现位置。

第 03 行生成字谜的所有排列。

第 04 行滤去开头为 0 的字母的排列,其中 1、5、9 分别代表 SEND、MORE、MONEY 的首字母位置。

第 05 行进入循环,循环针对每行进行,由于 SEND=S * 1000+E * 100+N * 10+D * 1,因此采用这种方式对所有数据进行了组合,最后求和,这是一种比较高效的方式。

程序 2 运行了 50.667 157s,近 50s 时间都用在循环中了,将此步骤向量化。形成程序 3:

```
                              mathpuzzle3.m
01  permute0to9s = perms(int8(0:9));                   % 生成 0～9 的所有排序
02  [～,～,subindex] = unique('SENDMOREMONEY');         % 排列字符,并用 1～n 排序
03  permute0to9s = permute0to9s(:,subindex);           % 生成字谜的所有排列
04  permute0to9s = permute0to9s( all(permute0to9s(:,[1 5 9]),2),:);% 滤掉任何开头为 0 的字母
05  coeff = repmat(int32([10.^[3:-1:0 3:-1:0] - 10.^[4:-1:0]]),size(permute0to9s,1),1);
06  result = sum( int32(permute0to9s). * coeff,2);
07  permute0to9s((result == 0),subindex)     % 列出计算正确的表达式序号对应的排序,更直观
                                             % 的显示,见 20.3 节
```

第 05 行中使用 repmat 生成了一个和 permute0to9s 同样大的矩阵,用此矩阵与 permute0to9 逐元素计算。

第 06 行中进行了点积运算,只是由于两个运算的存储格式必须一致,因此将 permute0to9s 转化为了 32 位整数,因为 8 位整数能表达的最大存储数字为 127,根本无法进行大数运算。常用的 double 型最多可表示 1.7977e308,编程时需要考虑的细节会少一些。

程序 3 耗时约 4.307 714s。非常快,但内存要求也非常高。用 repmat 生成了一个大矩阵进行计算,综合后两个 32 位的 2 903 040×13 的数组,足足有 288M。好在 MATLAB 提供了 bsxfun 函数,用它可以进行矩阵和向量计算,只要矩阵和向量的对应行或列维数一致。此时可写出程序 4:

```
                              mathpuzzle4.m
01  permute0to9s = perms(int8(0:9));                   % 生成 0～9 的所有排序
02  [～,～,subindex] = unique('SENDMOREMONEY');         % 排列字符,并用 1～n 排序
03  permute0to9s = permute0to9s(:,subindex);           % 生成字谜的所有排列
04  permute0to9s = permute0to9s( all(permute0to9s(:,[1 5 9]),2),:);% 滤掉任何开头为 0 的字母
05  result = sum(bsxfun(@(x,y) int32(x). * y,permute0to9s,int32([10.^[3:-1:0 3:-1:0]
    - 10.^[4:-1:0]]) ),2);                             % 对所有排列,将之代入字母,并求值表达式
06  permute0to9s(result == 0,subindex)
                                % 列出计算正确的表达式序号对应的排序,更直观的显示,见 20.3 节
```

程序运行时间为 4.198 376s。提高一点点,但内存使用大为减少。

5.6 关于优化

从完全数和数字字谜的解析中,我们将循环程序转为向量化版本,尤其是字谜程序,取得了计算效率(31.380 393s-> 4.198 376s)和程序通用性的极大提升(不同字谜无须改代码)。但是否每次都有必要这么做呢?如下为几点原则:

(1)首先将程序写对,然后再考虑优化。

(2)并不是所有程序都需要优化,只需优化瓶颈,程序效率就可以大幅提升。

(3)考虑底层相关的优化时需要尤其注意,除非很熟悉或不得已,不推荐使用。

(4)优化可以视为熟练掌握一门语言的标志,它是一门技术,也是一门艺术。

(5)尽管本章并未触及,但熟练掌握一门语言,是对编程范式、数据结构和算法的有效使用,它并不是一件很容易的事情。

(6)最后,回到第(1)条,将程序写对永远比优化难得多!

6

函数数据类型和函数式编程

我们以往所用程序,大多数是操作数值,通过数值操作数值、通过函数操作数值。在 MATLAB 数据类型中,函数类型是与数值并列的数据类型。它是数组,不仅可以事先定义,可以作为形参,还能作为返回值。这种特性与 C 语言完全不同,在 MATLAB 中函数是第一级的(first-order)。这种设置使其具有了一种奇异的普适性,并可导向一种称为函数式编程(functional programming)的编程范式,并已被演绎出众多精妙的、充满魔力的使用方法。由于计算效率、理解上的一些困难,尽管从 Lisp 语言(与 Fortran 语言并列为两种最早的语言)起已被研究,但至今仍未被广泛接受和使用。虽然如此,了解其中的一些编程思想,对增强表达思想的能力,以及编写更好的程序仍不无裨益。

6.1 函数句柄

@返回了函数的句柄(handle)。句柄可作为返回值,如下列代码,可让外部程序访问函数的内部子函数。

```
                                fun_sub.m
01  function fun_sub
02  sub_a();                        % 可访问 sub_a
03  assignin('caller','sub_a',@sub_a);   % 在调用函数内返回 sub_a
04  assignin('caller','sub_b',@sub_b);   % 可用正则表达式编写一个通用的分配程序,见后
                                    % 章节
05
06  function sub_a                  % sub_a 不能直接被外部函数调用
07  disp('a');
08  function sub_b
09  disp('b');
```

运行 fun_sub 前,工作空间只可访问 fun_sub,无法直接访问 sub_a。而运行 fun_sub后,工作空间多出了 sub_a 和 sub_b 的函数型数据,它与函数功能等价,就可在工作空间内

直接访问了。

6.2 函数作为形参及高阶函数

MATLAB 含有大量以函数作为参数的函数。如操作向量的命令,积分、求解微分方程、优化算法等。比如函数 arrayfun/cellfun/structfun、ode45、quad、fminsearch/fzero/fminbnd/patternsearch/ga,等等,其用法此处不再详述。

正如数学上,以实数作为参数,称为函数,而以函数作为参数,就变成了泛函。MATLAB 将函数作为参数,大大增强语言的抽象和描述能力,如求解连分数:

$$f = \cfrac{N_1}{D_1 + \cfrac{N_2}{\ddots + \cfrac{N_k}{D_k}}}$$

可采用循环:

```
01  f = 0;
02  for i = k: -1:1
03    f = N(i)/(D(i) + f);
04  end
```

但如进一步抽象,无论是乘法、除法、连分式,它们都是一种累积运算(accum)。

```
                        accum_R2L.m
01  function res = accum_R2L(fun,value0,varargin)
02    % fun 为作用函数,value0 为初始值.函数从右往左累积
03    res = value0;
04    for i = length(varargin{1}): -1:1    % 此处不含错误检查
05      var = cellfun(@(a) a(i),varargin,'UniformOutput',false);   % 取所有参数的第 i 个数
06      res = fun(var{:},res);
07    end
```

累积运算可以统一加法、乘法:

```
>>  accum_R2L(@(a,b) a + b,0,1:3)        % 计算 1 + (2 + (3 + (0))) = 6
>>  accum_R2L(@(a,b) a * b,1,1:3)        % 计算 1 * (2 * (3 * (1))) = 6
>>  accum_R2L(@(a,b) a - b,0,1:3)        % 计算 1 - (2 - (3 - (0))) = 2
>>  accum_R2L(@(a,b) b - a,0,1:3)        % 计算 0 - 3 - 2 - 1 = -6
```

也可以计算连分式,如 $N_i = 1, D_i = 1,2,1,1,4,1,1,6,1,1,8,\cdots$ 时结果为 e-2:

```
>>  D = [1,2,1,1,4,1,1,6,1,1,8,1,1,10,1,1,12,1,1,14];N = 0 * D + 1;
>>  accum_R2L(@(N,D,f) N/(D + f),0,N,D) % 输出 0.718281828459045,误差 ≈ 1e - 14
```

6.3 lambda 表达式

如果程序设计语言的一个值可以被赋值、可以作为形参,可以成为返回值,它就被称为一级(first order)值;如果可以被赋值、可以作为形参,但不能作为返回值,则称为二级值;如果仅可以被赋值,则称为三级值。在 C 语言中,函数是二级的,因为它无法作为返回值。

作为返回值,意味着需具备在运行中创建新值的能力。而 C 语言不具备这个能力,MATLAB 的 function 函数也不行。具备这个能力的函数称为 lambda 表达式,由阿隆索·邱奇(Alonzo Church)最早引入(其记号为 $\lambda x.\,expr$,即 MATLAB 中的 @(x) expr)用于逻辑分析。在邱奇的方法里,函数是唯一,是所有,即

一切皆为函数

如自然数,邱奇天才地将其表示为:

```
1≡@(x,y) x(y)              % 1 个 x
2≡@(x,y) x(x(y))           % 2 个 x
```

一切符号都是抽象,其意义依赖于解释。如自然数 $1+1=2$,我们好像一眼就懂,但它本身只是记号,只是因为历史上 1 代表一个东西,2 代表两个东西,+代表加法。如果历史上 2 是 1,现在 $2+2=1$,相信大家也能接受。

自然数和加法的本质不在于哪个数代表它,而是它是否满足运算的闭合性。在邱奇的表示里:

```
succ = @(n) (@(x,y) x(n(x,y)))      % succ 为数的后继,它返回一个新的函数
plus = @(m,n) m(succ,n)             % m 和 n 的和
```

还可以简写 $a(a...(b)...) = a^{\underline{n}}b$,其中带下划线 $\underline{n}$ 为 a 重复次数(即我们常用的自然数)。当 n 为邱奇数时:

$$n = @(x,y)\ x^{\underline{n}}y$$
$$n(x,y) = x^{\underline{n}}y$$
$$succ(n) = succ(@(a,b)\ a^{\underline{n}}b) = @(x,y)\ x(x^{\underline{n}}y) = @(x,y)\ x^{\underline{n+1}}y$$
$$plus(m,n) = (@(a,b)\ a^{\underline{m}}b)(succ,@(c,d)\ c^{\underline{n}}d)$$
$$= succ^{\underline{m}}(@(c,d)\ c^{\underline{n}}d)$$
$$= succ^{\underline{m-1}}(@(c,d)\ c^{\underline{n+1}}d)$$
$$= succ^{\underline{1}}1(@(c,d)\ c^{\underline{n+m-1}}d)$$
$$= succ(@(c,d)\ c^{\underline{n+m-1}}d)$$
$$= @(c,d)\ c^{\underline{n+m}}d$$
$$= @(x,y)\ x^{\underline{n+m}}y$$

邱奇同样定义了 True、False 数据,And、Or 等操作,展示了函数的强大威力。它还可以用来定义 if、for 等。

程序设计语言 Lisp 首次引入了 lambda 表达式。目前,主流设计语言均增加了对其支

持，如 java、python、C++的 11 版等。与 Lisp 等语言相比，MATLAB 的匿名函数仅支持单个表达式。但这仅仅是语法形式的约束，多表达式可以通过高阶函数实现。

6.4 函数作为返回值

邱奇数就是一种函数作为返回值的情况。采用如下程序进行测试：

```
                              churchnum.m
01  succ = @(n) (@(x,y) n(x,x(y)));      % 递增函数
02  plus = @(m,n) m(succ,n);             % 加法函数,返回新的 Church 值
03  one = @(x,y) x(y); two = succ(one); three = succ(two);   % 定义 1、2、3 对应函数
04  five = plus(three,two);             % 2 + 3
05  explain = @(a) a(@(n) [n '*'],'');  % 显示函数,赋予符号以意义
06  % explain = @(a) a(@(n) n+1,0);
07  explain(one)                        % 显示'*'
08  explain(two)                        % 显示'**'
09  explain(three)                      % 显示'***'
10  explain(five)                       % 显示'*****'
```

这里的 one、two、three、five 是 lambda 表达式，它的意义依赖于解释。如果用第 05 行程序作为解释，可以发现它们分别对应 * ， ** ， *** ， ***** ；也可以解释成第 06 行，这时它们分别对应 1、2、3、5。现代数学追求抽象形式下的统一性，解释函数也是 lambda 表达式。

一切都是 lambda 表达式

不管是普通的数，还是邱奇数，累积函数的思想依旧能够使用。由于函数句柄不能组成数组，而只能组成元胞数组。因此简单修改一下 accum_R2L.m 文件：

```
                              accum_R2L.m
01  function res = accum_R2L(fun,value0,varargin)
02  % fun 为作用函数,f 为初始值.函数从右往左累积
03  res = value0;
04  if(length(varargin) == 0) return;end % 空数组不进行累积操作
05  v1 = varargin{1}; % varargin 的第一个元素,分析其类型
06  if(iscell(v1)) bmat = 0; elseif(isnumeric(v1)) bmat = 1;else error('输入 varargin 只能为元胞或数组类型');end
07      for i = length(v1):-1:1   % 此处不含错误检查
08          if(bmat == 1)
09              var = cellfun(@(a) a(i),varargin,'UniformOutput',false);   % 取所有参数的第
                                                                          % i 个数
10          else
11              var = cellfun(@(a) a{i},varargin,'UniformOutput',false);   % 取所有参数的第
                                                                          % i 个数
12          end
13          res = fun(var{:},res);
14  end
```

执行：

```
>>   zero = @(x,y)y
>>   explain(accum_R2L(plus,zero,{one two}))
```

输出 ***。

6.5　惰性求值和流

lambda 表达式可以表示数，也可以表示逻辑，如 if…else 结构。可以首先写出：

```
                              fun_cond.m
01   function res = fun_cond(btrue,res1,res2)
02   if(btrue)
03      res = res1;
04   else
05      res = res2;
06   end
```

然后输入：

```
>>   cond = @fun_cond
```

当然，如果非常熟悉 varargin，我们也可以这样写：

```
01   cond = @(varargin) varargin{2 * find([varargin{1:2:end}],1)}
```

测试一下：

```
>>   cond(1,1,1,2)
>>   cond(0,1,1,2)
```

分别输出 1 和 2。在一系列输入中，cond 查找输入的奇数列，对于第一个出现的非零值，输出其后的值。它代替了原有的 if…elseif…elseif…else…end 结构。

但有一个问题，这样的 cond 只能返回值，不能执行程序。如 cond(0,error('cond'),1,1)的 error 语句在传入时就执行了。

为了传入函数有个好办法，先将函数表示为 lambda 表达式，如 cond(1,@() error('cond'),1,1)，再改 cond 构造，在其后加个括号，程序如下：

```
                              cond
>>   cond = @(varargin) varargin{2 * find([varargin{1:2:end}],1)}()
```

这个定义仅比之前多一个()。测试：

```
>>   cond(0,@() error('cond'),1,1)
>>   cond(1,@() error('error in cond'),1,1)
```

输出:

```
ans =
     1
??? Error using ==> @()error('error in cond')
error in cond
Error in ==> @(varargin)varargin{2 * find([varargin{1:2:end}],1)}()
```

这种使用了函数包装 error 语句以避免直接求值的技术被称为延迟求值或惰性求值,这个特性产生了一种新的编程思想,即只有需要时再求值。

将惰性求值和之前的数据流构架结合,又可以衍生出一系列变化。举例来说:求 1～10 000 之间的第 10 个质数。根据数据流的思路,为选出第 10 个数,程序遍历了 1～10 000 内所有质数,然后提取第 10 个。

```
stream_curly( stream_filter( @bprime,stream_a2b(2,10000) ),10)
```

这个先遍历用提取的程序可能进行了大量无用的运算,也可能没有,取决于有没有采用惰性求值方法。在惰性求值方法下,计算只有在提取数据时再发生,而且提取到什么位置,什么位置才计算。

为了具备惰性求值能力,就要精心构造 stream_a2b 和 stream_filter,把它们表达的像 cond 中的 lambda 表达式。此时 stream_a2b 不再是 2～10 000 的数组,而是{2 @(){3 @() 4{…}…}}。流生成、提取函数为:

```
                          stream_head.m
01  function f = stream_head(a)          % 流的当前元素
02  f = a{1};
                          stream_tail.m
01  function f = stream_tail(a)          % 流的后续元素
02  f = a{2}();
                          stream_cons.m
01  function f = stream_cons(a,b)        % 生成两个元素的流,它是 1×2 的元胞
02  if(nargin == 1) f = {a};else f = {a b};end
                          stream_curly.m
01  function f = stream_curly(stream,n)  % 提取流的第 n 个元素
02  for i = n: - 1:1
03      if(i == 1) f = stream_head(stream);
04      else stream = stream_tail(stream); end
05  end
                          stream_a2b.m
01  function f = stream_a2b(a,b)
02  if(a > b) f = {};
03  elseif(a == b) f = stream_cons(a);
04  else f = stream_cons(a,(@() stream_a2b(a + 1,b));
05  end
```

测试:

```
>>  stream_curly(stream_a2b(2,10000),10)
```

输出 11。

如果仔细分辨，stream_a2b 返回的并不是 {2 @(){3 @() 4{…}…}，而是 {2,@() stream_a2b(3,10000)}，它代表的是一个承诺，stream_tail 需要时，即调用 f＝a{2}()，它会展开一个承诺。当使用 stream_curly 函数时，stream_curly 会反复调用 stream_tail，直至承诺兑现。

再定义 stream_filter 运算，它将操作符作用到流上，返回满足要求的值。

```
                              stream_filter.m
01  function f = stream_filter(proc,stream)   % 采用 proc 判断程序过滤流
02  if(isempty(stream)) f = {};   % 最后一层
03  elseif(proc(stream_head(stream)))   % 如果第一个元素满足,则将之放到输出,并递归计算
                                        % 后续值
04    if(length(stream) == 1 || isempty(stream{2}))   % 最后一层
05        f = stream_cons(stream_head(stream));
06    else f = stream_cons(stream_head(stream),@() stream_filter(proc,stream_tail(stream)));
07    end
08  else % 否则直接抛弃第一个值,递归计算后续值
09    f = stream_filter(proc,stream_tail(stream));
10  end
```

测试：

```
>>  stream_curly(stream_filter(@(n) all(mod(n,2:floor(n/2))),stream_a2b(2,10000)),10)
```

将得到 29，计算时间为 0.029 279s（很慢，函数式编程的确很慢）。stream_filter 函数仅仅过滤了第一个元素，因为它的递归程序中，使用了 stream_cons 拼接，拼接的第 2 个元素是一个匿名函数，这个函数并不展开计算，只是给出了一个承诺，就像 stream_a2b 一样。

stream_a2b 看起来像个递归，它返回仅两个元素，数字 b 无论多大，对效率都没有影响，那如果令 b＝inf，我们得到了无穷维大小的数组。计算如下函数仍得到 29，且对计算速度没有影响。

```
>>  stream_curly(stream_filter(@(n) all(mod(n,2:floor(n/2))),stream_a2b(2,inf)),10)
```

神奇的是无穷维还可以是自递归的。比如可通过如下函数生成一个等于 1 的无穷维数组（这里没有用匿名函数，因为 MATLAB 的匿名函数不支持自调用，one＝@() stream_cons(1,@one) 无法通过语法检测，而 one＝@() stream_cons(1,@() one()) 虽然能通过语法检测，但 stream_curly 函数变量空间内无法发现 one 函数，因此无法运行通过。因此只能将之写为函数形式）：

```
                              one.m
01  function f = one ()
02  f = stream_cons(1,@one);
```

在过滤质数时，一般并不是拿每个数除以小于它的所有数，而是只需要除以它之前的质数就可以了。在质数计算中有个著名的厄拉多塞筛法，第 1 步，从 2 开始，划掉所有 2 的倍

数,然后从下一个数(3),划掉所有它的倍数,再从下一个数(5),划掉所有它的倍数,剩下的就全部是质数了。由于第 1 步就需要进行无穷步,要写个厄拉多塞筛法程序,可使用延迟计算技术。

```
                              sieve.m
01   function f = sieve(stream)
02   h = stream_head(stream); % 第一个数
03   f = stream_cons(h,@() sieve( stream_filter(@(num) all(mod(num,h)), stream_tail
     (stream)) ) ); % 第一个数拼筛子,筛子用第一个数作倍数,筛子返回的仍是一个筛子,直至
                              % 无穷.
```

stream_curly(sieve(stream_a2b(2,inf)),10)仍返回 29,只是速度变成了 0.691 899s,反而比计算所有值时的 0.029 279s 慢。这是因为现在为找到之前得到的质数,大部分计算时间 MATLAB 都在处理函数数据类型,比单纯计算数值要慢得多。函数式编程的编译器很难优化,有人认为函数式语言不可能比命令式更快。

6.6　记忆函数

fibonacci 数是计算机程序语言教材中常用的例子,观察下面算术发现,fibonacci 数组是加上自身右移一格,后面部分正好等于自身。

$$
\begin{array}{r|ccccc}
      &   & 1 & 1 & 2 & 3 & 5 &   & = \text{fibs} \\
+   &   1 & 1 & 2 & 3 & 5 & 8 &   & = \text{fibs 右移 1 格} \\
\hline
=   & 1 & 1 & 2 & 3 & 5 & 8 & 13 & = 1,1,\text{fibs}
\end{array}
$$

理想的编程方法是直接编写 fib=fib(n−1)+fib(n−2)语句求解,这样才能真正解放编程人员。但由于未知数既出现在等号右边,同时又出现在左边,MATLAB 不会自动求解这种方程,除非使用惰性求值。即 fib(n−1)数组只有需要时才展开,此时需要 fib,实际上肯定有 fib(n−1)和 fib(n−2)了。

```
                              fibs.m
01   function f = fibs()
02       f = stream_cons(1,@() stream_cons(1,@() stream_cellfun(@plus,@() stream_tail
     (fibs()),@() fibs()) )) );
```

```
                          stream_cellfun.m
01   function f = stream_cellfun(proc,varargin)
02   varargin = cellfun(@(a) a(), varargin, 'UniformOutput', false);
03   x = cellfun(@(a) stream_head(a), varargin, 'UniformOutput', false);
04   if(isempty(varargin)) f = {};
05   elseif(length(varargin{1}) == 1 || isempty(varargin{1}{2})) % 最后一层
06      f = stream_cons(proc(x{:}));
07   else
```

```
08      y = cellfun(@(a) @() stream_tail(a),varargin,'UniformOutput',false);
09      f = stream_cons( proc( x{:} ),@() stream_cellfun(proc,y{:} ) );
                         % 包装 stream_cellfun 避免求值
20   end
```

stream_cellfun 与 cellfun 类似，专用于无穷维惰性表映射，由于惰性表的特殊结构，程序中使用了递归进行解析，取出第一个数（非惰性），采用 cellfun 求解，然后剥离出第 2 层结构，反复递归调用 stream_cellfun。

但如果生成函数本身又是通过 stream_cellfun 生成时，就需要小心了，因为展开到第 2 层，展开式已经变成了{1 @stream_fun(...)}，在递归调用时，它需要再次展开 stream_fun，如果不将递归调用包装起来，就会陷入死循环，也即上式的 y＝cellfun 中的 stream_tail(a) 函数需要采用惰性求值。这个逻辑非常绕，作者到现在也分不清楚上述程序是否恰到好处。

这个程序可以工作，只是效率特别低，这还不单纯是函数频繁调用所致。如果在 fibs 函数中增加一个计数器或者调试（函数式编程语言的跟踪调试相当考验人），就会发现，它被调用了指数次。同一个值被计算很多次当然不好，为此增加一个专用的记忆函数。

```
                          memory_proc.m
01   function f = memory_proc(proc,brun,ret)
02   f = @memo;
03     function f = memo()
04         if(~brun)
05             brun = true;
06             ret = proc();
07         else
08             disp(' ******************* proc momeried ***************** ');
                         % 调试完成后可注释此行
09         end
10         f = ret;
11     end
12   end
```

这个函数中，传入的参数包括程序、此程序是否已运行过，以及记住的函数。要想返回重新计算的或记住的函数句柄，只需要将流生成函数更改为记忆函数即可。

```
                           stream_cons.m
01   function f = stream_cons(a,b)
02   if(nargin == 1) f = {a};else f = {a memory_proc(b,false,[])};end
```

测试一下：

```
>>   num = fibs();
>>   stream_curly(num,10)
>>   stream_curly(num,10)
```

第 2 次调用触发了记忆，程序没有访问 fibs 子程序，直接返回了计算结果，但第 1 次调用中，并没有触发记忆。程序在 fibs 子程序中打转了 110 次。

造成此现象的原因是,fibs 函数的 stream_cellfun 中,两个 fibs() 不是一个东西! 比如无论调用多少次 stream_curly(fibs(),10),它都不会记忆。为此增加 stream_add_tail 的子程序,将 fibs 函数改为如下形式:

```
                                fibs.m
01   function f = fibs()
02       f = stream_cons(1,@() stream_cons(1,@() stream_add_tail(fibs()))) );
                            stream_add_cdr.m
01   function f = stream_add_tail(num)
02       f = stream_cellfun(@plus,stream_tail(num),num);
```

此时记忆被触发,整个 fibs 程序仅被调用了 10 次。

在 MATLAB 函数中,只要是写入函数的参数,这些参数均在调用函数前求值。否则在程序中使用 fibs,但在函数调用前 fibs 时不求值,看起来只是个声明,只有进入函数体后,需要时再求值,此时两个 fibs 才是同一个东西。

因此,在 stream_cellfun 实现中,只能通过匿名表达式再将 y{:} 包装起来,在 fibs 实现中,增加 stream_add_tail 函数将两个相同的值包装起来。这种包装,对于简单程序来说,无论是写程序,还是阅读程序,都已经很麻烦了,更不用说更为复杂的控制了。总体来说,MATLAB 并没有提供(或者是作者没有找到)一套方便易用的控制求值时机的策略或简洁语法(比如专用于惰性求值的关键字,或者宏)。

6.7　闭包和面向对象

记忆函数看起来没有使用任何全局变量或记忆的变量,但在两次执行时,却可以返回不同的结果,好像它本身记住了什么东西一样。为更好地说明,采用如下的简化版本:

```
                              colosure1.m
01   function f = closure1(num)
02   f = @inc;
03     function f = inc()
04         num = num + 1; f = num;
05     end
06   end
```

输入:

```
>>  f1 = closure1(0); f2 = closure1(0);
>>  f1(),f1(),f2(),f2()
```

分别输出 1、2、1、2。即 f1、f2 本身带记忆,而且它们本身是独立的。程序返回的 inc 函数中,包含了对于函数全局可见,但又不能被外界访问的 num 数值,这称为环境,或者闭包,这个环境随函数执行而变化。这听起来像什么? 是不是很像类和实例。closure 是类,f1 和 f2 是它的 2 个实例。再将程序改写成:

```
                              closure.m
01   function f = closure(num)
02   f = @dispatch;
03     function f = dispatch(sfun,varargin)
04         if(strcmp(sfun,'inc')) num = num + 1;f = num;  % 或调用一个 inc 函数
05         elseif(strcmp(sfun,'dec')) num = num - 1;f = num;
06         else error('函数不存在');
07         end
08     end
09   end
```

输入：

```
>>  f1 = closure(0); f1('inc'),f1('dec')
```

　　分别输出 1、0。返回的 dispatch 带有一个函数名的参数，将 inc、dec 等消息传递给 dispatch 分配函数，很像消息传递。

　　在"7　面向对象编程"一章中，我们将开始这种面向对象编程研究。当然，函数式编程确实可以用来模拟面向对象编程，但 MATLAB 的面向对象编程不是这样实现的。

7

面向对象编程

程序设计存在众多的范式，MATLAB 数值计算最常用的是数据流。在数值计算应用中，管道、过滤器的面向数据流构架将发挥强大的威力。但进入图形界面后，由于大量层次性结构、相关性、交互性的引入，数据流的构架使用起来就力不从心了，面向对象编程提供了一种更好的范式。

面向对象的三大特征为：封装、继承和动态绑定（即多态，但这个词很多时候被曲解了，因此这里尽量避免使用多态这个词）。其中封装进一步分离了算法与数据；继承实现了对于现有代码的重用；动态绑定实现了对现有的共有接口的重用。

面向对象编程提供了一种强大的抽象和复用机制，只是大部分 MATLAB 使用者基本或从不使用面向对象编程。这和处理的问题领域，以及 MATLAB 软件自身能力有关：

（1）单纯进行数值计算时，面向对象编程并没有太大的必要。

（2）解释型、动态语言能力太强，无须做太多抽象工作就可以完成需要的功能。如封装，MATLAB 结构体完全支持数据和函数封装（当然结构体无访问控制功能）；如继承，MATLAB 本身为动态语言，结构体中的名称、方法可以直接赋值，然后在此基础上扩展；如动态绑定，由于 MATLAB 为动态语言，它本身就是动态绑定的。

（3）在处理复杂数据或交互式程序中，比如图形界面处理中，大部分准备工作 MATLAB 已经做好了，用户只需要简单使用即可，很难体会到面向对象的存在。

即在 MATLAB 中不懂面向对象也可以写出满足功能的 MATLAB 程序，但了解面向对象，也许能写出更精彩的程序。

当然，面向对象程序设计（object oriented programming，OOP）是个很大的话题，远不是这本书所能阐述的。本章仅介绍 MATLAB 相关的简单用法，以及与 C++ 的面向对象的相异之处。如何设计面向对象程序，建议学习 C++Primer 等书籍相关章节。

7.1　封装

这是 MATLAB 帮助中的例子。假设有个银行账户，它至少包括如下信息：账号、余额，并具备存钱、取钱操作。

可采用过程式程序,采用结构体封装数据如下:

```
                        BankAccount_struct.m
01  function BA = BankAccount_struct(AccountNumber, InitialBalance)
02  BA = struct('AccountNumber',AccountNumber,...
03    'AccountBalance',InitialBalance,...
04    'deposit',@deposit,'withdraw',@withdraw);
05    function self = deposit(amt)                    % 存钱操作
06        BA.AccountBalance = BA.AccountBalance + amt;  % 余额增加
07          self = BA;                                % 返回值
08      end
09      function self = withdraw(amt)                 % 取钱操作
10          newbal = BA.AccountBalance - amt;         % 取完之后钱数
11          if(newbal < 0) disp(['账户 ',num2str(BA.AccountNumber),'余额不足'])
12          else BA.AccountBalance = newbal;
13          end
14          self = BA;
15    end
16  end
```

访问程序为:

```
>>  BAs = BankAccount_struct(12345,500);    % 创建账户,初始额度 500 元
>>  BAs = BAs.deposit(50)                   % 存钱 50,第一个参数为账户,返回值为账户
>>  BAs = BAs.withdraw(400)                 % 取钱 500,参数和返回值同上
>>  BAs = BAs.withdraw(200)                 % 取钱 100,账户余额不足,参数和返回值同上
>>  BAs.AccountBalance = -300               % 可以直接设置余额,本操作一般不被允许
```

上例表明,在 MATLAB 中可采用结构体完成数据封装,但此方法存在 2 个不足:

(1) 数据无访问权限设置,现实中我们要通过柜台或 ATM 操作,不可能直接访问底层数据。本例中如直接设置 BAs.AccountBalance=-300 绕过了余额检测,将产生无法预料的后果。

(2) 界面上,存钱必须写成 BAs=BAs.withdraw(450),即存钱结果必须返回,否则钱无法被存入。

也可采用函数式编程,采用函数+环境封装数据如下:

```
                        BankAccount_function.m
01  function BA = BankAccount_function(AccountNumber, AccountBalance)
02  BA = @dispatch;
03    function f = dispatch(sfun,varargin)
04        if(strcmp(sfun,'deposit')) f = deposit(varargin{:});
05        elseif(strcmp(sfun,'withdraw')) f = withdraw(varargin{:});
06        elseif(strcmp(sfun,'getbalance')) f = AccountBalance;
07        else error('函数不存在');
08        end
09    end
```

```
10    function ret = deposit(amt)                              %  存钱
11        AccountBalance = AccountBalance + amt;               %  余额增加
12        ret = AccountBalance;
13    end
14    function ret = withdraw(amt)                             %  取钱
15        newbal = AccountBalance − amt;                       %  取完之后钱数
16        if(newbal < 0) disp(['账户 ',num2str(AccountNumber),'余额不足'])
17        else AccountBalance = newbal;
18        end
19        ret = AccountBalance;
20    end
21  end
```

访问程序如下：

```
>> BAf = BankAccount_function(12345,500);
>> BAf('deposit',50)
>> BAf('withdraw',400)
>> BAf('withdraw',200)
```

上例表明，MATLAB 中函数＋环境同样可完成数据封装，如果说上述程序有什么缺陷的话，它没有对数据封装的完全控制，使用语法也不是那么方便（需要传入字符串）。

通过对结构体、函数式的进一步构造，也许能制造出更为方便的封装形式。但MATLAB 直接提供了面向对象编程语法，提供了完全的数据封装的控制。

```
                              BankAccount.m
01  classdef BankAccount
02    properties (SetAccess = protected)
03        AccountNumber
04        AccountBalance = 0;
05    end
06    methods
07      function self = BankAccount(AccountNumber,InitialBalance)
08          self.AccountNumber = AccountNumber;
09          self.AccountBalance = InitialBalance;
10      end
11      function self = deposit(self,amt)                          %  存钱操作
12          self.AccountBalance = self.AccountBalance + amt;       %  余额增加
13      end
14      function self = withdraw(self,amt)                         %  取钱操作
15          newbal = self.AccountBalance − amt;                    %  取完之后钱数
16          if(newbal < 0) disp(['账户 ',num2str(self.AccountNumber),'余额不足'])
17          else self.AccountBalance = newbal;
18          end
19      end
20    end
21  end
```

访问程序如下：

```
>>   BA = BankAccount(12345,500);        % 创建账户,初始额度 500 元
>>   BA = BA.deposit(50)                 % 存钱 50,第一个参数为账户,返回值为账户
>>   BA = BA.withdraw(400)               % 取钱 500,参数和返回值同上
>>   BA = BA.withdraw(200)               % 取钱 100,账户余额不足,参数和返回值同上
>>   BA.AccountBalance = -300            % 由于数据被设备 protected 属性,无法直接访问,MATLAB 会
                                         % 返回错误
```

在结构体程序中,BankAccount_struct 为函数,BAs 返回了一个结构体。

在函数式程序中,BankAccount_function 为函数,BAf 返回了一个带环境闭包的函数。

在面向对象程序中,BankAccount 不是函数,而是类(底片),BA 不是结构体也不是函数,而是类的实例,或称为对象(冲洗的照片)。类是唯一的,同一个类可以生成很多对象。BA2＝BankAccount(1234567,500)将创建另一个实例,它和 BA 有单独的变量空间,两者存储数据互相无影响。

在类中,写在 properties 中的 AccountNumber、AccountBalance 等称为类的属性(底片的像素),写在 methods 中的 BankAccount、deposit、withdraw 等称为类的方法或成员函数(像素的操作方法,如擦除、涂色等)。

MATLAB 中定义了 set. 属性名和 get. 属性名的特殊成员函数,它将被类的属性直接访问,如在类中将 AccountBalance 属性定义为 public,并定义如下函数：

```
01   function self = set.AccountBalance(self,val)
02       if(val < 0) disp(['账户 ',num2str(self.AccountNumber),'余额不足'])
03       else self.AccountBalance = val;
04       end
05   end
```

此时 BA.AccountBalance＝－134 将调用了 set.AccountBalance 子程序。在使用 set 和 get 需特别注意,因为它"绑架"了 MATLAB 内部的其他赋值函数,如在其他函数中定义了 self.AccountBalance＝xxx,它将调用 set.AccountBalance 方法。

MATLAB 类的使用方法与 C++ 基本一致,略微熟悉即可适应。但在函数定义、访问、函数体内访问属性等有较大区别,具体如表 7-1 所示。

表 7-1 C++ 和 MATLAB 在类封装上的较大区别(除关键词不同外)

用法	语言		
	C++	MATLAB	备注
函数定义	［类名::］函数名	函数名(对象,其他参数)	中括号表示在类中定义则省略
函数外部访问	对象. 函数名	函数(对象,其他参数)或对象. 函数(其他参数)	MATLAB 中对象可以采用任意合法名称(帮助中一般用 obj),作者喜欢使用 self,看起来比较清晰
函数体内访问属性	直接使用属性名	对象. 属性名	MATLAB 中如存在 get. 属性名方法,将调用此方法
函数对对象的更改	可直接更改	默认传值模式,更改后需返回对象	MATLAB 中如存在 get. 属性名方法,将调用此方法。如继承 handle 类,则可直接更改对象而无须返回

7.1.1　类文件夹构造

类可以写在同一个文件内,也可以将不同方法组织在文件夹内。一个完全的格式如下:

```
pathfolder/+packagefld/@classnameA/classnameA.m
pathfolder/+packagefld/@classnameA/classmethod.m
```

(1) 文件夹前有加号的表示包,类似于 C++ 中的命名空间,其访问形式为包名.类名(packagefld.classnameA),此文件夹不是必须的。

(2) 文件夹前有@符号的表示类,它也不是必须的。

(3) 最后的.m 文件中,如果外层无@文件夹,则 m 文件中带 classdef 的均为类,类的所有定义都在这个文件中,文件名即为类名,不带 classdef 的为普通函数。

(4) 如果外层有@文件夹,则内含 classdef 的文件名称须与@后文件夹名一致,表示类的定义,其他文件定义的函数均为类的方法。

如果确实需要将类定义到文件夹下,查看一下 MATLAB 目录下自带的程序即可,比如toolbox/matlab/helptools/+helpUtils/@helpProcess 文件夹。

7.1.2　方法调用

MATLAB 的类的特殊方法包括:

(1) 与类同名的方法称为构造函数,它需要且只能输出一个参数,即类的对象实例。构造函数在类初始化时自动执行。

(2) MATLAB 类中仅允许使用一个构造函数,如需不同的参数在构造函数内由 nargin 等予以区分。

(3) MATLAB 类一般无析构函数,对于继承自 handle 的类,delete 函数定义了析构函数。

(4) 对于所有方法,类提供了一种比较好的语法包装。比如 BA.withdraw(600) 和withdraw(BA,600)完全相同。如在类中定义 disp、plot 等函数后,可使用 disp(xxx) 或plot(xxx,…)来执行输出、画图等操作,虽然系统内已经存在 disp 函数了,但如果第一个参数为类,它会自动调用类中的 disp 方法,这是函数重载。

(5) 类中可重载操作符,操作符可视为函数的另一种形式。如在 C++ 中 A+B 是 A.operator+(B)的简写,在 MATLAB 中,A+B 则是 plus(A,B)的简写。如将 BankAccount 类中 deposit 函数名称改为 plus,则 BA.plus(10)、plus(BA,10),以及 BA+10 功能完全一致。所有重载的关键字参见帮助 MATLAB/User's Guide/Object-Oriented Programming/Specializing Object Behavior/Implementing Operators for Your Class/Overloading Operators,或在帮助中直接搜索 overloading operators 得到。

(6) 在采用操作符重载时,如果类 A、B 均存在 plus 操作,则 A+B 和 B+A 代表的含义存在歧义性,在 MATLAB 中,可以在类中设置 InferiorClasses 的关键字来表征类的优先级,以确定到底调用哪个类的 plus 函数。

7.1.3 类的格式

类提供了一种数据封装的良好架构。MATLAB 类的格式一般如下所示。

```
classdef (attribute - name = expression,...) classname < superclassname
    properties(attribute - name = expression,...)
        PropName
    end
    methods(attribute - name = expression,...)
        methodName
    end
    events(attribute - name = expression,...)
        EventName
    end
    enumeration
        EnumName (arg)
    end
end
```

其中 classdef 模块包含了类的定义，它可包括类的属性，以及超类（表 7-2）。

表 7-2 classdef 模块属性

属性名称	类别（默认值）	描　　述
Hidden	logical(false)	如果为 true，在 MATLAB 命令行输出时不显示类名称
InferiorClasses	cell (〈〉)	使用此属性建立类的优先级
ConstructOnLoad	logical (false)	如果为 true，当从 MAT 文件读取对象时调用类构造函数。因此，必须为这个类构造一个不含参数的构造函数
Sealed	logical (false)	如果真，类不能被继承

properties 模块（可存在多个）包括了类的定义，可选的初始值（表 7-3）。

表 7-3 properties 模块属性

属性名称	类别（默认值）	描　　述
AbortSet	logical(false)	如果为 true，且此属性属于 handle 类，如新值和当前值相同，MATLAB 不设置属性。此方法阻止 PreSet 和 PostSet 事件的触发
Abstract	logical(false)	如果为 true，此属性不含实现，但其子类必须重新定义属性，此属性中 Abstract 不能设置为 true。 Abstract 属性不能定义 set 或 get 访问方法。 Abstract 属性不能定义初始值。 所有继承的类必须制定与之一致的 SetAccess 和 GetAccess 属性。 Abstract＝true 与类属性 Sealed＝false 同时使用（默认）
Access	char(public)	public：不限制访问 protected：可从类或继承的类访问 private：仅能从类成员访问 使用 Access 将 SetAccess 和 GetAccess 设置为相同值

续表

属性名称	类别(默认值)	描　　述
Constant	logical(false)	设置为 true,如果想在所有示例中仅使用一个值子类继承常值,但不能改变它; Constant 属性不能是 Dependent 的; 忽略 SetAccess 设置
Dependent	logical(false)	如果为 false,属性的值存储在对象中。如果为 true,不存储在对象中。set 和 get 函数不能使用属性名称访问属性。当未定义 get 方法时,MATLAB 不在命令窗口显示 Dependent 属性的名称和值
GetAccess	enumeration(public)	public:不限制访问 protected:可从类或继承的类访问 private:仅能从类成员访问 当包含 protected 或 private 的 GetAccess,或对于 Hidden 属性为 true 的属性,MATLAB 不在命令窗口显示属性的名称和值
GetObservable	logical(false)	如果为 true 且为 handle 类的属性,可以创建监听以访问此属性。当属性值被查询时,监听被调用
Hidden	logical(false)	确定属性是否在属性表中显示。当 Hidden 属性为 true 或属性包含 protected 或 private 的 GetAccess,MATLAB 不在命令窗口显示属性的名称和值
SetAccess	enumeration(public)	public:不限制访问 protected:可从类或继承的类访问 private:仅能从类成员访问 immutable:属性仅能在构造函数中被设置
SetObservable	logical(false)	如果为 true 且其为 handle 类的属性,可创建监听器访问此属性。当属性值被更改时监听器被调用
Transient	logical(false)	如果为 true,当对象存储到文件时,属性值不被存储

methods 内是执行对象操作的函数(表 7-4)。

表 7-4　methods 模块属性

属性名称	类别(默认值)	描　　述
Abstract	logical(false)	如果为 true,此属性不含实现
Access	enumeration(public)	public:不限制访问 protected:可从类或继承的类访问 private:仅能从类成员访问
Hidden	logical(false)	若为 false,使用 methods 或 methodsview 命令在方法列表中显示方法名称。若为 true,列表中不含此方法名称
Sealed	logical(false)	若为 true,方法不能在子类中被重新定义
Static	logical(false)	设为 true 以创建不依赖对象的方法,此时方法不需要对象参数,而必须使用类名调用:classname.methodname

events 内可设置监听函数(表 7-5)。

表 7-5 events 模块属性

属性名称	类别(默认值)	描　述
Hidden	logical(false)	若为 true,使用 events 函数,在事件列表中不显示
ListenAccess	enumeration (public)	public:不限制访问 protected:可从类或继承的类访问 private:仅能从类成员访问
NotifyAccess	enumeration (public)	public:所有代码均可触发事件 protected:本类或继承的类中方法可以触发事件 private:仅能从本类成员触发事件

与 C++相比,MATLAB 类可使用静态成员和常量属性,但无法使用静态属性,但有时需要此功能,可以组合静态成员和 persistent 实现。如想在账户内增加一个计数器,则可以在类中增加 Static 成员:

```
01  methods(Static)
02    function ret = allids(BA,~)
03        persistent no;
04        if(isempty(no)) no = 0;end
05        if(nargin == 1) no = no + 1;end
06        ret = no;
07    end
08  end
```

7.1.4 示例:字典类

由于字典(或称为散列表)实在太重要了,甚至有种说法,如果只能留下唯一一种数据类型,最好的选择可能就是字典。MATLAB 内部封装了 containers.Map 类。格式为:

```
M = containers.Map
M = containers.Map('KeyType',kType,'ValueType',vType)
M = containers.Map(keys,values)
M = containers.Map(keys,values,'uniformvalues',tf)
```

属性包括 Count、KeyType、ValueType,方法包括 isempty、isKey、keys、length、remove、size、values 等。详细使用可以查看帮助,此处不再详述。

7.2 继承

数据封装仅仅是面向对象程序设计的一小环,只有数据封装不能称之为面向对象(object oriented),而只是基于对象(object based)。将封装的数据、方法复用,或称为继承,是面向对象程序设计第二大标志。

假设银行设置了一种 VIP 账户,它的账户信息、存钱操作都是一致的,但取钱操作不一样，它可以最多透支到 1000 元。此时并不需要将 BankAccount 代码复制一份，然后改变金额值，而是可采用继承机制。

```
                            BankAccountVIP.m
01  classdef BankAccountVIP < BankAccount
02    methods
03        function self = BankAccountVIP(AccountNumber,InitialBalance)
04            self = self@BankAccount(AccountNumber,InitialBalance);
05        end
06        function self = withdraw(self,amt)
07            newbal = self.AccountBalance - amt;  % 取完之后钱数
08            if(newbal < -1000) disp(['账户 ',num2str(BA self AccountNumber),'欠费超过
1000 元'])
09            else self.AccountBalance = newbal;
10            end
11        end
12    end
13  end
```

访问程序：

```
>>  BAVIP = BankAccountVIP(12345,500);        % 创建账户,初始额度 500 元
>>  BAVIP = BAVIP.deposit(50)                 % 存钱 50,存钱函数直接继承基类
>>  BAVIP = BAVIP.withdraw(600)               % 取钱 600,账户余额 -50
>>  BAVIP = BAVIP.withdraw(1000)              % 取钱 1000,账户余额不足
```

程序中类名后的＜表示继承至基类，新的类会继承基类非私有的属性和方法。此时不需要在新的类中声明 AccountNumber、AccountBalance，也不需要再定义 deposit 方法了。关于继承的最好的例子是如下的简单程序：

```
                            NewClass.m
01  classdef NewClass < OldClass
02    methods
03        function obj = NewClass(x,y)
04            obj = obj@OldClass(x,y);
05        end
06  end
```

它基本上相当于这个类的别名，因为它继承了 OldClass 所有的非私有属性和方法，除了构造函数需要重新定义。如果未定义构造函数，它只能以不带参数形式访问基类的构造函数。

在类中，引用基类普通函数的语法为 funcname@classname，其中 funcname 代表函数名，classname 代表基类名称；引用基类构造函数的语法为 ret@classname，其中 ret 为基类函数的返回值（作者同样未能理解为什么采用不同的方式）；另外，如果类中重载了系统原有的内部函数，则采用 builtin 调用原有的内部函数。这也意味着，在设计的类中千万不要重载 builtin 函数。

继承实现了模型的复用，而多重继承则大幅扩展了模型的能力。假设有天需要将银行

账户与医保账户挂钩,可派生出一个银医卡的新类,这个类继承银行与医保两个账户。语法为:

```
>> classdef BankAccount_MI < BankAccount & MedicalInsurance
```

多重继承带来了命名冲突的问题,如 BankAccount 和 MedicalInsurance 定义了同一个名称的属性、方法,或事件,将带来歧义。在 MATLAB 中搜索 Subclassing Multiple Classes,可以简单了解处理措施。但总体来说,没有太好的解决方法,它强烈依赖于类的设计,而这已经不是本书所能涵盖的内容了。

7.2.1　handle 类和传址机制

上述程序仍存在一些不方便,BA＝BA.despoit(50)才可以存钱,如写成 BA.despoit(50),则钱无法被存入账户。由于 MATLAB 采用传值机制,因此输入参数的操作必须返回到输出。但在对象中,BA.despoit 操作,谁都知道对象要返回自己。针对此,

MATLAB 在 handle 类中实现了传址机制

这个机制就是 handle 类,如果程序需要传址,就继承 handle 类。仅仅需要在上文的 BankAccount 类后增加 ＜ handle 命令:

```
                          BankAccount.m
01  classdef BankAccount < handle
02    后续程序同上
```

访问程序为:

```
>> BAh = BankAccount (12345,500);      % 创建账户,初始额度 500 元
>> BAhcopy = BAh;
>> BAh.deposit(50)                      % 存钱 50,不需要赋返回值
>> BAh.withdraw(400)
>> BAhcopy.withdraw(400)                % 余额不足,BAhcopy 和 BAh 指向同一处数据!
```

此时 deposit 函数退出时将同时改变设置的参数,即 BA.deposit(50)将直接改写 BA。同时,上面的程序中复制的 BAhcopy,它与 BAh 指向了同一处数据。

也就是说,句柄类的行为看起来特别像指针。实现指针,对所有语言都不是难事,但掌握指针的使用,对所有使用者都不是易事,这可能也是 MATLAB 在非类中不使用指针的原因。

关于 handle 类的详细信息将在 7.4 节详细阐述。

7.2.2　dynamicprops

dynamicprops 是 handle 的派生类。它继承了所有 handle 类的方法,同时增加了 addprop 方法。它可以在一个句柄类中动态增加新的属性。它可以用来在一个类中夹带临时数据。在交互式图形界面设计时,这是一个很好的数据传递的方法。使用语法为:

```
>>  P = addprop(H,'PropertyName')
>>  b1 = button([20 40 80 20]);              % 假设 button 为 dynamicprops 的派生类
>>  b1.addprop('myCoord');                   % 动态添加 myCoord 属性
>>  b1.myCoord = [2,3];                      % myCoord 属性可在 c1 类中直接访问
```

7.2.3　hgsetget

hgsetget 也是 handle 的派生类。它定义了 set、get、setdisp 以及 getdisp 方法。如上述 BankAccount 类继承自 hgsetget,同时将属性设置为 public,则可以在外部使用:

```
BA.get()、get(BA)、BA.get('AccountNumber')、get(BA,'AccountNumber')
```

或

```
BA.set()、set(BA)、BA.set('AccountNumber',100)、set(BA,'AccountNumber',100)
```

等查看,或更改类中的属性。上述 4 个方法提供了访问类中属性的一种较为统一的界面,并在图形界面程序中被大量使用。

7.3　动态绑定

在运行时刻才解析出被调用函数的过程被称为动态绑定(dynamic bindng)。对于编译型语言,如 C++,它通过虚拟函数的机制来支持动态绑定。

面向对象程序设计的一个经典的案例为:设计一个图形系统,可以画三角形、四边形等。

在没有动态绑定的实现中,需要设计一个带 draw 方法的三角形类、一个带 draw 方法的四边形类,然后在主程序中,分别扫描(或判断)形状数据,是三角形对象就画三角形,是四边形对象就画四边形。如需增加图形,就增加新的类,并修改主程序的扫描(或判断)函数,代码和数据无法进一步分离。

采用动态绑定只要设计一个形状的基类,其中包含 draw 这个虚函数,最后在主程序中,用基类指针数组指向每一个图形。因为编译时对于虚函数会自动生成一张表来记录对象,因此直接运行基类的 draw 函数,就可以进行所有绘图。增加图形时,只要这个图形继承自基类并重载 draw 函数即可,无须修改主程序。

动态绑定被认为是面向对象语言的核心概念,它代表基类的指针引用或操纵多个类型的能力。只是 MATLAB 中,并不需要使用类来实现动态绑定,它本身就是动态语言,几乎一切都是动态绑定的。MATLAB 也不存在虚函数,想绘制图形,只要将图形对象一股脑儿放到元胞数组内,然后调用每一个元素的 draw 方法就可以了。并不是说其他语言能力弱,元胞数组、动态绑定会带来运行时的额外开销,怎么使用必然都是一种功能和性能的折中。

在 MATLAB 中,尽管不存在虚函数,但仍存在抽象类,只要在基类中将属性或方法的属性定义为 abstract,这时基类就称为抽象类,它不能被实例化,被继承并需要访问的带有

abstract 的属性或方法必须被重新实现。之前介绍的 handle 类就是抽象类。

7.4 值和句柄类

MATLAB 的 handle 类定义了 addlistener、delete、findobj、ge、isvalid、lt、notify、eq、findprop、gt、le、ne、setvalue 等方法。但这不是 handle 类的全部,它最奇特的性质来自名称本身:handle,句柄,从字面上还可以理解为操控。

MATLAB 的类分为 2 类:

(1) 值类。返回关联到被赋值对象的一个实例。如果重新赋值这个变量,MATLAB 会创建源变量的一个复制。如果将变量传入函数,最后需要将之作为返回值才能完成对象修改。

(2) 句柄类。返回被创建对象的句柄对象。可以将句柄对象传递给多个变量或函数,MATLAB 不会复制这个对象。函数内传入这个句柄对象并修改它,最后不需要返回这个对象。

那么,问题是:

(1) 句柄对象是不是指针?

(2) 如果句柄对象被赋值后没有产生复制,那么被多次实例化的对象的值是否相同?

(3) 句柄对象的引用功能是怎么被继承的?

(4) 如何理解句柄对象?

(5) 为什么要引入句柄对象?

为简化分析,定义如下最为简单的类 classA 和 classB。两者完全一致,区别仅在于 classB 为从 handle 类继承:

```
                                    classA.m
01  classdef classA    % 再定义 classB < handle,其余完全一致
02      properties
03          value = uint8([3 4 5 6]);
04      end
05      methods
06          function self = setvalue(self)
07              % expandaddress(getaddr(self),[10 1 10 1]);    % 传入函数并修改前
08              self.value = uint8([7 8 9 10]);
09              % expandaddress(getaddr(self),[10 1 10 1]);    % 传入函数并修改后
10          end
11      end
12  end
```

定义 a=classA(); b=classB();

a 和 b 的 mxArray 如下:

```
00000000    11000000    00000000    00000000
02000000    00000000    00000000    01000000
01000000    1077c11e    30dad27b    df020000
```

```
00000000   00000000
00000000   11000000   00000000   00000000
02000000   00000000   00000000   01000000
01000000   1081c11e   30dad27b   0f030000
00000000   00000000
```

观察发现,两者类型完全一致(均为11),第10组(32位中,8个字符算一组)地址指向不一致,它是属性所在,第11组地址一致,它是成员函数所在。

表面上看句柄对象不是指针,值类对象和句柄类对象类型完全相同。

再深入后发现,类中成员变量值的存储位置的层次达到了6层。mxArray→第10组指向内存→第1组指向内存→第10组指向内存→第1组指向内存(值的mxArray)→第10组指向内存。值类、句柄类引用后关系,必然和这些层次地址变化规律有关。为方便访问,编写如下的程序(程序适用于32位,64位请自行添加之前dispmem_href程序中提供的判断程序):

```
                              expandaddress.m
01  function expandaddress(addr,chain)
02    % addr 为无符号 64 位地址,chain 为逐层推进的顺序
03    nbit = 32; norder = [7 8 5 6 3 4 1 2]; len = 56;  % 对于 64 位计算机是 104
04    s = dec2hex(addr,nbit/4); disp(['地址: ' s(norder)]);
05    s = getmem(addr,len);
06    for i = 1:length(chain)
07      s = s((chain(i) - 1) * nbit/4 + (1:nbit/4));disp(['第' int2str(i) '层: ' s]);
08      s = getmem(uint64(hex2dec(s(norder))),len);
09    end
```

激活 classA、classB 中注释的两行,并采用如下的访问程序:

```
>>  ca = classA();
>>  expandaddress(getaddr(a),[10 1 10 1]);     % 传入函数前
>>  ca.setvalue();
>>  expandaddress(getaddr(a),[10 1 10 1]);     % 退出函数后
>>  cb = classB();
>>  expandaddress(getaddr(b),[10 1 10 1]);     % 传入函数前
>>  cb.setvalue();
>>  expandaddress(getaddr(b),[10 1 10 1]);     % 退出函数后
```

可以得到值类和句柄类修改数值前后的数据存储地址如表 7-6 所示。

表 7-6 值类和句柄类数据存储地址

	传入函数前	传入函数并修改前	传入函数并修改后	退出函数后
	值 类			
类 mxArray 地址	40A5C20B	70B5C20B	70B5C20B	40A5C20B
第 2 层	e0d93021	e0d93021	50aec11e	e0d93021
第 3 层	b0502b1e	b0502b1e	206c2a1e	b0502b1e
第 4 层	d00c2921	d00c2921	d0092921	d00c2921

续表

	传入函数前	传入函数并修改前	传入函数并修改后	退出函数后
第 5 层(值 mxArray 地址)	c801c30b	c801c30b	c003c30b	c801c30b
第 6 层(值数据地址)	03040506	03040506	0708090a	03040506
句 柄 类				
类 mxArray 地址	88A8C20B	A0A9C20B	A0A9C20B	88A8C20B
第 2 层	60173121	60173121	5054c11e	60173121
第 3 层	40852a1e	40852a1e	**40852a1e**	40852a1e
第 4 层	309f2821	309f2821	**309f2821**	309f2821
第 5 层(值 mxArray 地址)	70bcc20b	70bcc20b	e8b3c20b	e8b3c20b
第 6 层(值数据地址)	03040506	03040506	0708090a	0708090a

可以看出,在数据传入函数时,无论是值类还是句柄类,都采用了写时复制(copy on write,COW)。句柄类仍然是传值的。

在对属性值赋值时,句柄类在第 3 层和第 4 层,没有创建新的内存区域,而是直接指向并使用了原来的区域。

在第 5 层,值类和句柄类都创建了新的属性值。

在函数退出时,值类完全退回了原来的地址,句柄类的第 5 层看起来有点不一样。但实际上,无论是值类还是句柄类,都是从第 3 层指过来的。

与值类相比,句柄类唯一的变化就是在第 3 层和第 4 层,它没有生成新的内存区,而是直接接管了原有的内存区。正是由于这个,原属性值在函数体内直接被更改了!虽然不是指针,但看起来就像传进去了一个指针。

同理,考察句柄类被复制或多次实例化的情形。

```
>> c = classB();d = c;
>> expandaddress(getaddr(c),[10 1 10 1]);
>> expandaddress(getaddr(d),[10 1 10 1]);
>> cb.setvalue();
>> expandaddress(getaddr(d),[10 1 10 1]);
>> b = classB(); expandaddress(getaddr(b),[10 1 10 1]);
```

输出结果不再详述。从输出结果可以看出,句柄类的复制操作中,MATLAB 并没有进行多余动作。d=c 为写时复制,即除了数据头 mxArray,数据区的地址、内容,c 与 d 完全一致;当更改 c 并返回时,由于 c 的第 3、4 层被接管了,最后仅仅第 5、6 层的数据被修改了。而此时 d 指向的第 3、4 层并没有变化,还是指向 c 的数据区,自然,c 被更改后,它也随着更改了。同时,对于另一个实例 b,b 的数据区在构造函数的入口处就被构造了,它是全新的地址,当然与其他句柄类是不一样。

从上可以得出结论:MATLAB 利用了写时复制机制,巧妙地构造了句柄类。它在函数内对属性进行赋值、函数返回、外部对象直接赋值等操作时,均与值类一样,仅有的区别在于赋值时没有分配新的内存区域,而是直接接管并使用了原来的内存区域。

我们有理由相信,这个特性在 MATLAB 内部实现时仅是一个状态字的区别,即所有继承自 handle 类的实例中,有一个状态字(类的 mxArray 太复杂了,作者不确定具体位置)标记这个类是否为"可句柄化"的。MATLAB 的 mxArray 或其指向的内存,必然有个位置对值类或句柄类进行了区分,程序中判断为句柄类,则执行接管内存操作,否则执行重新分配内存的操作。

MATLAB 为什么要引入句柄类呢?是为了满足事件、监听和动态属性的需求。在 MATLAB 中,事件只能被定义为句柄对象。因为如采用值对象,仅能在单个 MATLAB 工作空间环境中看到,从而没有回调或监听可以访问到这个发送事件的那个对象,回调函数仅能访问那个对象的副本。但是,副本不能访问到发送事件的对象的当前状态,因此是无效的。

句柄类使得类的属性变成了指针

仍以前述章节的查找树为例,编写如下程序,程序大部分与 4.7.2 节一致。不一样的是,不再需要显式使用 getaddr 和 pointtodata 了,当对 node1 赋值时,它的 h_father 变量对 node2 进行了写时复制,当 node2 被改变时,包装并没有变,变的只是最终的数据,node1. h_father 指向的还是 node2。句柄类中的每个被赋值的名字,都可以视为一个别名,在数据层面上均是一个东西。

```
                          nodebase_handle.m
01  classdef nodebase_handle < handle
02    properties
03        h_father
04        h_leftson
05        h_rightson
06        value
07    end
08    methods
09        function self = gennode(self,h_father,h_leftson,h_rightson,value)
10            % 每个节点为结构体,包括父节点、左右子节点的指针和值
11            self. h_father = h_father;self. h_leftson = h_leftson;
12            self. h_rightson = h_rightson;self. value = value;
13        end
14    end
15  end
                           tree_byhandle.m
01  function tree_byhandle
02  NULL = 0;
03  % 生成 6 个节点,节点必须先存在,否则无法被引用.另外,这些节点不能复制出来!
04  node1 = nodebase_handle();
05  node2 = nodebase_handle();
06  node3 = nodebase_handle();
07  node4 = nodebase_handle();
08  node5 = nodebase_handle();
09  node6 = nodebase_handle();
10  % 指定每个节点的父节点、左右子节点
```

```
11   node1.gennode((node2),NULL,NULL,1);  % 节点 1 的值为 1,父节点为 2,无子节点
12   node2.gennode((node4),(node1),(node3),2);
13   node3.gennode((node2),NULL,NULL,3);
14   node4.gennode(NULL,(node2),(node5),4);
15   node5.gennode((node4),NULL,(node6),5);
16   node6.gennode((node5),NULL,NULL,6);
17   root = node4;
18   isintree(root,5)  % 判断 5 是否在树内
19   isintree(root,2.3)
```

isintree.m

```
01   function b = isintree(tree,x)
02   % 判断是否在树内
03   if(x == tree.value) b = true;
04   elseif(tree.h_leftson~ = 0 && x < tree.value) b = isintree((tree.h_leftson),x);
     % 首先判断是否存在子树
05   elseif(tree.h_rightson~ = 0 && x > tree.value) b = isintree((tree.h_rightson),x);
06   else b = false;
07   end
```

7.5　事件和监听

仍以银行账户为例,银行账户都带有短信提醒功能,但短信提醒是移动运营商实现的,银行该如何做呢? MATLAB 建立了事件和监听机制来处理这种类与类之间的交互。

首先改写银行类,在其中增加电话号码以及短信两个变量,增加事件,最后在 withdraw 函数中增加事件的广播 notify(self,'event_withdraw')(这个名字可以随便定义,只要符合类中变量命名规则即可)。notify 是 handle 类的一个方法,按常理,继承的子类调用父类方法,应该用 notify@handle,这里直接调用,看起来就像一个普通函数。

BankAccount_event.m

```
01   classdef BankAccount_event < handle
02     properties (SetAccess = private)
03         AccountNumber
04         AccountBalance = uint32(0);
05         PhoneNumber % 电话号码
06         Message % 信息
07     end
08     events
09         event_withdraw   % 事件名称
10     end
11     methods
12         function self = BankAccount_event(AccountNumber,InitialBalance,PhoneNumber)
13             self.AccountNumber = AccountNumber;
14             self.AccountBalance = InitialBalance;
15             self.PhoneNumber = PhoneNumber;
16         end
```

```
17          function self = deposit(self,amt)
18              self.AccountBalance = self.AccountBalance + amt;
19          end
20          function self = withdraw(self,amt)
21              self.Message = ['取款' num2str(amt) '元,如非本人操作请致电 95588']; % 信息
22              notify(self,'event_withdraw'); % ,广播事件,第一个参数为实例,第二个参数为已
在 events 中注册的事件名称
23              newbal = self.AccountBalance - amt; % 取完之后钱数
24              if(newbal < 0) disp(['账户 ',num2str(self.AccountNumber),'余额不足'])
25              else self.AccountBalance = newbal;
26              end
27          end
28      end
29  end
```

银行类仅仅完成了广播了,我们还需一个运营商类,简化一下,假设这个运营商仅能打印手机号和短信。首先,运营商的初始化构造函数中,绑定了对象 obj,再增加对这个对象 obj 的监听,也就是 addlistener,它表示当 obj 喊出 'event_withdraw' 时赶快叫醒我,我要执行重要任务。与 notify 类似,addlistener 也是 handle 类的方法。

这个重要任务就是回调函数,回调函数参数有两个,第一个就是被监听的对象,第二个是数据。回调函数须在路径中能找到,如:

(1) 匿名函数,addlistener(obj,'event_withdraw',@(a,b) disp('abc'))。

(2) 全局函数,也就是将下面的 handleEvent 写为单独的函数。

(3) 类的静态成员。如无须调用可变的属性,采用类的静态成员很方便。

(4) 类的普通成员函数,此时就需要在 handleEvent 中增加一个变量 self 了,监听回调函数写成@self. handleEvent。

```
                                    TelecomOperator.m
01  classdef TelecomOperator < handle
02      methods
03          function self = TelecomOperator(obj)  % 构造函数
04              addlistener(obj,'event_withdraw',@ TelecomOperator.handleEvent);  % 设置监听
05          end
06      end
07      methods (Static)
08          function handleEvent(obj,evtdata)  % 监听回调函数,为类的 Static 函数
09              disp(sprintf('发送短信 %d: %s',obj.PhoneNumber,obj.Message));
10          end
11      end
12  end
```

到这里,还只是运营商的一厢情愿,因为银行还没有和它签约。签约的功能在主函数内完成。

```
>> BAe = BankAccount_event(12345,500,13812345678);
>> rtt = TelecomOperator(BAe);
>> BAe.withdraw(500);
```

第 2 条语句就是完成签约功能，也就是银行告诉运营商，这个账号就绑定到你们家了。从此，一切都是那么顺理成章。银行将账户和运营商绑定，账户取钱，银行迫不及待地广播：有人取钱啦。运营商瞬间睁开了双眼，执行了特殊任务，也就是那个回调函数。

回调函数中，obj 就是广播的对象本身，evtdata 内含有广播的名称，同时还包括对象本身。

从主函数中也可以看出，为什么要使用句柄类，因为在签约时，如果不传入句柄，而是传入值，则在取钱时，银行仍能广播信息，运营商还是能发短信，但短信中的 Message 并不是最新的，而是签约当时的。只有采用句柄才能随时得到最新的状态。

但到这里，还有一个不大不小的问题。就是银行只能广播有人取钱了，无法传递更多的信息。运营商发短信时，还需要访问银行账户信息，显得很不专业，也不安全，如果银行把所有的属性的读写全部设置为 private，则运营商根本无法访问。

一个需求是，将短信内容直接广播出去。于是银行要求运营商提供一个接口。也就是下面这个看起来什么也没有做的类，但它是个银行和运营商打交道的极好的"中间人"，其父类必须是 event. EventData。

```
                        MessageClass.m
01  classdef MessageClass < event.EventData
02    properties
03        PhoneNumber
04        Message
05    end
06    methods
07        function self = MessageClass(PhoneNumber,Message)
08            self.PhoneNumber = PhoneNumber;
09            self.Message = Message;
10        end
11    end
12  end
```

然后银行从容地将类中的 Message 属性删除了，并把它的广播函数改为

```
>> notify(self,'event_withdraw',MessageClass(self.PhoneNumber,['取款'num2str(amt) '元,如非
   本人操作请致电 00000']));
```

这时，运营商发现，handleEvent 的第一个参数 obj 和第二个参数 evtdata 中的对象已经不可用了，但 evtdata 多了 MessageClass 的两个参数，这两个参数使用起来又方便又安全。

为了后续取消监听，可将 addlistener 函数返回值引出，需要时在程序中 delete 这个返回值。

7.6　自省

7.6.1　Properties/methods/events

函数 properties、methods、events、superclasses 等作用在对象或类名称上,可以得到类的属性、方法等的字符串元胞数组。

7.6.2　元类

?Classname、meta. class. fromName('ClassName') 或 metaclass(obj) 的返回元类(meta-classes)的一个实例,它代表了类的信息,以?BankAccount_event 为例,它的属性是这样的,其中仍含有 Properties 等属性的元胞数组,但这个数组内的类型为元类型,比单纯的字符串包含了更多的信息。

```
Name: 'BankAccount_event'
Description: ''
DetailedDescription: ''
Hidden: 0
Sealed: 0
ConstructOnLoad: 0
InferiorClasses: {0x1 cell}
Properties: {3x1 cell}
Methods: {19x1 cell}
Events: {2x1 cell}
EnumeratedValues: {0x1 cell}
SuperClasses: {[1x1 meta.class]}
ContainingPackage: []
```

7.6.3　findobj

findobj 是 handle 类的一个方法,如生成 3 个银行账户,其中第 1 个和第 3 个留了同一个电话号码。

findobj 用于在对象数组中查找,用法为参数、值形成一对,并可在两个参数、值对中插入逻辑运算符,它的返回值仍为对象数组。

```
>>  BAe(1) = BankAccount_event(12345,500,13811111111);
>>  BAe(2) = BankAccount_event(12346,500,13822222222);
>>  BAe(3) = BankAccount_event(12347,700,13811111111);
>>  H1 = findobj(BAe,'PhoneNumber',13811111111);
>>  H2 = findobj(BAe,'PhoneNumber',13811111111,'-and','AccountBalance',500);
```

findobj 也可以用于元类对象中,因为元类对象的大部分属性同样为 handle 的子类。例如:

```
>>  metaBAe = ?BankAccount_event
>>  H3 = findobj([metaBAe.Properties{:}],'GetAccess','public')
```

它用于查找 GetAccess 为 public 的属性。使用 findobj，能使程序意识到自己有什么，自己在哪儿。

7.6.4　set/get

正如前所述，handle 的派生类 hgsetget 定义了 set、get、setdisp 以及 getdisp 方法，它提供了访问类中属性的一种较为统一的界面，并在图形界面程序中被大量使用。

8

图形绘制初步

本章对图形绘制进行简要介绍,更好的入门途径是 MATLAB 的 demo,而最好的学习途径还是 MATLAB 的 help。

8.1 曲线图绘制

8.1.1 plot 绘制二维曲线

```
>>  t = 0:pi/20:2 * pi; x = cos(t); y = sin(t); plot(x,y); axis equal;
```

这可能是初学 MATLAB 绘图的"hello world"程序。

plot(x,y)中,x 代表横坐标数组,y 代表纵坐标数组。plot 是不负责对横坐标排序的,如 plot([1 2 3],[1 2 3])可以得到一条直线,而 plot([1 3 2],[1 3 2])看起来还是那条线,但如果仔细看,就会发现这条线的后半部分比前半部分粗,这是因为其连接了(1,1)和(3,3)两点形成一条线后,回过头来再把(2,2)连接起来。

对于从文件读数的情况,一般第一列坐标是横坐标,后续的第 i 列坐标是纵坐标,则可以使用 plot(data(:,1),data(:,i))绘制曲线。这种聚合方式是特别正常的,但不排除在某些情况下需要直接以坐标值为变量进行绘图。为方便,采用如下函数即可:

```
>>  draw_line = @(r1,r2,varargin) plot([r1(1) r2(1)],[r1(2) r2(2)],varargin{:});
```

plot 存在多种语法。plot(x,y,s)可添加不同的线型,如 plot(x,y,'-rs'),plot(x,y,'sb')。坐标后的字符串可以如表 8-1 所示。

表 8-1　plot 线型控制字符

颜　　色		点 的 形 状		线　　型	
b	蓝色（blue）	.	点（point）	-	实线（solid）
g	绿色（green）	o	圆（circle）	:	点线（dotted）
r	红色（red）	x	x（x-mark）	-.	点划线（dashdot）
c	青色（cyan）	+	加号（plus）	--	虚线（dashed）
m	紫红（magenta）	*	星号（star）	none	无线（no line）
y	黄色（yellow）	s	方形（square）		
k	黑色（black）	d	钻石（diamond）		
w	白色（white）	v	下三角（triangle down）		
		^	上三角（triangle up）		
		<	左三角（triangle left）		
		>	右三角（triangle right）		
		p	五角星（pentagram）		
		h	六角星（hexagram）		

由于控制字符的唯一性,3 列出现的顺序不重要,也不要求每列必须出现,但每列中元素不能重复出现。对于不出现的列,默认不显示点,点之间连线的线型为实线。

plot(x,y),或 plot(x,y,s) 后面还可以接更多的属性控制命令,例如:

```
>>    t = 0:pi/20:2 * pi; x = cos(t); y = sin(t);
>>    plot(x,y,'-- rs','LineWidth',2,'MarkerEdgeColor','k','MarkerFaceColor','g','MarkerSize',10)
```

可以得到如图 8-1 所示的图形。

要同时绘制多个图形也很容易,plot 命令支持一次绘制多个图形,如 y 为矩阵,或使用 plot(x1,y1,s1,x2,y2,s2,…)形式,就可以在一张图上绘制曲线族。例如:

```
>>    t = 0:pi/20:2 * pi; plot(t,sin(t),t,sin(2 * t),t,sin(3 * t))
```

就能得到如图 8-2 所示的曲线族,MATLAB 采用了内置的配色顺序（在"9　绘制图形控制"一章详细说明）对各条曲线进行了配色区分。

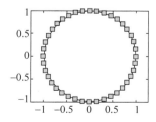

图 8-1　plot 函数绘制的圆形

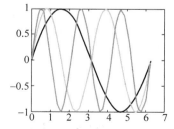

图 8-2　plot 函数绘制的曲线族

彩图 8-2

还可以在上述命令中使用线型控制字符,不仅包括线型、点型和颜色的控制字符,还可以在最后添加更多的属性控制命令,如 plot(t,sin(t),'--rs',t,sin(2 * t),t,sin(3 * t),'LineWidth',2),其中线型控制字符对于每个绘图可以出现、可以不出现。但最后的属性控制命令只能出现一次,也就是,采用这种单条语句,无法单独控制每条线的绘制。有两种简单方式(subplot 或者 hold)可以完成单独控制。

8.1.2 subplot 平铺坐标轴

```
>>  t = 0:pi/20:2 * pi; x = cos(t); y = sin(t);
>>  subplot(2,2,1); plot(t,sin(t),'-- rs','LineWidth',3);
>>  subplot(2,2,2); plot(t,sin(2 * t),'- b','LineWidth',2);
>>  subplot(2,2,3); plot(t,sin(3 * t));
>>  subplot(2,2,4); plot(t,sin(4 * t));
```

subplot 绘图示例如图 8-3 所示。

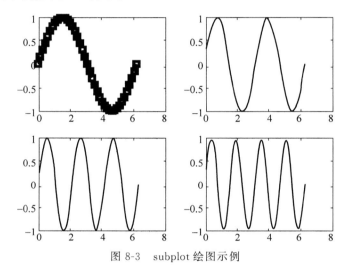

图 8-3　subplot 绘图示例

8.1.3 hold 锁定当前绘图

```
>>  hold on;
>>  plot(t,sin(t),'-- rs','LineWidth',3);
>>  plot(t,sin(2 * t),'- b','LineWidth',2);
>>  hold off;
```

hold 绘图示例如图 8-4 所示。

8.1.4 plot3 绘制三维曲线图

三维曲线图采用 plot3 绘制,其语法与二维曲线图基本一致,除了其中增加第三维度坐标外,如图 8-5 所示就是绘制一个螺旋:

```
>>  t = 0:pi/20:20 * pi; x = cos(t); y = sin(t); plot3(x,y,t);
```

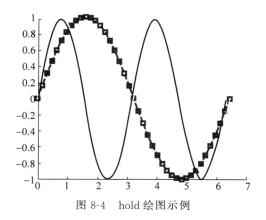

图 8-4　hold 绘图示例

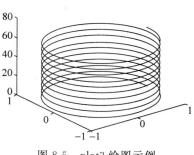

图 8-5　plot3 绘图示例

8.1.5　figure 生成新的图形窗口

```
>> plot(t,sin(t));
>> figure; % 生成新的图形窗口
>> plot(t,sin(2 * t))
```

生成两个图形窗口如图 8-6 所示。

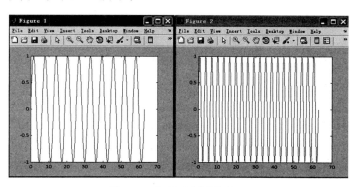

图 8-6　生成两个图形窗口

8.1.6　inf/nan 技巧

MATLAB 不绘制 inf/nan 数值。利用这个特性可以技巧性地简化绘图。比如绘制一个棋盘,棋盘由无连接的横线和竖线组成,可以使用 inf/nan 技巧(图 8-7)。

```
>> x = 1:19; l = ones(size(x)); n = nan * l;    % 绘制围棋棋盘,棋盘由横线和竖线组成
>> X = [min(x) * l x; max(x) * l x; n n];       % 对于横坐标,横线为最小和最大坐标,竖线为数值
>> Y = [x min(x) * l; x max(x) * l; n n];       % 对于纵坐标,横线为数值,竖线为最小和最大坐标
>> X = X(:); Y = Y(:); % 原 X 为三行,分别代表 x 坐标,y 坐标,以及 nan 间断,将之整合为一行
>> plot(X(:),Y(:)) % 绘制的为一个图形对象,所有横竖线可以同时变更线型、颜色等
>> axis off
```

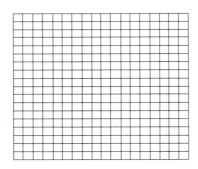

图 8-7 inf/nan 技巧生成的棋盘

8.1.7 xlim/grid/text/title/label/legend 控制

```
>>  t = 0:pi/20:2 * pi; plot(t,sin(t),t,sin(2 * t),t,sin(3 * t))
>>  xlim([ - 2 10]); ylim([ - 1.5 1.5]);  % 将 x 坐标缩放到 - 2~10、y 坐标缩放到 - 1.5~1.5.
>>  box off;                    % 不显示外部框格
>>  grid on;                    % 显示网格线
>>  % axis off/equal 等,控制坐标轴属性,如 axis equal 强制 x、y 坐标显示比例相等,这条命令会
>>  % 让 xlim 或 ylim 设置失效
>>  text(5,0,'正弦曲线族');   % text 生成文本
>>  title('正弦曲线族');       % title 用于生成标题
>>  xlabel('时间(s) ');        % xlabel 用于生成横坐标
>>  ylabel('位置(m) ');        % ylabel 用于生成纵坐标
>>  legend('sin(t)','sin(2 * t)','sin(3 * t)'); % 用于生成图例
```

增加图例、标题等如图 8-8 所示。

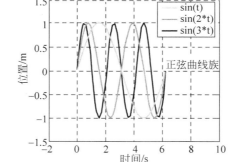

图 8-8 增加图例、标题等

8.1.8 鼠标操作编辑图形

也许记不住图 8-9 中命令,此时无须查看帮助,更无须查书,在图形的工具栏选择 ⌖ 切换到编辑模式(对应菜单 Tools/Edit Plot),然后选中坐标系或图形,右击,在弹出菜单中一般可设置颜色等;或双击,在弹出的对话框中选择 More Properties…,其中可以选择更多的

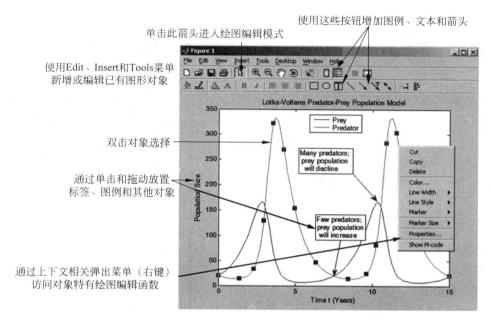

图 8-9 鼠标操作编辑图形

控制属性。

　　所有修改完成后,再在图形界面上右击,选择 Show M-Code,MATLAB 自动弹出代码编辑器,其中已经反映了所有被修改、编辑内容的代码。下次重复进行类似设置,直接使用这些命令即可,而无须每次选择。

8.2　曲面图绘制

8.2.1　fill 平面填充

```
>>  t = 0:pi/20:2 * pi; x = cos(t); y = sin(t); fill(x,y,x. * y); axis equal;
>>  figure
>>  t = 0:pi/20:2 * pi; x = cos(t); y = sin(t); fill(x,y,x. * y); axis equal; colormap(flag);
```

　　fill 可用于区域填充。填充可以使用标准颜色,如 fill(x,y,'r'),也可以使用值。值代表了一种颜色的索引(colormap)。如图 8-10 中两图数据完全一致,colormap 分别为 jet 和flag。事实上,jet 和 flag 都是函数,运行后发现它们都生成128×3 的数组,数组的每列分别代表红、绿、蓝(RGB)三种颜色的比例。而 x. * y 的值会被插值到1～128 之间,然后对应坐标显示相应下标处的颜色。

颜　　色

　　牛顿在 1672 年发现了光的色散现象,在他的描述下,白光被分解成了红、橙、黄、绿、蓝、靛、紫。19 世纪初托马斯·杨和赫尔曼·冯·亥姆霍兹提出了三原色理论:所有颜色都是

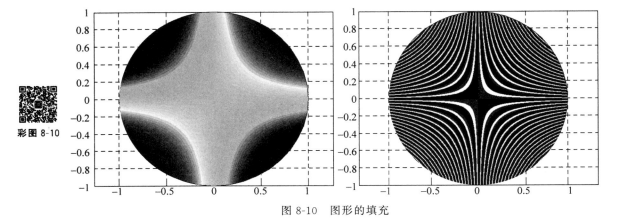

图 8-10　图形的填充

三种基本颜色,即三原色红、绿、蓝(RGB)的组合。如红＋绿＝黄;红＋绿＋蓝＝白。

不同颜色的光其实是不同频率的电磁波,电磁波按波长可以理解为一维的概念,为什么是三种颜色组成所有的颜色呢?

20 世纪中期研究发现,人眼中有 3 种不同的锥状细胞,第一种(L 锥细胞)最敏感的波长是 564nm 左右(黄绿色),第二种(M 锥细胞)最敏感的波长为 534nm 左右(绿色),第三种(S 锥细胞)最敏感的波长为 420nm 左右(蓝紫色)(图 8-11)。大脑对这些波长的感受是不同的,在每种细胞被刺激强度远远大于其他两种时,大脑觉得它们正好就是红色(并不是 564nm,因为此时 M 锥细胞也被大幅刺激了,只有在 650nm 以上时,L 锥细胞被刺激强度才远大于其他,此时正是红色)、绿色和蓝色。因而从某种程度上,计算机的 RGB 三原色模拟了人眼和脑的功能,而不是光的本质。因为光的本质是一维的、波长线性铺开的电磁波,人眼感受到的是 3 组强度信号,大脑赋予了它颜色的感觉。大自然和视觉无法一一对应,因为视觉体现的是一种区分的概念,在认为锥细胞响应能达到无限精度,综合器能达到无限综合能力的情况下,它也只能在一些蜕化情况下完成辨识。

图 8-11　人眼锥状系统对不同波长光的敏感程度示意图

如果仅有 1 个锥细胞,只要光强稍变,不同频率的光在大脑看来都是一模一样的,因此它的区分能力很弱,视觉能力不强;2 个锥细胞理论上可以完成所有单一频率光的辨识,但此时如果混杂以复核频率光,它仍无法区分。假设锥细胞 1 和 2 对于特定波长的响应函数组合后为 f＝@(l) [f1(l),f2(l)],则 600nm 波长的光接收到的信号为 f(600),某强度 500nm 波长的光产生响应为 a＊f(500)、700nm 光产生相应为 b＊f(700)。方程组 f(600)＝ a＊f(500)＋b＊f(700) 中存在 2 个未知数、2 个方程,其正数解意味着大脑无法区分复合光和单一频率光,此时两种频率光混合与第三种频率光颜色完全相同是严格成立的;当存在 3 个锥细胞时,上述方程未知数仍为 2 个,方程数增加到 3 个,方程无解意味着可以完成区分,即 a＊红＋b＊绿＝黄并不严格成立,但在考虑锥细胞响应精度和综合器能力时,它可以近似成立,也就是红色和绿色混在一起变成黄色。

有更多的接收器,就具备辨识更为细微的差别,感受到更为丰富的色彩的能力。人眼和综合器的能力,平均能完成 700 万种颜色的区分。在自然界中的生物,鲨鱼仅有 1 种视锥细胞,狗有 2 种,某些鸟有 5 种,皮皮虾有 16 种,人类也许永远体会不到,皮皮虾眼中是多么姹紫嫣红的世界(前提是皮皮虾敏感器的精度和综合器同样强大,不过谁知道呢)。

为了表达 RGB 每种颜色的分量,很多软件使用了 0～255 之间的整数表示,如 Windows 调色板(画图软件,菜单中选颜色/编辑颜色,弹出对话框中单击规定自定义颜色)。这样,RGB 一共可以表达的颜色为 256^3＝16 777 216,即约 1678 万种,已大于人类能分辨颜色的极限(平均 700 万种)。由于 0～255 可以用 1 个字节,或 8 个位来表示,3 种颜色共 24 位,所以它也被称为 24 位真彩色。

还有 36 位真彩色,它的 RGB 部分与 24 位完全一致,它增加了 1 个字节用于表达透明度,或者三维场景下深度信息,或者什么也不表达,此时虽然所需存储量大了,但由于正好与寄存器、总线位数(32 位或 64 位)对齐,所以可以更快地进行运算。

在 MATLAB 中,各颜色分量采用 0～1 之间的实数表示或 0～255 之间的整数表示。plot 中定义的几种颜色对应的 RGB 值如表 8-2 所示。

表 8-2　plot 中线型颜色对应 RGB 值

RGB 值	简　　称	全　　称
[1 1 0]	y	yellow 黄色
[1 0 1]	m	magenta 紫红色
[0 1 1]	c	cyan 青色
[1 0 0]	r	red 红色
[0 1 0]	g	green 绿色
[0 0 1]	b	blue 蓝色
[1 1 1]	w	white 白色
[0 0 0]	k	black 黑色

8.2.2　mesh/surf 规则网格曲面

```
>> [x,y] = meshgrid( - 3:1/4:3);
>> z = 3 * (1 - x).^2. * exp( - (x.^2) - (y + 1).^2) ...
>>     - 10 * (x/5 - x.^3 - y.^5). * exp( - x.^2 - y.^2) ...
>>     - 1/3 * exp( - (x + 1).^2 - y.^2);
>> surf(x,y,z)
```

将产生如图 8-12 所示的图形。surf 函数默认是线条和方格均绘制颜色的。如果有人绘制一幅图,发现颜色怎么都调不对,就可以找找是不是因为太密了,满屏都是线条色。

彩图 8-12

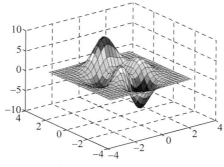

图 8-12　surf 生成曲面图

8.2.3　denaulay 不规则网格数据显示

使用 mesh/surf 命令时,x、y 坐标一般为 meshgrid 产生的单调的、规则的网格。但如 MATLAB 来生成试验数据图时,由于数据多半不会在规则网格上采集,此时有必要将数据插值到一个既定的规则网格上(图 8-13)。

```
>>  x = rand(100,1) * 4 - 2;
>>  y = rand(100,1) * 4 - 2;
>>  z = 3 * (1 - x).^2 .* exp( - (x.^2) - (y + 1).^2) ...
>>      - 10 * (x/5 - x.^3 - y.^5) .* exp( - x.^2 - y.^2) ...
>>      - 1/3 * exp( - (x + 1).^2 - y.^2);
>>  F = TriScatteredInterp(x,y,z);
>>  ti = - 2:.25:2;
>>  [qx,qy] = meshgrid(ti,ti);
>>  qz = F(qx,qy);
>>  mesh(qx,qy,qz);
>>  hold on;
>>  plot3(x,y,z,'o');
```

彩图 8-13

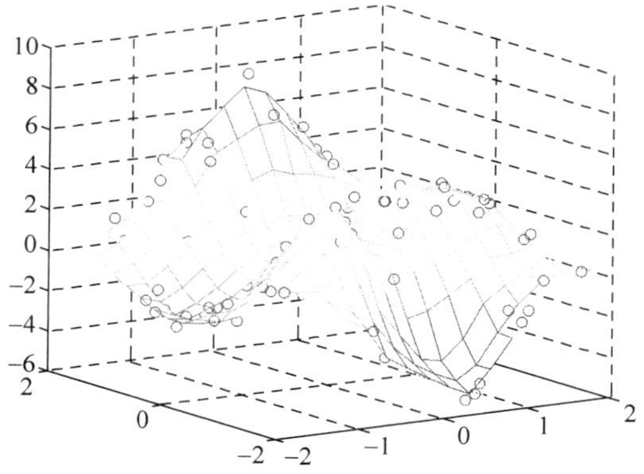

图 8-13　将试验数据插值到规则网格图

插值与有限元

规则网格上的插值是个简单的问题,每个点只要找到自己所属的网格,得到对应网格的4个节点,先前后平均,再左右平均就能完成插值。但在不规则的区域中,插值似乎是个难题,它至少需要解决两个问题:首先,得给这个点找到归属,即用谁插值的问题;其次,得有个插值的方法,即怎么插值的问题。

因此先得想方设法将所有点连起来形成网格。连接最近的点不是一个好办法。想象一下道路两侧的路灯,离每个路灯最近的都是路对面的路灯,这样一连最多就是一对一对的路灯,无法形成网格。好在几何学中存在一个漂亮的方法形成网格。想象在草原里散布着一堆火把,它们在瞬间被同时点燃,每个火把都以自己为圆心,以同一速度向外燃烧。当此火把与其他火把的火焰相遇时,也就代表它们之间的草被烧完了,这时候火焰熄灭。将所有火焰熄灭的点连接,恰好形成了一个区域,这个区域就是这些点的 voronoi 图。Voronoi 图中,每个点恰好被围在一个唯一的区域内,它解决了用谁插值的问题。

目前的区域对应的归属点个数不一,从 3 个到多个都有,还要解决怎么插值的问题。对于每个点,再连接所有与本点对应区域边完全对称的点,最后同样形成一个区域,这种区域称为点的 delaunay 划分(图 8-14)。它恰好形成了一个三角形网格。此时插值就完全转换为找到插值点所属三角形,然后从三角形的 3 个顶点插值。这提供了一种统一的框架。TriScatteredInterp 使用的就是这种方法。

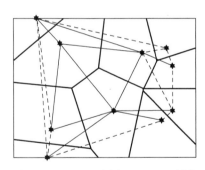

这种网格划分的统一框架成为一种有限单元方法,或简称有限元方法的一大基石。为数值求解偏微分方程,首先将其写为等效弱积分形式,再根据边界画出网格,对于特别复杂的边界,正是使用类似 delaunay 划分的方法画出网格。假设了网格中的插值形式后,此时偏微分方程在网格域内的积分完全变成了关于节点变量的线性组合。求解关于节点的线性代数方程组即可得到节点变量,节点变量插值可以得到全域任意点变量值。以上过程的每一步都是标准的,因而提供了一种统一的、通用的计算方法,并成为现代结构强度分析等多种工程科学的基础。

图 8-14　voronoi 图和 delaunay 划分

8.2.4　view 视角

三维图意味着可以从各个角度观察,比如三维图的俯视图就是我们通常意义上的二维图。

```
>>  x = rand(100,1) * 4 - 2;
>>  y = rand(100,1) * 4 - 2;
>>  z = 3 * (1 - x).^2. * exp( - (x.^2) - (y + 1).^2) ...
>>    - 10 * (x/5 - x.^3 - y.^5). * exp( - x.^2 - y.^2) ...
>>    - 1/3 * exp( - (x + 1).^2 - y.^2);
>>  F = TriScatteredInterp(x,y,z);
```

```
>> ti = -2:.25:2;
>> [qx,qy] = meshgrid(ti,ti);
>> qz = F(qx,qy);
>> mesh(qx,qy,qz);
>> hold on;
>> plot3(x,y,z,'o');
```

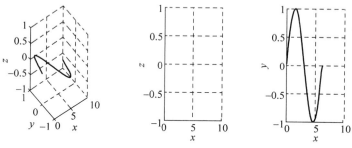

图 8-15　不同视角中的空间曲线

如图 8-15 所示它们均画出了三维空间的一条曲线,在工具栏上选择 图标,就可以在窗口中随意旋转,旋转时,窗口左下角会显示变化的 Az 和 El 值。耐心将之旋转到 Az=0°,El=90°,这时候,图看起来像 plot(t,sin(t))绘制的。

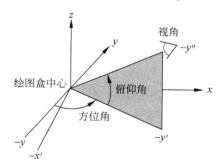

图 8-16　MATLAB 视角模型

MATLAB 使用了图 8-16 的方位角/仰角模型来管理视角。绕 z 轴旋转(按右手定则,旋转方向指向 z 为正)的角度为方位角,再绕新的 $-x'$ 轴旋转($+x'$ 为正),旋转角度为仰角。原 $-y$ 轴旋转两次后,其位置为 $-y''$。沿着此轴向 $+y''$ 看到就是 MATLAB 显示图形的角度,它是三维图形在垂直于 y'' 轴上的平面的投影。

(1) 当 Az=0°,El=0 时,看到的是 x-z 平面。

(2) 当 Az=0°,El=90°时,看到的是 x-y 平面,就是通常使用的二维坐标,此时可以使用快捷命令 view(2)来达到此效果。2 就是二维的意思。

(3) 当 Az=-37.5°,El=30°时,得到默认的三维显示,可以使用快捷命令 view(3)来达到此效果。

8.2.5　campos/camtarget/camup/camzoom 相机

视角模式不是真正的在视点看物体,而是沿着视点与原点连线的方向,而且始终认为 z 轴朝上,因此无法通过视角模式缩放图形,也无法旋转和平移图形。更为全面的场景控制使用"相机"(表 8-3 和图 8-17)。与相机比,view 仅仅相当于对相机位置和焦点的控制,它的出现或多或少有些奇怪,也许是历史遗留吧。

表 8-3 相机控制命令

设　置	功　能	命　令	底层参数
直接设置			
相机位置	用 3 个坐标直接设置相机所在位置	campos	CameraPosition
相机顶部朝向	相机顶部朝向,如手机竖着拍还是横着拍	camup	CameraUpVector
物体位置（焦点）	用 3 个坐标直接设置拍摄物体所在位置	camtarget	CameraTarget
相机可视角度（焦距）	通过一个可视角度设置物体显示大小	camva	CameraViewAngle
设置投影方式	设置正交视图还是投影视图	camproj	Projection
修正当前			
拍摄物体	视线和焦距不变,将句柄指向的物体放到窗口中心位置	camlookat	CameraPosition、CameraTarget
平移相机	沿着相机自身确定的 3 个空间坐标系移动相机	camdolly	CameraPosition、CameraTarget
移动相机	绕着焦点/相机位置,按水平和垂直 2 个转角移动相机/焦点	camorbit/campan	CameraPosition、CameraUpVector
转动相机	按指定角度,沿视线方向转动相机	camroll	CameraUpVector
相机焦距	通过指定倍数更改物体可视大小	camzoom	CameraViewAngle

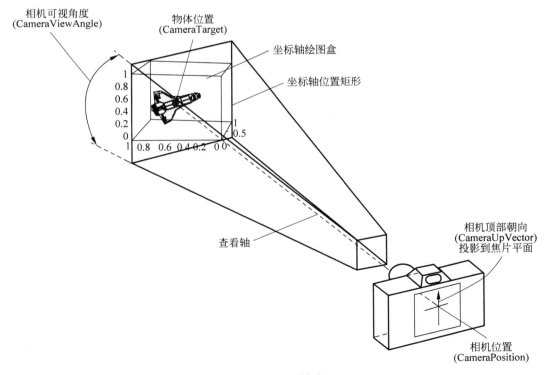

图 8-17　相机模式

8.2.6 light/material/alpha 光照、反射和透明度

```
>> surf(peaks);
>> light('Position',[0 0 10],'Style','infinite','color','g');
>> material metal;
>> alpha(0.5);
```

光照下的曲线如图 8-18 所示。

彩图 8-18

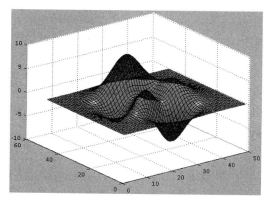

图 8-18 光照下的曲线

light 函数在当前坐标轴内创建光源,它仅影响 patch 和 surface 对象。如 position 指光源位置,color 代表光源颜色,infinite 的 style 代表平行光线,local 代表发散的光线。

material 设置面的反射特性,alpha 设置透明度。

比较好的视角、光线、材质等材料是 MATLAB 的 demo,比如 teapotdemo,在命令行窗口运行即可使用。

8.3 图片绘制

```
>> [x y] = meshgrid(1:4,1:3);
>> Z = reshape(1:12,[4,3]) '; % 生成[1 2 3 4; 5 6 7 8; 9 10 11 12];
>> subplot(1,2,1); surf(x,y,Z); axis image; colormap(colorcube(12)); view(2);
>> subplot(1,2,2); image(Z); axis image; colormap(colorcube(12))
```

图 8-19(a)为 surf 命令生成的色块,图 8-19(b)为 image 命令生成的。简单比较一下,发现存在几个差别:

(1) surf 生成的色块在横、纵维度上比 image 的各少一个,显示矩阵的维度也少一个。如果仔细观察(或将 surf 命令改为 mesh),就会发现其横维度上边的颜色为 4 种。看起来,surf 绘图理念是以顶点为核心的,而 image 是以色块为核心的。

(2) surf 生成的坐标从左下角开始,是常用坐标系的视角;image 生成的坐标从左上角开始,更符合看图片的视角。

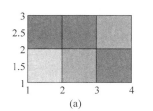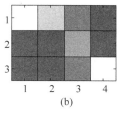

图 8-19　surf 和 image 命令生成的色块

（3）surf 需要用 meshgrid 生成坐标系,而 image 无须使用。

（4）surf 生成色块的边缘从 1 开始；image 生成色块的中心从 1 开始。

（5）surf 生成的三维图需要手动切换为俯视图视角,而 image 直接为俯视图视角。

比较得知,image 提供了更为便利的点阵图显示功能。本处的 image 使用了色卡,它还可以直接使用颜色,只要将显示的数组改为 $m \times n \times 3$ 维即可。

为了更好地理解颜色,可以用 image 生成调色板（图 8-20）。由于 RGB 为三维空间,为了展示颜色,这里固定 G 为 0.7,在平面空间内展开 R 和 B。

```
>>  n = 256;
>>  [X,Y] = meshgrid((0:(n-1))/(n-1));
>>  G(:,:,1) = X; G(:,:,2) = Y; G(:,:,3) = 0.7 + 0 * X;
>>  image(G);
```

图 8-20　image 生成的调色板

8.4　文本生成

```
>>  text(0.5,0.1,'xyz'); % text 生成文本
>>  text([0 0.5 1],[0 0.5 1],{'x','y','z'}); % text 支持向量化操作,matlab 的函数、绘图、IO 操作
                                             % 基本上都支持向量化操作
>>  text(0.5,0.3,sprintf('abcd\nef'),'FontName','Helvetica','FontSize',14,...
>>  'HorizontalAlignment','center','BackgroundColor','g','Margin',10); % 更多控制
>>  text(0.5,0.5,['\fontsize{16}black {\color{magenta}magenta '...
>>  '\color[rgb]{0 .5 .5}teal \color{red}red} black again']) % 不同颜色,默认 tex 解释器
```

```
>>  text(0.5,0.8,'$ $ \int_0^x\!\int_y dF(u,v) $ $ ','FontSize',16,'Interpreter','latex')
    % latex
```

绘制文字如图 8-21 所示。

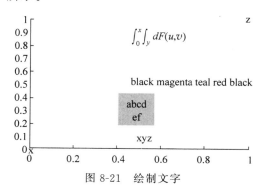

图 8-21   绘制文字

使用 TeX 或 LaTex 解释器,可以将纯文本命令解释为特殊形式,如颜色、字体、符号、数学公式等。它不仅可在 text 函数中使用,在图形的 title、xlabel、ylabel 等多处均可使用。

高德纳(Knuth)与 TeX

20 世纪 70 年代末,当高德纳(1938 年出生)完成他的著作《计算机程序设计艺术》第Ⅱ卷时,他无法忍受出版商采用的数字排版系统完成的样稿。意识到数字排版系统本质为处理 1 和 0 的排列(即有无墨水的排列),高德纳认为没有谁能比一个计算机科学家更会处理数字 1 和 0 了,因此他决定自己做些什么,这就是 TeX。最初计划用半年时间完成,但最终花了 10 年。作为无可救药的完美主义者,他为了编写 TeX,开发了编程语言文学式 WEB;为了生成排版的数字化字体,编写了 Metafont,采用 62 个参数控制一个字体,比商业应用 postscript(1978 年)早;他编写的 TeX 采用了形式和内容分离的设计方法,比广为大家熟知的 HTML 早了 7 年;TeX 版本命名很奇特,它无限逼近 pi,发现错误升级一次版本号就增加一位,但至今才到 3.141 592。至今 TeX 仍是国内外科学杂志接受和推荐的投稿格式。

TeX 是一系列控制字符的原语,在此基础上做的高级包装包括 Plain TeX(Knuth 定义)、LaTeX 等,其中 LaTeX 被广泛用于科学排版。

关于 TeX 的简单用法可以参照 text 函数帮助下的 Text properties 的 string 属性,更为复杂的功能不是短时间就能掌握的,在此推荐高德纳的《TeX 手册》(*The TeX Book*),原版和中文翻译版在网络上可以很容易地下载,这本书本身就是用 TeX 排版的,是科学与艺术的完美结合。

8.5   动画生成

在二维或三维的曲线、曲面图上,如果再加一维时间维,就可以得到动画。在 MATLAB 内部,有 3 种不同方式获得动画:

(1) 存储一系列不同图片,像电影一样播放它们。这在图形复杂,绘制较慢时尤为适用。

（2）不断地擦除或重绘屏幕，在每次重绘时做些改变。MATLAB 提供了丰富的擦除、重绘方法，可以用来提高效率。

（3）重新定义图形对象的 XData、YData、ZData 和（或）CData 属性，如将它们链接到数据源，可调用 refreshdata 升级这些属性。

8.5.1　getframe/movie 动画

```
>>  for k = 1:16
>>    plot(fft(eye(k + 16)))
>>    axis equal
>>    M(k) = getframe; % getframe(gcf)代表整个窗口绘图区,可包括 GUI 组件
>>  end
>>  movie(M);
```

getframe 命令将循环中的每个图输出。仔细查看可知，M 为结构体，其中每个元素的 CData 属性都是 $m \times n \times 3$ 维的 RGB 表。getframe 进行了截屏操作。

movie 命令则循环播放所有的图形。它可以带第 2 个参数表示播放遍数（默认为播放 1 遍），第 3 个表示每秒帧数（默认为 12）。

movie2avi(movie,filename)则可将动画直接输出到视频文件中。

8.5.2　erasemode 擦除方法

注：此功能已在 R2014b 后删除。

```
>>  fill([0 1 1 0],[0 0 1 1],'g'); axis image;
>>  t = 0:pi/10:2 * pi; x = 0.5 + 0.1 * cos(t); y = 0.1 * sin(t);
>>  h = patch(x,y,'r','EraseMode','none'); % normal(default)/none/xor/background
>>  % h 为句柄,将在下一章详细解释.
>>  for i = 0.2:0.1:0.8
>>  y = 0.1 + y;
>>  set(h,'ydata',y); % ydata 重新设置 y 数据
>>    drawnow; % 立刻绘制
>>    pause(.1);
>>  end
```

在一个图 A 上绘制一个移动的图形 B，面临的最大问题是 B 移动后，原先盖住 A 的部分如何恢复。最简单有效的方法是重新绘制一遍 A，然后再绘制新的 B。但是这种方法稍嫌粗暴。对于被遮盖的部分，MATLAB 自带了 4 种处理方式。

（1）默认的 normal，直接覆盖。

（2）none，保留原来图形，但只要一刷新窗口，图形就会消失。这种图形不能用来旋转，不能用来缩放，也不能输出（除非使用截屏）。

（3）background，它使用坐标系或图形窗口的背景颜色重写遮盖部分。

（4）xor，使用异或后的颜色来遮盖原图形。

对于一个 bool 变量 a,将之与变量 b 取异或,将结果再与 b 异或,将正好等于变量 a 本身。

```
>>  a = [ 1 1 0 0 ]; b = [ 1 0 1 0 ]; xor(xor(a,b),b)    % 结果正好等于 a
```

此时,每 1 个位异或两次都变回自身,8 个位组成一种原色,3 个元素组成一个像素,多个像素组成 1 个图形。因此将图形 A 与图形 B 异或两次,还将是图形 A。采用这种方式,动画只需要在原先位置重绘一次,再在新的位置再绘一次。

8.5.3　refreshdata 刷新数据

某些高级绘图命令中,可以直接指定数据源,在需要时更新数据源,再强制刷新图形即可生成动画。

```
>>  t = 0:pi/50:2 * pi; y = sin(t);
>>  plot(t,y,'YDataSource','y');    % y 为字符串,还记得之前的不太好用的字符串别名吗?这里就
                                    % 是别名.如果 MATLAB 自带指针类型,肯定不会是这种用法
>>  for i = 2:10
>>  y = sin(i * t);
>>  refreshdata; drawnow;
>>    pause(.1);
>>  end
```

8.5.4　示例:生命游戏

在一个二维方格世界中,每个方格有一个元胞,其状态为生或死。在下一时刻,如果邻居太少(<2),它会寂寞而死;如果太多(>3),会拥挤而死;环境合适(邻居正好为 3 个),它又会重生。按照某些简单的规则不断地演变下去(图 8-22)。

```
                              gameoftife.m
01  m = 100; X = zeros(m);
02  % % 随机 10 % 网格上存在生命
03  % X = rand(m); X(X < 0.9) = 0; X(X > 0) = 1;
04  % % 在正方形网格上存在生命
05  % r = m/5; rh = (m/2 - r):(m/2 + r); rc = rh * 0 + m/2;
06  % X( sub2ind( size(X),[rh,rc + r,m - rh,rc - r],[rc - r,rh,rc + r,m - rh] )) = 1;
07  % % 在一条线上存在生命
08  % X(1:m,m/2) = 1;
09  % 在十字交叉线上存在生命
10  X(1:m,m/2) = 1; X(m/2,1:m) = 1;
11
12  CData = X + 1; % 数据为 0、1,图像显示色卡是索引,改为 1、2
13  h = image(CData); colormap([1 1 1; 0 0 0]);    % 色卡 1 为白色、2 为黑色
```

```
14    axis off; axis equal
15    for i = 1:200
16      n = [m 1:m-1]; e = [2:m 1]; s = [2:m 1]; w = [m 1:m-1];
17      N = X(n,:) + X(s,:) + X(:,e) + X(:,w) + ...
18          X(n,e) + X(n,w) + X(s,e) + X(s,w);    % 周围8个格子生命状态统计
19      X = (X & (N == 2)) | (N == 3);
20      CData = X + 1;
21      set(h,'CData',CData);
22      pause(0.1);
23    end
```

图 8-22　生命游戏输出图

8.6　图形输出

表 8-4 简单给出了截屏、复制到剪贴板、输出到文件的键盘/鼠标操作，以及使用程序批量操作的方法。

表 8-4　图形输出方法

操作类型	键盘/鼠标操作	批量操作	备 注
截屏	Print Screen	getframe ＋ imwrite（A, filename，'png)	png 可换为其他类型，具体见 imwrite 帮助
复制到剪贴板（矢量图）	Edit/Copy Figure	print -dmeta 或 hgexport (h,'-clipboard')	在 File/Preferences/Figure Copy Template 中设置输出属性
输出到文件	File/Save as 或 File/Export Setup	print -dmeta filename 或 hgexport(h,filename)	-dmeta 值 emf 类型，可以使用其他类型，具体见 print 帮助

8.7　其他图形绘制

以上是最基本、最实用的高级图形绘制命令。类似的高级命令有很多，它构成了二维和三维图形绘制命令族（图 8-23、图 8-24），可以用来满足科学、工程制图的大部分需求。

彩图 8-23

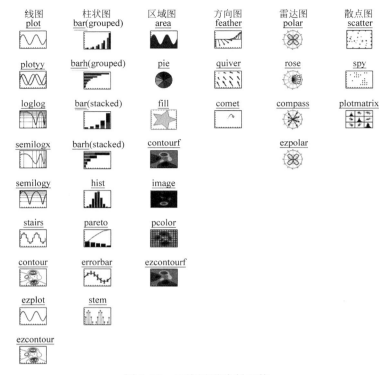

图 8-23　二维图形绘制函数

彩图 8-24

图 8-24　三维图形绘制函数

9

绘制图形控制

9.1 图形对象系统

9.1.1 层次性结构

Plot 函数绘制的图形看起来简单,实则层次分明。MATLAB 采用图形对象系统 (graphic object system)这种层次性结构来组织这些对象。在图形界面中任意单击,可被选中的就是一个图形对象。

图 9-1 为 MATLAB 图形对象层次结构图的大颗粒度划分,代表了不同对象的从属关系。打个比方,根(root)是董事长,图形(figure)是分区经理,坐标轴(axes)负责技术产品开发,用户接口(UI)负责沟通协调,注释坐标轴(annotation axes)负责文案。

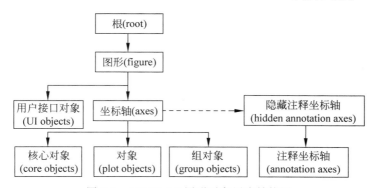

图 9-1　MATLAB 图形对象层次结构图

根:所有图形对象都从属于 Root 对象。Root 对象有且只有一个,MATLAB 启动时自动创建它,之后它能被修改,但不能被销毁,只有 MATLAB 关闭时才可以销毁它。

图形:figure 是 MATLAB 用于显示图形的窗口。它指菜单或工具栏以下的部分,包括右键菜单、坐标轴、绘图等。figure 对象的数量不受限制。此对象之下包括 GUI 组件、坐标轴和隐藏的注解坐标轴。figure 图形对象使用命令 figure 生成。

坐标轴：在常见的图形和 figure 对象之间还有一层坐标轴对象。它之下是核心绘图对象、复合绘图对象，以及组对象。坐标轴(axes)、图像(light)、线条(line)、填充(patch)、文本(text)等函数生成了最基础的图形对象，即核心绘图对象；这些图形对象可以分组后进行统一处理，譬如平移、旋转等。

注释(annotation)：在绘好的图形上，可能需添加注释、箭头、图例等。如在 Axes 中绘制，它们将从属于这个 Axes，当放大缩小图形时，这些注释、图例的位置会发生变化。Annotation 对象将之抽象为一个单独层，图形缩放时这个层不变。

用户接口(user interface, UI)：除图形外，菜单、按钮等均为 UI 对象。

9.1.2　图形句柄

为掌控图形对象，最基本的需求是唯一标识出每个图形元素以供操作。这个标识即图形句柄，它和句柄对象非常接近。图形对象太常用了，MATLAB 内部将它表示为一个数值(double 型)，使用更便利。

获取图形句柄后，可使用 set 或 get 方法更改图形(这使得图形句柄看起来很像 hgetset 类的子类，但 MATLAB 内部可能使用了其他的实现方式，因对其使用 getdisp 方法后返回错误)。

9.2　获取句柄

9.2.1　Root 对象句柄

唯一的 Root 对象的句柄永远为 0。

```
>>  get(0)                        % 查看 root 的属性,看起来 hgsetget 类像图形句柄的超类
>>  hroot = handle(0); get(hroot) % 查看句柄 handle(0) 的属性
>>  disp(hroot);                  % 对于句柄 hroot 显示为 root
>>  disp(0);                      % 在 disp 眼中,0 为数值
>>  fields(hroot);               % 显示 hroot 的属性名称
>>  fields(0);                    % 函数报错,因为它不将 0 视为句柄
>>  findobj(hroot);              % 得到 Root 子图形句柄
>>  findobj(0);                   % 得到 Root 子图形句柄
```

看起来 0 只不过是 handle(0) 的简写形式。采用数值作为图形句柄，与只能组成元胞数组的非数值句柄来说，使用起来更为方便吧。

对于图形句柄，部分函数如 get、set、findobj，可以直接作用在数值上，就像作用在句柄上一样。另一部分函数，如 fields、disp，对于数值已有定义，如要使用，必须手动显式转换为 handle 类。

9.2.2　直接保存的图形句柄

```
>>  t = 0:pi/20:2 * pi; h = plot(t,sin(t),t,sin(2 * t),t,sin(3 * t))
       % plot 后绘制的三个线条对象,存储在句柄数组 h 中
```

```
>> set(h(1),'linewidth',2 ,'color','r') % 设置第一条线,即 sin(t)线宽度为 2,颜色为红色
>> delete(h(2)) % 图形中第二条线,即 sin(2*t)线消失
```

上述 h 为 plot 命令绘制同时返回的三个线条的句柄,不仅仅是图形,坐标轴、GUI、标注等,全部都是句柄。

```
>> set(gca,'xgrid','on','ygrid','on'); % 相当于 grid on,gca 表当前坐标系含义见下节
>> set(gca,'xlim',[0 8]); % 相当于 xlim([0 8])
>> set(get(gca,'Title'),'string','正弦曲线族')  % 相当于 title('正弦曲线族'),get(gca,
>> % 'Title')中,Title 属性指向的是坐标轴标题的句柄
```

9.2.3　查找到的图形句柄

```
>> fh = findobj(h,'color','r') % 查找三个对象中颜色为红色的线
>> set(fh,'linestyle','-- ') % 将查找到的线条全部改为虚线
>> h = findobj(h,'linestyle','-- ','-and','linewidth',2,...
>> '-and','-not',{'Color','red','-or','Color','blue'}) % findobj 中可组合使用逻辑运算符
```

利用 findobj,可以使用各种组合逻辑,查找到需要的图形句柄并操作。

9.2.4　默认的图形句柄

并不是每个句柄都需要事先声明,它可以通过查询得到(虽然可能很困难),部分句柄则直接被设置为当前属性。如当前图形或坐标轴的 gcf 和 gca 命令。

```
>> get(0,'CurrentFigure'); % 输出当前图形窗口句柄,如无当前图形返回[]
>> gcf % 输出当前图形窗口,如无图形则创建一个,并输出其句柄
>> get(gcf,'CurrentAxes'); % 输出当前图形的当前坐标轴句柄,如无当前坐标轴返回[]
>> gca % 输出当前图形当前坐标轴句柄,如当前无图形或坐标轴则创建一个并输出
```

MATLAB 中,gcf 和 gca 命令均存在源码。gcf 具体内容为:

```
gcf.m
01  h = get(0,'CurrentFigure');
02   % 'CurrentFigure' is no longer guaranteed to return a figure,
03   % so we might need to create one (because gcf IS guaranteed to
04   % return a figure)
05  if isempty(h)
06    h = figure;
07  end
```

gca 具体内容为:

```
gca.m
01  if nargin == 0
02    fig = gcf;
```

```
03  end
04  h = get(fig,'CurrentAxes');
05  % 'CurrentAxes' is no longer guaranteed to return an axes,
06  % so we might need to create one (because gca IS guaranteed to
07  % return an axes)
08  if isempty(h)
09    h = axes('parent',fig);
10  end
11  end
```

即上层对象内部包括了一些关于下层对象状态的属性。

9.2.5 默认绘图状态设置

这种上层对象包括下层对象状态的属性给了我们一些启示。图形绘制后,可以操控句柄达到更改效果。因此,可以在参数中传入需要的线型等,但每次都设置显得很麻烦,使用默认值很重要。MATLAB 绘图时,默认的线条颜色为蓝、绿、红⋯⋯,默认线型为直线,坐标轴默认字体一般与操作系统相同。每个人对默认值的要求不一定相同,需对默认值进行定义。

问题是,在线条还没有绘制前,线条句柄是不存在的。此时能利用上层对象的状态设置默认属性,见图 9-2。

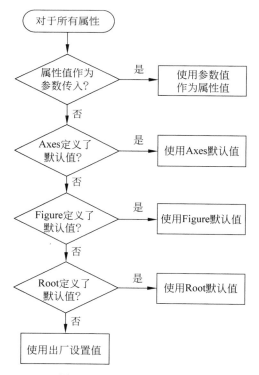

图 9-2　图形绘制时属性值

在所有图形建立前，唯一可供利用的是不变的 Root 对象。MATLAB 提供了一种从 Root 对象访问各子对象默认属性的方法，即 Default＋子对象名称＋属性名称方法。

```
>> set(0,'DefaultFigureColor',[1 1 1])                              % 默认图形窗口为白色
>> set(0,'DefaultAxesLineStyleOrder','-|--|-.|:')                   % 设置坐标轴默认线型顺序
>> set(0,'DefaultAxesFontname','cmr10')                             % 设置坐标轴默认字体名称
>> set(0,'DefaultAxesXgrid','on','DefaultAxesYgrid','on','DefaultAxesZgrid','on')
                                                                    % 默认显示 x 坐标线
```

这些设置命令在 MATLAB 关闭时会失效，可将命令放到"我的文档/MATLAB/startup. m"文件（MATLAB 在启动时，会调用安装目录/toolbox/local/mablabrc. m 中的命令，它查找了里面定义的目录，Help matlabrc 可以获得其帮助）中，MATLAB 启动就会自动执行。

9.3 删除/复制句柄

删除图形句柄等价于删除图形对象。除 Root 对象外，图形、坐标轴、图形窗口均可以被删除。

```
>> h = plot([0 1],[0 1]);      % 下述语句单条执行，否则看不出效果
>> delete(h)                   % 删除线条
>> delete(gca)                 % 删除坐标系
>> delete(gcf)                 % 删除图形 = 关闭图形
>> h = plot([0 1],[0 1]);
>> clf                         % 效果等于 delete(gca)
>> close                       % 效果等于 delete(gcf)
```

同样，除 Root 对象外，其他图形对象均可被复制，复制命令为 copyobj，第一个参数为被复制的对象句柄，第二个参数为新对象的父句柄，比如线条可被复制到当前坐标轴，也可被复制到新的坐标轴。

```
>> h = plot(0:20,sin(0:20));
>> h1 = copyobj(h,gca);                              % 复制线条，它直接覆盖了原先的线条.
>> set(h1,'LineStyle','none','Marker','o','Color','r');  % 设置新的线条属性
>> ha = gca;                                         % 当前坐标系
>> ha2 = copyobj(ha,gcf);                            % 复制出一个新的坐标系
>> set(ha2,'Position',get(ha,'Position')/2);         % 新的坐标系位置
>> copyobj(gcf,0);                                   % 复制出一个新的图形
```

9.4 控制句柄属性

9.4.1 句柄属性控制方法

对图形的控制，就是对图形句柄中属性的操作。每一个图形句柄都可以使用 set 或 get

方法来更改或获得其内参数属性。不同的图形对象,有很大一部分同样名称的属性,而且即使对于不同的属性,其操作的方法完全相同。因此,有必要掌握操作方法和一些典型的属性控制方法。

9.4.2 获取属性列表

有时候我们希望了解一个对象有多少种属性可以设置;有时候忘记了属性如何拼写(比如设置文本对齐的 HorizontalAlignment)。

这时,除查看帮助外(MATLAB/User's Guide/Handle Graphics Property Browser 对每个图形对象的每一项属性均提供了完整的说明,可将此页面加入 MATLAB 帮助中的收藏夹),还可以:

(1)直接在命令窗口中 get(obj)可以得到属性列表,有时从单词就可以猜测到大部分属性。

(2)直接利用 MATLAB 提供的图形化配置窗口。在图形的工具栏选择 ▶ 切换到编辑模式(对应菜单 Tools/Edit Plot),然后双击图形最左侧找到属性页。或在命令行执行 hf＝handle(gcf);inspect(hf);均可找到属性设置页。

如图 9-3 所示,以 Figure 图形对象为例:

(1)Color 属性可设置图形窗口的背景色;Pointer 可设置鼠标在图形窗口上的形状;Visible 属性设置为 Off 可整个隐藏图形。

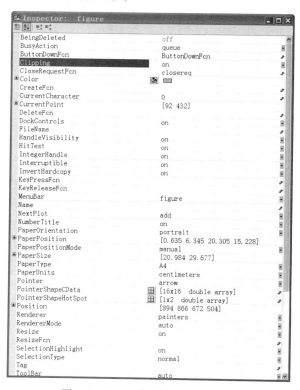

图 9-3　Figure 图形窗口对象属性

（2）在属性中找到 MenuBar，将其属性设置为 none，发现图形窗口的菜单栏消失了。因此，菜单栏属于 Figure 对象，输入 figure('MenuBar','none')命令就可以生成一个不带菜单栏的图形窗口。

9.5　典型属性

9.5.1　典型共用属性

表 9-1 中的属性适用于所有图形对象。

表 9-1　所有对象共用属性

属性名称	值	含　义
		层次结构相关
Children	［handles］	对象的所有子对象。不同对象对隐藏子对象的定义不同
Parent	handle	父对象句柄
HandleVisibility	{on} ｜ callback ｜ off	对象是否在其父对象的子对象列表中可见
UIContextMenu	界面控件句柄	关联到右键菜单
		对象特性
Clipping	{on} ｜ off	裁剪模式。对象能否在父对象区域外显示。root、figure、axes 不使用
HitTest	{on} ｜ off	对象是否可被鼠标选中
Selected	on ｜ off	对象是否可选
SelectionHighlight	{on} ｜ off	对象选中后是否高亮
Tag	string	用户自定义标签
Type	string（只读）	对象的类型，如 root、figure、axes 等
Units	inches ｜ centimeters ｜ normalized ｜ points ｜ pixels ｜ characters	对象中解释尺寸和位置数据的单位，不同对象默认单位不同
UserData	matrix	用于放置用户自定义数据
Visible	{on} ｜ off	对象是否可见
		回调相关
BeingDeleted	on ｜ {off}（只读）	调用 DeleteFcn 时，MATLAB 将之设置为 on，用于回调函数的更准确控制不必要的操作
BusyAction	cancel ｜ {queue}	本事件未结束，新事件的执行逻辑。当 Interruptible 属性为 on 时，新事件直接插入进行，当其为 off 时，如 BusyAction 为 cancel，则新事件不执行，如为 queue，则新事件随后执行
ButtonDownFcn	函数句柄 ｜ 包括函数句柄和参数的元胞数组 ｜ string（不推荐）	鼠标按下的回调函数句柄
CreateFcn	函数句柄 ｜ 包括函数句柄和参数的元胞数组 ｜ string（不推荐）	坐标轴对象创建过程中的回调函数
CurrentPoint	［x,y］	上次鼠标单击点的位置

续表

属性名称	值	含　义
DeleteFcn	函数句柄 ｜ 包括函数句柄和参数的元胞数组 ｜ string(不推荐)	删除坐标轴对象回调函数
Interruptible	〈on〉｜ off	本事件未结束,新事件的执行逻辑。为 on 时,新事件直接插入进行,当其为 off 时,由 BusyAction 属性控制行为(对 MATLAB 而言,新事件不是特别频繁,因为只有执行 drawnow、figure、getframe、pause 时才会查看事件列表)
ResizeFcn	函数句柄 ｜ 包括函数句柄和参数的元胞数组 ｜ string(不推荐)	改变窗口大小的回调函数

9.5.2　典型通用属性

以下属性有共通之处,但不是每一个对象都有,且定义不一定一致。

9.5.2.1　绘制模式属性

NextPlot:new ｜ add ｜ replace ｜ replacechildren 等值,控制如何绘制下一个图形。new 创建一个新的父对象(不是每个对象都有),add 在当前父对象中绘制,replace 擦除所有当前图形再绘制,replacechildren 擦除所有子对象,但不改变窗口属性。

EraseMode:normal ｜ none ｜ xor ｜ background 等值,擦除模式。适用于对象移动时, normal 重绘所有区域,none 不擦除对象,xor 将当前对象与当前屏幕颜色异或,background 用背景色填充。此属性在 2014b 后移除,用 drawnow＋参数代替。

9.5.2.2　空间位置属性

Position:[left bottom width height],图形的核心区域在父对象中的位置。但对于 Text 对象,Position 定义为[x y z],为文本所在的位置(图 9-4)。

OuterPosition:[left bottom width height]包括图形的外围区域后的位置,对于 Figure, 包括标题栏、菜单栏、工具栏和外边界的窗口尺寸,对于 Axes,包括标题、坐标标签、空白区域等。

Units:inches ｜ centimeters ｜ normalized ｜ points ｜ pixels ｜ characters,尺寸和位置数据的单位。

HorizontalAlignment:left ｜ center ｜ right,水平对齐方式。

Left　Center　Right

VerticalAlignment:top ｜ cap ｜ middle ｜ baseline ｜ bottom,垂直对齐方式。

Middle　Top　Cap
Baseline　Bottom

TightInset:[left bottom right top](只读),坐标轴内空间与真实占用空间白边的大小。

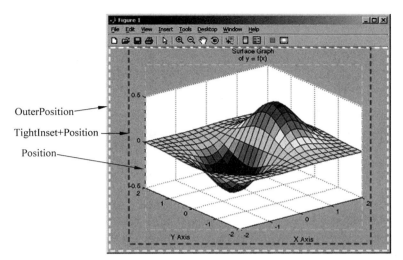

彩图 9-4

图 9-4　坐标轴 Position 的定义

9.5.2.3　数据属性

XData、YData、ZData：数值矩阵。适用于 Axes 的子对象，用以放置绘制的数据区。

Faces、Vertices：数值矩阵。在 patch 对象中另一种定义数据的方式。其中 Vertices 对象每个节点的坐标值，Faces 为 $m \times n$ 矩阵，表示 n 个点连接组成一个面，m 个面连接成最后的图形（图 9-5）。

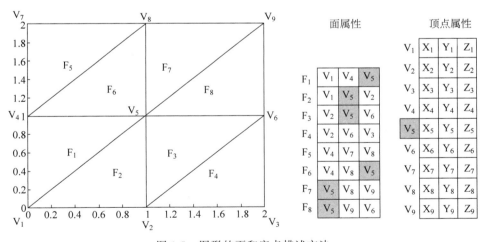

图 9-5　图形的面和定点描述方法

X、Y：2 个值的向量。Annotation 对象的线、箭头等，直接将两端点存储在 X 和 Y 中。

9.5.2.4　形状属性

LineStyle：- | -- | : | -. | none，设置线型，适用于线条、各种对象的边框等。

LineWidth：单数值。以 points 为单位的线宽。

Marker：字符。标记点形状。

MarkerSize：单数值。以 points 为单位的标记点大小。

9.5.2.5 文本属性

FontAngle、FontName、FontSize、FontWeight、FontUnits：设置字体的倾斜、名称、大小、加粗、单位。

Extent：[left bottom width height]（只读），框住文本四周区域。

Margin：数值，文本中定义框住文本的区域与总所占区域的间隔像素。

9.5.2.6 颜色属性

Color：颜色描述，即[r g b]｜短名称｜长名称。名称见表 8-1。用以设置图形窗口、坐标轴的背景色、线条颜色、文本颜色、光线颜色等。

CData：$m \times n \times p$ 的矩阵，p 可为 1 或 3，m、n 均可为 1。它有色卡和真彩两种用法。真彩指 RGB 值；色卡指索引到一个 RGB 颜色的索引值。不同维数的 CData 对应的颜色用法如图 9-6 所示，如果 CData 没有最后的 $\times 3$ 维，则为色卡，否则为真彩。如果 CData 前面为 1×1，则所有面用单色；如果为 $1 \times n$，则每个面使用一种颜色；如果为 $m \times n$，则每个面的每个顶点可以用一种颜色。

彩图 9-6

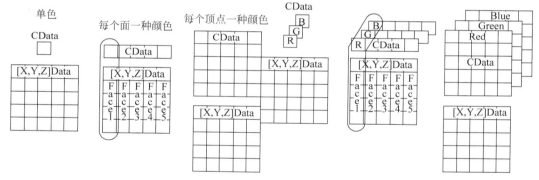

图 9-6　CData 对应颜色用法

FaceVertexCData：$n \times p$ 的数值矩阵，p 可为 1 或 3（色卡或真彩），n 可为 1。对应 CData 属性，用于指定 Face 和 vertex 的 patch 的颜色设置。n 为 1 表示全图形使用统一颜色；n 为面的总数表示设置面的颜色；n 为顶点总数表示设置顶点颜色。

Colormap：$m \times 3$ 的 RGB 颜色值，图形窗口的属性，用于存储真实颜色以供其他对象索引。

CDataMapping：scaled｜direct，色卡使用方式。direct 表示直接索引到真实颜色下标上（将实数截断为最近的整数）；scaled 表示将色卡指示值插值到坐标轴的 CLim 范围内，作为真实颜色的索引。

CLim：[cmin cmax]，坐标轴颜色界限。由于 CData 中指定的值可能与色卡的下标不符，设置 CLim 后，MATLAB 将 CData 中的值线性插值到 CLim 范围内，然后进行索引。

EdgeColor、FaceColor：颜色描述 | none | flat | interp。patch、surface、rectangle（无flat 和 interp 类型）中设置线条或面的颜色。none 表示不绘制,用每个面的第一个顶点位置处的颜色（在 CData 中指定）来绘制面所有边或面的颜色。interp 表示用所有顶点颜色插值到边或面上。

MarkerEdgeColor、MarkerFaceColor：颜色描述 | none | auto,用于设置标记点的线条和填充色。

9.5.2.7　透明度属性

AlphaData：$m \times n$ 数值矩阵（double 或 uint8 型）。透明度数据,与 CData 类似,它既可以为索引也可以为值,但由于透明度只需要一个值,此处没有第三维度。

FaceVertexAlphaData：$m \times 1$ 数值矩阵,用于 patch,与 FaceVertexCData 类似。

Alphamap：$m \times 1$ 矩阵,图形窗口对象属性,表示透明度真实值以供其他对象索引。

AlphaDataMapping：none | scaled | direct。none 表示（FaceVertex）AlphaData 透明度数值截断到 0～1 之间。scaled 表示用坐标系的 ALim 属性作为界限来插值透明度数值。direct 表示使用（FaceVertex）AlphaData 为索引。

9.5.2.8　键鼠状态相关属性

PointerLocation：$[x,y]$,root 对象属性,获取当前鼠标位置。即使鼠标不在 MATLAB 窗口内也可输出。单位由 Uints 属性确定。

PointerWindow：handle（只读）,包含鼠标的窗口句柄。如鼠标不在 MATLAB 窗口内,值为 0。

CurrentCharacter：单字符,表示上一个按下的键盘键值。

CurrentObject：对象句柄,表示上次鼠标选择的对象,未选中则为空矩阵。

Pointer：crosshair | 〈arrow〉| watch | topl | topr | botl | botr | circle | cross | fleur | left | right | top | bottom | fullcrosshair | ibeam | custom | hand,鼠标形状。

9.5.3　典型专用属性

典型专用属性如表 9-2 所示。

表 9-2　典型专用属性

属性名称	值	含　义
Root 属性		
CallbackObject	handle（只读）	回调函数句柄,使用空矩阵[]表示无回调
Command-WindowSize	[columns rows]	命令窗口当前尺寸
CurrentFigure	figure handle	当前图形窗口句柄
DiaryDiaryFile	on	〈off〉string	日志文件模式。将所有键盘输入和大部分输出保存到文件
Echo	on	〈off〉	脚本显示模式。当 echo 为 on 时,显示被执行脚本的每一行

续表

属性名称	值	含　义
Root 属性		
MonitorPositions	$[x\ y$ width height；$x\ y$ width height$]$	显示器的宽和高(像素)
RecursionLimit	integer	嵌套的 MATLAB 文件调用总数(避免无穷递归等)
ScreenSize	$[$left，bottom，width，height$]$	屏幕尺寸。单位由 Uints 属性确定
Figure 属性		
Alphamap	alpha 值的 $m\times 1$ 矩阵	图形的透明度映射表,影响 surface、image、patch 三个对象的绘制。默认从 0 到 1 线性分布的 64 个数
CloseRequestFcn	函数句柄 ｜ 包括函数句柄和参数的元胞数组 ｜ string(不推荐)	图形关闭时的回调函数
Colormap	RGB 值的 $m\times 3$ 矩阵	图形颜色映射表。影响 surface、image、patch 三个对象的绘制
CurrentAxes	当前坐标轴句柄	当前坐标轴句柄
DockControls	{on} ｜ off	控制图形是否可以停靠到其他窗口
MenuBar	none ｜ {figure}	是否显示菜单栏
Pointer	crosshair ｜ {arrow} ｜ watch ｜ topl ｜ topr ｜ botl ｜ botr ｜ circle ｜ cross ｜ fleur ｜ left ｜ right ｜ top ｜ bottom ｜ fullcrosshair ｜ ibeam ｜ custom ｜ hand	鼠标形状
Resize	{on} ｜ off	是否可以由鼠标拖动改变窗口大小
Axes 属性		
ALimMode	$[$amin　amax$]$ {auto} ｜ manual	坐标轴透明度限制。图形对象的透明度表格值可能超出映射表的下标范围,根据 ALim 将数据插值到下标
Box	on ｜ {off}	坐标轴是否显示外框
CLim CLimMode	$[$cmin　cmax$]$ { auto } ｜ manual	颜色界限,基本用法同 ALim
DataAspectRatio DataAspectRatio-Mode	$[$dx　dy　dz$]$ {auto} ｜ manual	数据 x、y、z 单位的相对缩放
GridLineStyle MinorGridLineStyle	- ｜ -- ｜ {:} ｜ -. ｜ none- ｜ -- ｜ {:} ｜ -. ｜ none	坐标线模式 次级坐标线模式
Layer	{bottom} ｜ top	在图形对象之后还是之下绘制坐标线
LineStyleOrder	线型描述(如"－"表示直线)	当多线条时,线型、标记点形状的顺序

续表

属性名称	值	含　义
Axes 属性		
TickDirTick-DirMode	in ｜ out〈auto〉｜ manual	坐标刻度线绘制方向
TickLength	［2D 长 3D 长］	2D 和 3D 下坐标刻度线长度
Title	文本对象句柄	坐标轴的标题
XAxisLocation YAxisLocation	top ｜ 〈bottom〉right ｜ 〈left〉	坐标刻度线和标签位置
XColor，YColor，ZColor	颜色描述	坐标线颜色
XDir，YDir，ZDir	〈normal〉｜ reverse	坐标方向
XGrid，YGrid，ZGrid	on ｜ 〈off〉	坐标线显示模式
XLabel，YLabel，ZLabel	文本对象句柄	坐标的标签
XLim，YLim，ZLim XLimMode，YLimMode，ZLimMode	［minimum maximum］	坐标范围
XMinorGrid，YMinorGrid，ZMinorGrid	on ｜ 〈off〉	是否显示次要坐标线
XMinorTick，YMinorTick，ZMinorTick	on ｜ 〈off〉	是否显示次要坐标刻度
XScale，YScale，ZScale	〈linear〉｜ log	为线性还是对数坐标
XTick，YTick，ZTick	数值向量	坐标刻度放置位置的坐标
XTickLabel，YTickLabel，ZTickLabel	string	坐标标签

9.6　属性简单应用

9.6.1　Position 属性

可以使用

```
>> figure('Units','Centimeters','Position',[0 0 10 8])
```

生成固定大小的窗口表示生成从屏幕左下角开始,长 10cm,宽 8cm(不包括菜单栏,包括菜单栏的属性为 OuterPosition)的窗口。

```
>> sz = get(0,'ScreenSize'); % 得到桌面的尺寸,显然包含在 Root 对象中
>> l = sz(3)/2; r = sz(4)/2; wh = [l r];
>> figure('OuterPosition',[0 0 wh]);
>> figure('OuterPosition',[l 0 wh]);
>> figure('OuterPosition',[0 r wh]);
>> figure('OuterPosition',[l r wh]);
```

将生成 4 个平铺的窗口。

9.6.2　Fcn 动作属性

后缀为 Fcn 的属性可用于定义交互动作。如 ButtonDownFcn 表示在图形上鼠标单击的动作,参数为回调函数。如在命令窗口输入:

```
>> line([0 0],[1 0])
>> set(gca,'ButtonDownFcn','line(rand(2),rand(2))')
```

将属性窗口中设置为 ButtonDownFcn,在图像左侧单击,就会看到图形窗口执行了上述绘制随机线条的程序。需要注意这里如果设置为 plot(rand(2),rand(2)),由于 plot 会重新生成 axes,单击一次之后回调函数将消失。

设置交互动作回调函数如图 9-7 所示。

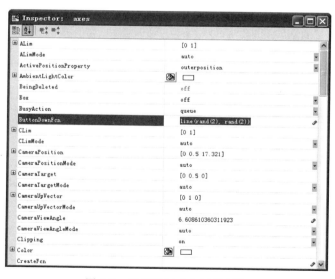

图 9-7　设置交互动作回调函数

9.6.3　UserData 属性

如希望执行的命令可以依赖于之前的数据,必须有个地方存储之前的数据,对象的

UserData 属性可以方便地使用。建立如下函数:

```
ButtonDownFcn.m
01    function ButtonDownFcn(cb, eventdata)
02    data = get(gcf,'UserData');                          % 得到 Figure 对象内存储数据
03    if(isempty(data)) data = 1;end                       % 设置初值
04    t = 0:pi/100:2 * pi; plot(t,sin(2 * t + data)); axis off    % 绘图
05    set(gcf,'UserData',data + 1);                        % 将新值写回 Figure 对象
```

再执行 figure('ButtonDownFcn','ButtonDownFcn')后,在新建的窗口上单击鼠标,就可以看到一条往左移动的正弦曲线。

MATLAB 各窗口对象对鼠标、键盘动作的回调函数响应,将在自定义用户界面中被大量使用。

10

高级图形绘制

MATLAB 的图形对象系统提供了强大的能力,依赖读者对它们的理解,像搭积木一样把它们组合起来,将满足各种绘图需求。本章就示范一些特别的需求。

10.1 Axes 对象

使用 MATLAB 绘图就是建立和管理 Axes 对象(图 10-1)。Axes 对象由核心图形对象、复合绘图对象、群组绘图对象和注释对象组成。由核心绘图对象可组成复合绘图对象,比如 title、axis、xlim 等均为复合绘图对象,MATLAB 程序内带有它们的源代码。

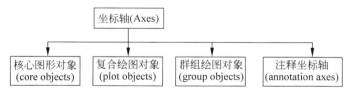

图 10-1 坐标轴对象层次结构图

10.1.1 核心绘图对象

核心绘图对象是指外部调用中最小的绘图单元,它完成最基本的功能,无法被进一步分解。核心绘图对象包括线(line)、文本(text)、贴片(patch)、面(surface)、图像(image)、光线(light)、轴(axes)、矩形(rectangle)对象等共 8 个函数(表 10-1)。MATLAB 自身无法生成核心绘图对象,它通过调用 Java 生成。这些对象都在[matlabroot '/java/jar/hg.jar']包中。

表 10-1 核心绘图对象函数

函 数	功 能
axes	定义图形显示坐标系,图形中总包含坐标系
image	映射到颜色上的数值矩阵的二维表示,它也可以是关于 RGB 值的三维向量

续表

函 数	功 能
light	在坐标轴内定向光源。它影响 patch 和 surface,但自身不可见
line	连接坐标点
patch	用单独的边属性填充多边形,单个 patch 可包含多个面,每个面单独使用固定或插值颜色填充
rectangle	含可设置边和面颜色,以及可变曲率(如画椭圆)的二维对象
surface	将矩阵视为 x-y 平面的高度,由此创建的四边形组成的三维网格
text	显示坐标系内某位置处的字符串

图 10-2 给出了一些典型的核心绘图对象。

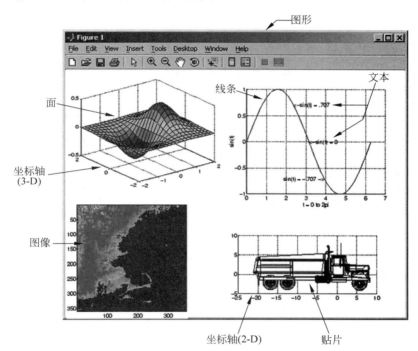

彩图 10-2

图 10-2 核心绘图对象

10.1.2 群组绘图对象

群组绘图对象将一系列图元组合以便于处理。譬如同时让其可见或不可见、一次单击选中所有图元,或整体旋转这些图元(表 10-2)。

表 10-2 分组绘图对象函数

函 数	功 能
hggroup	组合图元
hgtransform	变换图形,包括旋转、平移、缩放等

10.1.3 注释对象

每个图形有个特殊的、不能被修改的、位于最上层的注释坐标系,所有注释对象显示在图形的最上层坐标系上。在这里,可以创建线条、文本、长方形、椭圆等。图形的图例就显示在注释坐标系内的,当对绘图对象所在坐标进行缩放时,图例的位置不会变动。

由于 Annotation 对象使用了特殊的坐标系,在编程进行操作时,需要注意注释与绘图坐标系的对应关系。

在当前图形下,如果采用"normalized"的默认单位,注释的[x y w h],即左下角坐标、宽、高永远为[0 0 1 1]。而常规坐标系内部位置由"position"指令确定,两者存在平移和缩放关系。可以写出如下的坐标系转换程序:

```
                        ax2annotation.m
01  function coor_ann = ax2annotation(ax,coor_ax)
02  % coor_ax: n×2 矩阵,第一列为横坐标、第二列为纵坐标
03  r1 = get(ax,'position'); % 本坐标系的位置[x y w h]  在图形下的表示[x1 y1 w1 h1]
04  r2 = [get(ax,'XLim') get(ax,'YLim')]; % 本坐标系显示变量范围,即本坐标系位置在本坐标系
                                          % 下表示
05  r2 = [r2(1) r2(3) r2(2)-r2(1) r2(4)-r2(3)]; % 本坐标系的位置[x y w h]在本坐标系下的
                                                % 表示[x2 y2 w2 h2]
06  % [x1 y1 w1 h1]和[x2 y2 w2 h2]为同一物体在不同坐标系下的表示,两者的转换为先缩放再
    % 平移
07  coor_ann(:,1) = r1(1) + (coor_ax(:,1)-r2(1))*r1(3)/r2(3);
08  coor_ann(:,2) = r1(2) + (coor_ax(:,2)-r2(2))*r1(4)/r2(4);
```

10.2 DIY 手册

MATLAB/User's Guide/Handle Graphics Property Browser 帮助。在图形绘制中,Handle Graphics Property Browser 是最为方便实用的帮助。

10.3 DIY 作品

10.3.1 示例:曲线族统一标注

问题:曲线族统一标注。

思路:将曲线族组合为群组,并设置群组标注属性为统一标注(图10-3)。

实现:

```
                       grouplegend.m
01  t = [0:0.1:2*pi]'; m = [t t+0.2 t+0.4];
02  hSLines = plot(t,sin(m),'Color','b');hold on    % 正弦曲线族
03  hCLines = plot(t,cos(m),'Color','g');           % 余弦曲线族
```

```
04   hSGroup = hggroup; hCGroup = hggroup;              % 群组
05   set(hSLines,'Parent',hSGroup)                      % 曲线族纳入群组
06   set(hCLines,'Parent',hCGroup)                      % 曲线族纳入群组
07   % 设置群组可显示图例
08   set(get(get(hSGroup,'Annotation'),'LegendInformation'),...
09     'IconDisplayStyle','on');
10   set(get(get(hCGroup,'Annotation'),'LegendInformation'),...
11     'IconDisplayStyle','on');
12   legend('Sine','Cosine')
```

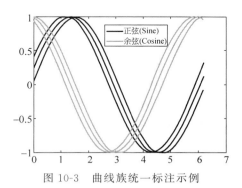

图 10-3   曲线族统一标注示例

10.3.2   示例：位于原点的坐标轴

问题：绘图时，绘制在原点的横、纵坐标轴。

思路：坐标线由线条、箭头、刻度以及标注构成，一一绘制程序较多。可以直接将坐标线视为无限窄的坐标系，新的坐标系继承原坐标系的设置（图 10-4）。

实现：

```
                              draw_axis_at_orig.m
01   function draw_axis_at_orig(ax)
02   xtick = get(ax,'xtick');ytick = get(ax,'ytick');xlim = get(ax,'xlim');ylim = get(ax,'ylim');
     pos = get(ax,'Position');
03   ytick(ytick == 0) = []; % 不画 y 坐标的零,以避免出现两个 0
04   if(~isempty(xtick)) xtick([1,end]) = [];end
05   if(~isempty(ytick)) ytick([1,end]) = [];end % 去除坐标系最两端的点,看起来更漂亮一些
06   ann = ax2annotation(ax,[xlim(1) 0; xlim(2) 0; 0 ylim(1); 0 ylim(2)]);
                                   % 横、纵坐标最大最小值在图形界面上的位置
07   set(ax,'xtick',[],'ytick',[]); % axis(ax,'off'); % 复制原坐标系并关闭原坐标系显示
08   % 将坐标系视为带刻度的,无限窄的坐标
09   axes('Position',[ann(1,:) ann(2,1) - ann(1,1) realmin],'xtick',xtick,'ytick',[],'xlim',xlim,
     'hittest','off','color',get(gcf,'color')); % 新的坐标系作为横坐标
10   axes('Position',[ann(3,:) realmin ann(4,2) - ann(3,2)],'ytick',ytick,'xtick',[],'ylim',ylim,
     'hittest','off','color',get(gcf,'color')); % 新的坐标系作为纵坐标
11   annotation('arrow',ann([1 2],1),ann([1 2],2),'hittest','off');
                                   % 绘制 x 轴,hittest = off 表示鼠标不可选
12   annotation('arrow',ann([3 4],1),ann([3 4],2),'hittest','off'); % 绘制 y 轴
```

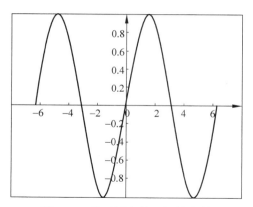

图 10-4　位于原点的坐标轴绘制

10.3.3　示例：带阴影效果的图形

问题：绘制出图形的阴影效果，比如类似 Word 中的艺术字（图 10-5）。

思路：阴影可以视为原图形的多次复制并变浅后的叠加。可以复制图形对象，也可以复制坐标系。实现 1：复制图形对象。

```
                           draw_shadow_g.m
01  function hg = draw_shadow_g(ax,hobject)
02  % 图形阴影的复制绘图对象版本
03  n = 20; % 阴影次数
04  xlim = get(ax,'xlim'); ylim = get(ax,'ylim'); dx = diff(xlim)/n/100; dy = diff(ylim)/n/100;
    % 根据当前坐标获得偏移量
05  for i = 1:length(hobject)
06      oh = hobject(i);
07      hgt = hgtransform('Parent',ax);                    % 可旋转的群组
08      set(oh,'parent',hgt);                              % 将对象置入群组
09      hc = copyobj(hgt,ax * ones(n,1));                  % 大量复制群组
10      hg = hggroup; set([oh;hc(:)],'Parent',hg);         % 将所有阴影对象设为群组，以统一选取
11      set(get(get(hg,'annotation'),'legendinformation'),'icondisplaystyle','on');
                                                           % 群组可以统一标注
12      for i = 1:n
13          rz = makehgtform('translate',i * [dx dy 0]); % 设置群组偏移量
14          set(hc(i),'Matrix',rz);                        % 偏移群组绘图
15          h = findobj(hc(i),'-property','color'); h(h == hc(i)) = [];
                                     % 由于线条无法设置透明度,因此直接改颜色
16          for j = 1:length(h)
17              color = get(h(j),'color');                 % 获取颜色
18              interval = ([1 1 1] - color)/n;            % 获取从原色到白色的间隔
19              color = color + (i - 1) * interval; color(color > 1) = 1; color(color < 0) = 0;
                                     % 按原色到白色等比例显示
20              set(h(j),'color',color);                   % 设置新的颜色
21          end
22      end
23  end
```

实现 2：复制坐标系。

```
                          draw_shadow_a.m
01  function draw_shadow_a(ax)
02   % 图形阴影的复制坐标系版本
03   n = 20;                                      % 阴影次数
04   pos = get(ax, 'position');
05   % [Az el] = view(ax);                        % 获取原坐标,以利于坐标系变形
06   nax = copyobj(ax * ones(n,1), gcf);          % 复制坐标系
07   set(nax, 'visible', 'off');                  % 仅显示曲线
08   for i = 1:n
09      %     view(nax(i), [Az + i * 0.05 el - i * 0.4]);   % 旋转坐标系
10      set(nax(i), 'position', pos + [pos(3:4) * i/n/80 0 0]);
11      h = findobj(nax(i), '- property', 'color'); h(h == nax(i)) = [];
                                                   % 由于线条无法设置透明度,因此直接改颜色
12      for j = 1:length(h)
13          color = get(h(j), 'color');            % 获取颜色
14          interval = ([1 1 1] - color)/n;        % 获取从原色到白色的间隔
15          color = color + (i - 1) * interval; color(color > 1) = 1; color(color < 0) = 0;
                                                   % 按原色到白色等比例显示
16          set(h(j), 'color', color);             % 设置新的颜色
17      end
18   end
```

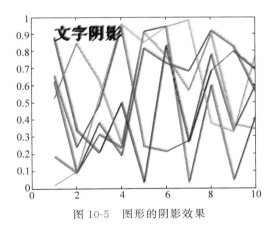

图 10-5　图形的阴影效果

彩图 10-5

10.3.4　示例：置于图片下方的图例

问题：某些杂志对投稿的要求是图例置于图片下方。

思路：legend 函数支持将图例放在指定位置,但不支持水平铺开所有 legend,因此移动每个图例的位置到图片下方(图 10-6)。实现：

```
                          bottomlegend.m
01  function bottomlegend(h, str)
02   for i = 1:min(length(h), length(str))
```

```
03      buf = legend(h(i),str{i});       % 生成单个图例,由于向量化生成时仅返回单个句柄,因此此
                                          % 处一个一个复制
04      hl(i) = copyobj(buf,gcf);        % 复制图例对象
05      delete(buf);                     % 删除原图例
06      set(hl(i),'box','off','tag','legend');   % 去除图例方格
07    end
08    pos = get(gca,'position');         % 坐标系位置
09    ti = get(gca,'TightInset');        % 空白区域位置
10    leftbottom = [pos(1) pos(2) - ti(2) - 0.02];   % 图例放到坐标系下方
11    width = pos(3);                    % 大盒子总宽度
12    [lpos height lines] = boxposition(hl,width);   % 得到位置
13    lpos(:,1) = lpos(:,1) + leftbottom(1);   % 左边位置
14    lpos(:,2) = lpos(:,2) + leftbottom(2);   % 下方位置
15    for i = 1:length(hl)   set(hl(i),'outerposition',lpos(i,:));end   % 移动图例
16    pos(2) = pos(2) + height; pos(4) = pos(4) - height;   % 新坐标系位置
17    set(gca,'position',pos);           % 原坐标系往上挤一下
18    annotation('rectangle',[leftbottom width height],'color','w');   % 将图例框起来
19
20    function [pos height lines] = boxposition(hl,width)
21    % 简单的分段算法
22    % h 为图形句柄,width 为大盒子的总宽
23    % pos 为排列好的坐标,height 表示最后放置盒子的高度,lines 表示每行拥有的子盒子编号
24    % 输出结果为相对(0,0)左下对齐,如有其他排列需要可增加相应程序
25    n = length(hl);
26    pos = cell2mat(get(hl,'outerposition')); pos(:,1:2) = 0;
                                          % 得到图形位置,让左下角对齐到(0,0)
27    pos(:,1) = [0; cumsum(pos(1:(end-1),3))];   % 将所有盒子排成一行的总长度
28    iboxpre = 1; height = 0; lines = {};   % 上一行起头的盒子、大盒子总高度
29    for ibox = 1:n + 1
30      if(ibox == n + 1 || pos(ibox,1) + pos(ibox,3)> width)
31        if(ibox~= n + 1) pos(ibox:end,1) = pos(ibox:end,1) - pos(ibox,1);end
                                          % 如果越行,就将后面所有格子换行
32        id = iboxpre:ibox - 1;          % 本行包含的格子
33        h = max(pos(id,4));             % 本行总高度
34        pos(id,1) = pos(id,1) + [0:length(id) - 1]' * (width - sum(pos(id,3)))/(length(id)
      - 1); % 水平方向由左对齐改为分散对齐
35        height = height + h;            % 盒子总高度,为正值
36        pos(id,2) = - height - pos(id,4)/2 + h/2;   % 垂直方向中间对齐,先移到大盒子底部,
                % 然后本盒子中心再下移到底部,最后上移至本行对齐中线
37        lines(end + 1) = {id};          % 本行所有格子
38        iboxpre = ibox;                 % 上一个格子换行
39      end
40    end
41    pos(:,2) = pos(:,2) + height;       % 以盒子的左下角为参考点
```

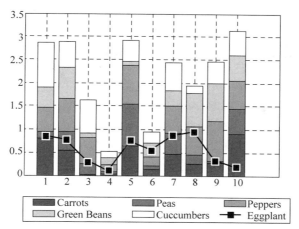

图 10-6   置于图形下方的图例

10.3.5   示例：用特殊线型绘图

问题：图形显示为 2 划长、空 1 划、1 划长、空 1 划（图 10-7）。

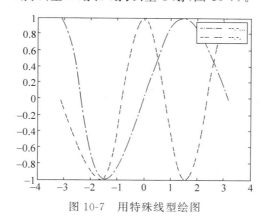

图 10-7   用特殊线型绘图

思路：绘图为底层函数，由于 plot 默认只支持 '-'，'--'，'-.' 3 种线型，为创造更特殊的线型，对图形的数据进行处理，利用绘图的 nan 特性。实现：

```
                              set_linestyle.m
01  function set_linestyle(hs,str_linestyle)
02    ％ 按指定类型绘制线段
03    ％ hs: 所有线条句柄,str_linestyle: 线条属性,其中'-'表示直线段,其余均为间隔
04    linestyle = 0 * str_linestyle; linestyle(str_linestyle == '-') = 1; ％ '-'表示为直线段
05    linestyle = repmat(linestyle,[10 1]); linestyle = reshape(linestyle,1,numel(linestyle));
      linestyle(find(diff(linestyle) == 1)) = 1; ％ 对不绘制区进行处理以避免 nan 切断两段线段
                                                 ％ 造成的影响
06    ％ 采用 linestyle 的方式显示线型
07    for i = 1:length(hs)
08       h = hs(i); ％ 逐个句柄控制
```

```
09    x = get(h, 'xdata'); y = get(h, 'ydata'); t = 1:length(x); % 获取曲线数据
10    t1 = linspace(1,t(end),2000); % 用于下标插值,2000 为本处试验参数,真正通用的程序应
                                    % 识别本坐标系所有像素数目,动态生成这个数字
11    x1 = interp1(t,x,t1); y1 = interp1(t,y,t1); % 插值以更密
12    linestyle = repmat(linestyle,[1 length(x1)]); linestyle = linestyle(1:length(x1));
                                    % 按模式确定每个点是否绘制
13    x1(linestyle == 0) = nan; % 不绘制的点设为 nan 以切断曲线,由于 n 个点实际上切换了 n + 1
                                % 条线,因此在之前已对 linestyle 进行了改造
14    set(h, 'xdata',x1,'ydata',y1); % 设置曲线数据为新的参数
15    end
```

10.3.6　示例：图像的浮雕效果

问题：图像设置为浮雕效果（图 10-8）。

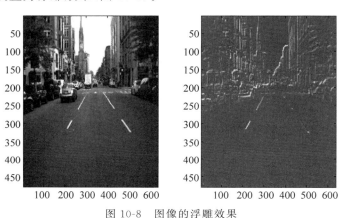

图 10-8　图像的浮雕效果

思路：对图像数据进行处理，一般浮雕效果是由像素点对角线元素运算得到。实现：

```
                              pic2relief.m
01    % 显示图像的浮雕效果
02    rgb = imread('street1.jpg'); % 读取数据,rgb 为 m × n × 3 的 uint8 型数据
03    rgb = double(rgb); rgborig = rgb; % 由于计算时 uint8 × double 型仍按 uint8 计算,将之转换
                                        % 为 double 型,避免难以发现的错误
04    [m n ans] = size(rgb);
05    for i = 3:m - 3
06      for j = 3:n - 3
07        for k = 1:3
08            rgb(i,j,k) = 0.25 * rgborig(i - 2,j - 2,k) + 0.25 * rgborig(i - 1,j - 1,k) + 0.25
      * rgborig(i,j,k) + 0.25 * rgborig(i + 1,j + 1,k) - rgborig(i + 2,j + 2,k) + 128;
                              % 浮雕算法,新的像素点由对角线元素运算得到
09        end
10      end
11    end
12    rgb = uint8(rgb); rgborig = uint8(rgborig); %转换为 uint8 型用于显示
13    subplot(1,2,1); image(rgborig); grid off;
14    subplot(1,2,2); image(rgb); grid off;
```

10.3.7 示例：三原色

问题：绘制三原色及其相交关系的图案（图 10-9）。

思路：采用带曲率的 rectangle 生成椭圆，采用 erasemode 为 xor 效果设置颜色的混合。
实现：

注：erasemode 在 2014b 后不再适用。

```
                          draw_triclor.m
01  set(gca,'color',[0 0 0])
02  rectangle('position',[0 0 1 1],'curvature',[1 1],'erasemode','xor','facecolor','r',
    'edgecolor','r');  % rectangle 设置曲率可绘制椭圆
03  rectangle('position',[0.5 0 1 1],'curvature',[1 1],'erasemode','xor','facecolor','g',
    'edgecolor','g')
04  rectangle('position',[0.25 0.5 1 1],'curvature',[1 1],'erasemode','xor','facecolor','b',
    'edgecolor','b')
05  grid off; axis equal;
06  xlim([0 1.5]); ylim([0 1.5])
```

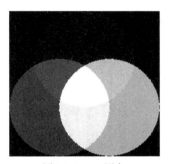

彩图 10-9

图 10-9　三原色

10.3.8 示例：彩色的柱状图

问题：显示彩色的柱状图（图 10-10）。

思路：柱状图为 patch 的显示，得到 patch 句柄后进行操作。实现：

```
                          draw_coloredbar.m
01  h = bar(rand(10,1));    % h 为柱状图的句柄
02  p = get(h,'children'); % p 为组成柱状图的 patch 句柄
03  xd = get(p,'XData'); yd = get(p,'YData'); zd = get(p,'ZData'); cd = get(p,'CData');
04  cd(:,5) = yd(:,5);  % 第 5 柱用 y 坐标作为颜色
05  set(p,'xdata',xd,'ydata',yd,'zdata',zd,'cdata',cd,'facecolor','interp'); % patch 可使用
    % x/y/zdata 或 vertexes + faces 的结构，此处选择前者. 关于 patch 的着色详见 patch 帮助
```

10.3.9 示例：在图形中显示表格

问题：在图形中列出表格数据（图 10-11）。

思路：利用 text 的 latex 功能绘制表格。实现：

彩图 10-10

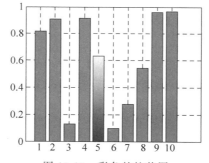

图 10-10 彩色的柱状图

```
                                draw_table.m
01  n = rand(10,2); bar(n); % 绘制柱状图
02  str = ['\begin{tabular}{|c|c|}\hline '...
03     '$ a $ & $ b $ \\ \hline']; % latex 的表格头
04  for i = 1:size(n,1)
05     str = [str num2str(n(i,1)) '&' num2str(n(i,2)) '\\ \hline'];
06  end % latex 的表格元素
07  str = [str '\end{tabular}']; % latex 的表格尾
08  text(11,0.99,str,'interpreter','latex','VerticalAlignment','top'); % 放置表格
```

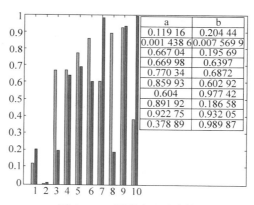

图 10-11 图形中显示表格

10.3.10 示例：拼图游戏

问题：将之前章节字符界面下的拼图游戏移至图形窗口（图 10-12）。

思路：绑定鼠标单击的回调函数，回调函数中分析并改变字符位置。实现：

```
                                pintu.m
01  function pintu
02  pintu = [2 4 3;1 0 6;7 5 8];           % 当前状态
03  pintudone = [1 2 3; 4 5 6; 7 8 0];     % 完成状态
04
05  [x,y] = meshgrid(0.5:3.5); % 网格所在位置.由于字符位置在网格中间,因此此处简单将网格
                                % 往左下角平移了半个单元格;
```

```
06    mesh(x,y,0 * x,0 * x,'EdgeColor','k'); view(2); axis off;
      % 绘制网格,并将边的颜色设置为黑色
07    set(gca,'YDir','Reverse');
      % Y坐标变成从上往下,使得坐标系从左上角开始,符合对矩阵的显示习惯
08
09    for i = 1:3
10       for j = 1:3
11           % 显示字符,增加鼠标单击函数,并将字符的下标注入数据,方便判断
12           ht(i,j) = text(j,i,int2str(pintu(i,j)),'FontSize',30,'HorizontalAlignment','Center',...
13               'UserData',[i,j],'ButtonDownFcn',@ButtonDownFcn);
14           if(pintu(i,j) == 0) ht0 = ht(i,j); set(ht0,'String',''); end  % 得到 0 字符的句柄,
      % 将本文字在矩阵中的上下标压到了 UserData 中,用于标识这个文本对象.存在多种标识方
      % 法,但无疑上下标是最方便使用的
15       end
16    end
17
18    % 采用了嵌套函数,可以直接访问父函数变量.如不使用嵌套函数,可采用闭包包装数据
19    function ButtonDownFcn(htc,src,event)
20           % 对象的 Callback 默认两个参数 src 和 event
21           mnc = get(htc,'UserData');        % 当前字符数据
22           posc = get(htc,'Position');       % 得到当前字符位置
23
24           mn0 = get(ht0,'UserData');        % 得到 0 字符数据
25           pos0 = get(ht0,'Position');       % 得到 0 字符位置
26
27           if(norm(mnc - mn0) ~ = 1) return;end  % 格子是否相邻
28
29           % 调换 0 字符和单击字符的下标、位置
30           set(htc,'UserData',mn0,'Position',pos0);
31           set(ht0,'UserData',mnc,'Position',posc);
32
33           [pintu(mn0(1),mn0(2)) pintu(mnc(1),mnc(2))] = deal(pintu(mnc(1),mnc(2)),pintu
      (mn0(1),mn0(2)));                         % 更改数据结构用于判断
34           if(all(pintu == pintudone))        % 拼图完毕
35               title('Done');
36               set(ht,'ButtonDownFcn','remove'); % 移除所有鼠标单击事件.游戏结束.
37           end
38
39       end
40    end
```

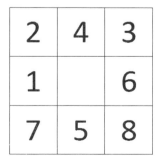

图 10-12   拼图游戏界面

10.3.11   小结

图形是数据的外在表现形式,MATLAB 通过大量函数对表现形式进行了抽象,有矢量意义的抽象(如 line、patch 等),也有点阵意义的抽象(如 image),并在内部保存了所有和绘图元素有关的句柄。理论上,通过编程可以访问并任意改造数据,从而实现任意的图形效果。

11

绘制美观的图形

11.1　清晰

美观的图形,最重要的除了清晰,还是清晰。为输出美观的图形,对于不同的图形,需进行不同的处理方法。

11.1.1　点阵图形和矢量图形

图形分为点阵和矢量两种。点阵是指用像素点填充矩阵中的一个一个方格,比如计算机常用的 BMP、TIFF、JPG、GIF、PNG 图形文件,都是压缩或未压缩的点阵图形。还有一种图形,它不是填充一个个方格,而是告诉绘图引擎:这是一条线的两个端点,比如计算机常用的 EMF、WMF、EPS 图形文件等。计算机显示时绘图引擎根据描述,将之转化为显示器的点阵。虽然最终的表现形式都是点阵,效果却是不同的,主要体现在缩放和文件大小上。

点阵图形缩放后效果会变差。如将图形变大,很多方格内颜色都是以前数据的插值,信息量大为减少,甚至出现马赛克。而对于矢量图形,比如一条直线,放大后,引擎会重新计算新的直线坐标填充(由于直线并不是正好跨越方格,它可能只占用方格的一部分,使得图形看起来像锯齿一样。现代引擎均有反锯齿功能,即将本方格、周围的方格使用不同的颜色填充,看起来图形就十分平滑了)。显然,由于大多数矢量图形只需要存少量的描述信息,所以图形的尺寸比点阵图形更小(当然,你不能直接将点阵图形转换为矢量图形然后比大小)。

11.1.2　矢量图形的保存

MATLAB 有 OPENGL、ZBUFFER、PAINTER 等绘图引擎,其中 painter 引擎为 MATLAB 自己定制,可以保存为矢量图。绝大多数命令生成的均是矢量图形,自然也要导出为矢量图形。

Edit/Copy Figure 菜单：可以直接复制图形。在菜单的 Edit/Copy Option 中将导出模板设置为 Preserve information(metafile if possible)，则基本上可以输出矢量图形。但使用表明，直接复制的图形曲线的位置多少会和屏幕显示有点区别。

hgexport 命令：hgexport(h,'-clipboard')可将图形输出到剪贴板，其输出形式继承了 Edit/Copy Option 中的设置。hgexport(h,filename)可将之输出为文件。

File/Save As 菜单：可以直接保存图形。选择 EMF(windows 倾向使用)或 EPS(其他操作系统使用)。此时不需要用到 Edit/Copy Option 中的设置。

print 命令：print(h,'-dmeta')和 print(h,'-dmeta',filename)命令可将矢量图形复制到剪贴板或保存到文件。此时不需要用到 Edit/Copy Option 中的设置。

作者在使用时，发现一个奇怪的现象，当图形复杂时，即使图形元素均可用 painter 渲染，但 MATLAB 也会自动将引擎切换为非 painter，这时为了输出矢量图，可在保存图形前将之改为 set(gcf,'Renderer','painter')。

11.1.3 带渐变色的矢量图形和点阵图形的保存

对于存在渐变色的图形，由于图形引擎对渐变色无定义，目前 MATLAB 无法保存体现渐变色效果的矢量图形，只能保存为点阵图形。

仍可仿照前面使用的 4 种方法，但将 Edit/Copy Option 选为 Bitmap，或输出图形保存为 bmp、png、jpg 等格式，或使用-dbmp、-dpng、-djpeg 等选项，将值保存为点阵图形。

由于点阵图形缩放后效果会变差，所以在点阵图形保存时更需要注意图形大小。

为将图形插入 Word，首先需规划图形在文件中的使用方法，比如 A4 纸张宽度为 21cm，除去两侧边框后大约剩余 14.5cm。则如一行中放置一个图形，可将图形宽度设为 12cm 左右，如放置 2 张图形，则将图形宽度设为 7cm 左右。也就是在绘图前，使用

```
>>  figure('units','centimeters','position',[0 0 6.5 5.5])  % 生成图片尺寸和此处设定会有微小
                                                             % 出入,原因未知
```

设置图形尺寸，在插入 Word 后，将图形大小设为 100%。

11.1.4 EraseMode 为非 normal 的图形的保存

对于 EraseMode 为非 normal 的图形，由于绘图是在像素级上进行的，MATLAB 也无法保存当前的效果。但采用如上方法将之存为点阵图形时，仍存在问题。这是因为 MATLAB 输出图形时，认为所有对象的 EraseMode 为 normal。此时 EraseMode 设置为 none、xor 或 background 的图形，输出与屏幕上看起来会不同。此时只能进行截屏，如按下键盘上的 Print Screen 键或使用其他软件进行截屏。或者使用 MATLAB 的 getframe 命令。

注：EraseMode 在 2014b 后不再适用。

```
>>  img = getframe(gcf)
>>  imwrite(img.cdata, 'a.png')
```

11.2　字体

11.2.1　常用字体

宋体中的英文很丑陋,尤其是用于数学公式时。

```
>>  text(0.0,0.5,sprintf('宋体\na + b'),'fontname','simsun','HorizontalAlignment','center');
>>  text(0.2,0.5,sprintf('宋体斜体\na + b'),'fontname','simsun','FontAngle','italic',
    'HorizontalAlignment','center');
>>  text(0.5,0.5,sprintf('Times New Roman\na + b'),'fontname','times new roman',
    'HorizontalAlignment','center');
>>  text(0.9,0.5,sprintf('Times New Roman Italic\na + b'),'fontname','times new roman',
    'FontAngle','italic','HorizontalAlignment','center');
```

显示(图 11-1):

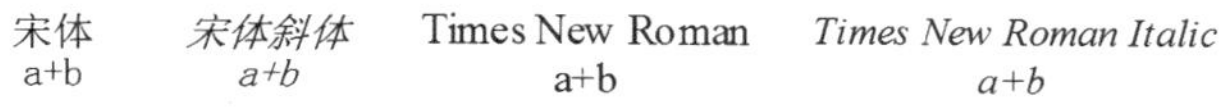

图 11-1　不同字体显示英文公式的效果

在西方国家罗马字母阵营中,字体分为两大种类:无衬线(sans serif)和衬线(serif)字体。serif 在字的笔画开始及结束的地方有额外的装饰,而且笔画的粗细会因直横的不同而有不同。sans serif 则没有这些额外的装饰,笔画粗细大致差不多;serif 的字体容易辨认,因此易读性较高。反之 sans serif 则较醒目。比较常见的衬线字体有 Georgia、Garamond、Times New Roman、宋体等;常见的无衬线字体有 Trebuchet MS、Tahoma、Verdana、Arial、Helvetica、幼圆、隶书等(图 11-2)。

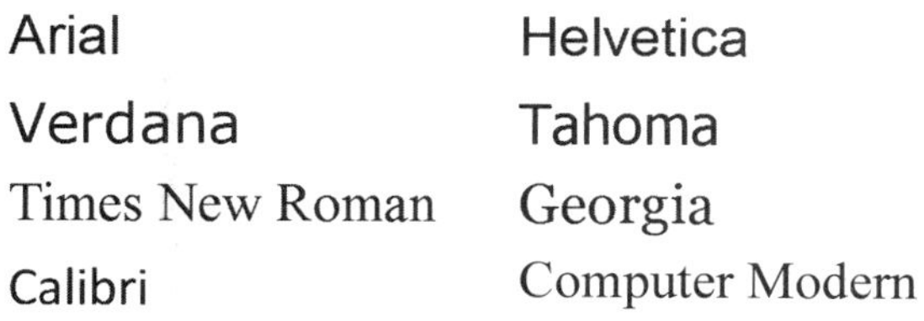

图 11-2　英文字体示意图

Arial:Arial 是一套随同多套微软应用软件所分发的无衬线体 TrueType 字型。设计 Arial 时考虑到会在计算机上面使用,在字体及字距上都做了一些细微的调整和变动,以增加它在计算机屏幕上不同分辨率下的可读性。

Helvetica:Helvetica 是一种广泛使用的西文无衬线字体,于 1957 年由瑞士图形设计师爱德华德·霍夫曼和马克斯·米耶丁格(Max Miedinger)设计。Helvetica 被视作现代主义在字体设计界的典型代表。按照现代主义的观点,字体应该"像一个透明的容器一样",使得读者在阅读的时候专注于文字所表达的内容,而不会关注文字本身所使用的字体。由于这种特点的存在,Helvetica 适用于表达各种各样的信息,并且在平面设计界获得了广泛的应用。

Verdana:Verdana 是一套无衬线字体,由于它在小字上仍有结构清晰端整、阅读辨识容易等高品质的表现,因而在 1996 年推出后即迅速成为许多领域所喜爱的标准字型之一。"Verdana"是由"verdant"和"Ana"两字所组成的。"verdant"意为"苍翠",象征着"翡翠之城"西雅图及有"常青州"之称的华盛顿州。"Ana"则来自于维吉尼亚·惠烈大女儿的名字。

Tahoma:Tahoma 是一个十分常见的无衬线字体,字体结构和 Verdana 很相似,其字符间距较小,而且对 Unicode 字集的支援范围较大。Tahoma 和 Georgia 师出同门,同为名设计师马修·卡特的作品,由微软在 1999 年推出。许多不喜欢 Arial 字体的人常常会改用 Tahoma 来代替,除了因为 Tahoma 很容易取得之外,也因为 Tahoma 没有一些 Arial 为人诟病的缺点,例如大写"I"与小写"i"难以分辨等。

Times New Roman:Times New Roman,可能是最常见且广为人知的衬线字体之一,在字体设计上属于过渡型衬线体,对后来的字型产生了很深远的影响。另外由于其中规中矩、四平八稳的经典外观,所以常被选为标准字体之一。

Georgia:Georgia 是一种衬线字体,为著名字型设计师马修·卡特(Matthew Carter)于 1993 年为微软所设计的作品,具有在小字下仍能清晰辨识的特性,可读性十分优良。其命名来自一份报道:《在美国佐治亚州发现外星人头颅》。微软将 Georgia 列入网页核心字型,是 Windows 系统的内建字型之一。苹果电脑的麦金塔系统之后也跟进采用 Georgia 作为内建字型之一。

Calibri:Calibri 是一种无衬线字体,最初发布于 Windows Vista 中,为字型设计师卢卡斯·德格鲁特(Lucas De Groot)替微软开发的字型,曾于 2005 年字型设计竞赛中获得系统字型类的奖项。

Computer Modern:高德纳在开发 TeX 时,需要的不仅仅是一种字体,而是包括各种变体和数学符号在内的整整一套字体。最后他决定,开发一种编程语言与 TeX 配套,专门用于生成字体,这种语言就是 METAFONT。高德纳的目标是,利用这种编程语言,以某一种优雅的字体为基础,生成一整套适合于整个书籍的字体族。一番探索之后,高德纳决定将注意力集中在 20 世纪初的那些强调可读性的字体上,尤其是 Monotype Modern。以它为蓝本,高德纳设计了后来在世界上应用最为广泛的字体之一:Computer Modern(图 11-3)。

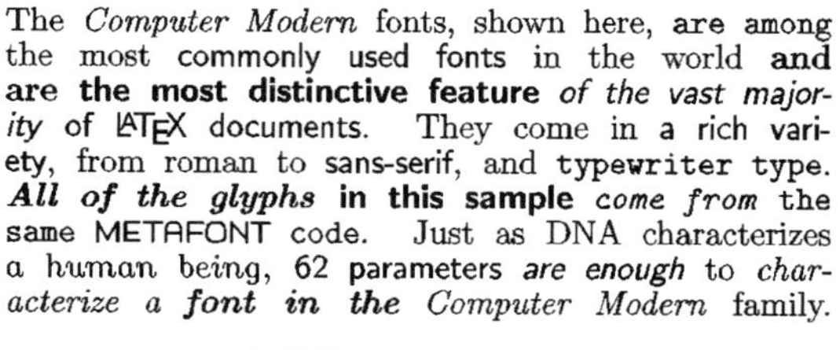

The *Computer Modern* fonts, shown here, **are among** the most commonly used fonts in the world **and are the most distinctive feature** *of the vast majority* of LATEX documents. They come in a rich variety, from roman to sans-serif, and typewriter type. *All of the glyphs* **in this sample** *come from* the same METAFONT code. Just as DNA characterizes a human being, 62 parameters *are enough* to characterize a **font** *in the* Computer Modern family.

图 11-3　Computer Modern 字体族(Yannis Haralambous *Fonts & Encodings*)

Computer Modern 具有多种变体。衬线、无衬线,等宽、非等宽,粗体、打字机体应有尽有,斜体甚至有 2 种:用于数学变量的 italic 和用于定理描述的 slanted;此外字体还包含有各式各样的数学符号。所有这些字体都由 62 个参数控制,对其加以调整即可生成更多不同的字体(图 11-4)。用于生成这些字体的源代码都被高德纳公开发布,不仅如此,这一字体在他的另一套著作《计算机和排版》(*Computers and Typesetting*)之中有专门的一卷加以描述——包括全部的源代码——而这套书自然也是使用 Computer Modern 字体排印的。

整套的 Computer Modern 字体的 truetype 格式版本可在 http://www. ctan. org/tex-archive/fonts/cm/ps-type1/bakoma/ttf/下载。

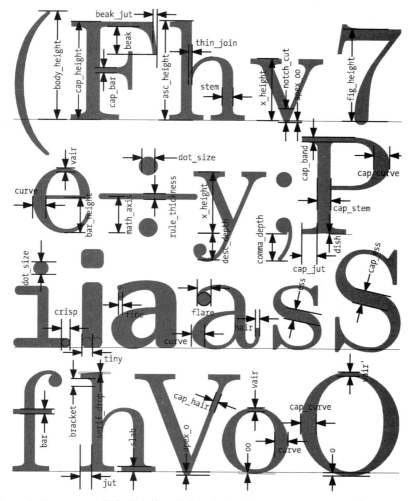

图 11-4　METAFONT 的部分字体控制参数(Yannis Haralambous *Fonts & Encodings*)

11.2.2　默认字体设置

可将喜欢的字体设置为 MATLAB 的默认字体,即在"我的文档/MATLAB/"目录下的 startup. m 文件中添加:

```
>> set(0,'defaultaxesfontname','cmr10')
>> set(0,'defaulttextfontname','cmr10')
```

11.2.3　输出字号调整

美观的图形,其中的字号应与文章中字号一致或相近。因此最好能提前知道图形在文章中的位置,确定图形的尺寸和环境字体大小,根据此尺寸生成图形窗口,根据此字号进行绘图。

但现实是,这些信息不一定能事先知道,而且可能在后续存在变化。为了避免重复绘图,可将图形保存为可编辑的矢量图形,如 MATLAB 自身的.fig 文件,以供下次编辑。

File/Save As 菜单:选择 MATLAB Figure(* . fig)格式。

hgsave 命令:hgsave(gcf,'a. fig')。

在下次需要输出时,用 MATLAB 打开图形文件,在菜单中选择 File/Export Setup,选择 Fonts,在 Custom Size 中选择对应的字号、字体等输出。

11.3 颜色

11.3.1 彩色和黑白

对于很多条曲线,在绘图时一般会选择 r、g、b、c、k、m 等各种颜色用以区分。但结果需要打印时要十分小心,因为黑白打印(灰度)下,有些颜色,如黑色/蓝色、青色/绿色、紫色/红色的区分度不高,有些颜色,尤其是黄色,打印后根本看不出来(图 11-5)。

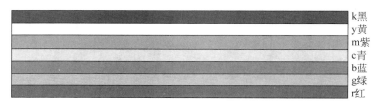

图 11-5　不同颜色转为灰度模式的表现

为了兼顾屏幕显示和打印,最好将颜色、线型和标记点混用。例如:

```
>>  b = {'-',':','-.','--'}; s_linetype = repmat(b(:),35,1);  % 4 种线型
>>  b = {'b','r','k','c','m'}; s_color = repmat(b(:),28,1);  % 5 种颜色
>>  b = {'x','+','*','o','s','d','p'}; s_marker = repmat(b(:),20,1);  % 7 种标记点
```

由于三者的种类数值互质,其最多可实现 $4\times5\times7=140$ 种曲线的区分,即使打印成黑白,也有 $4\times7=28$ 种区分度。如果再增加 3 种线型粗度,则理论上能达到的区分度就更高了(图 11-6)。

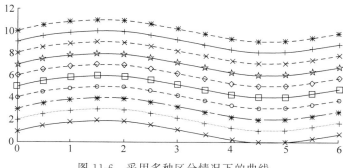

图 11-6　采用多种区分情况下的曲线

11.3.2 利用透明效果

合理利用透明效果,可以提升图形显示品质。比如一段曲线内,需要特别标出其中的几段是重要区域(图 11-7)。不过比较遗憾的是,2010b 不支持输出半透明的矢量图。

```
                          alphaedfigure.m
01  plot(rand(10,2),'linewidth',2);
02  limx = get(gca,'xlim'); limy = get(gca,'ylim'); % 得到 y 坐标
03  text(2.5,limy(2),'M','HorizontalAlignment','center','VerticalAlignment','Bottom');
04  patch([2 3 3 2],limy([1 1 2 2]),'c','FaceAlpha',0.2,'LineStyle','none'); % 绘制半透明的底色
05  text(4.5,limy(2),'S','HorizontalAlignment','center','VerticalAlignment','Bottom');
06  patch([4 5 5 4],limy([1 1 2 2]),'b','FaceAlpha',0.2,'LineStyle','none'); % 绘制半透明的底色
```

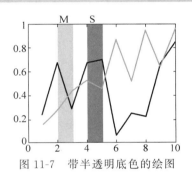

彩图 11-7

图 11-7　带半透明底色的绘图

11.4　空间

11.4.1　图形白边

MATLAB 默认生成的图形的四周均有白边,将之插入文档时造成图像前后间距过大,在某些情况下不太美观。在 File/Export Setup 菜单的 size 选项中有 Expand axes to fill figure,勾选后应用,则坐标轴自动充满整个图形,输出的图形也无白边。

为编写自动程序,坐标轴的只读 TightInset 属性 4 个值分别代表图中左、下、右、上的间隙,可从此属性计算新的 position 位置,因此可写出程序如下:

```
                          set_nomargin.m
01  function set_nomargin(ax,outpos)
02  % 设置图形填满整个绘图区无空隙
03  if(nargin == 1) outpos = get(ax,'outerposition');end % 当前图形外部空间
04  tightinset = get(ax,'tightinset') + 0.01; % 空隙尺寸
05  pos(1:2) = tightinset(1:2); pos(3:4) = outpos(3:4) - tightinset(1:2) - tightinset(3:4);
    % 设置新的内部空间位置
06  set(ax,'position',pos); % 注意,此时内外空间都变了,而 tightinset 依然未变
```

11.4.2　纵横坐标标注

MATLAB 的标题、纵横坐标标注会占用大量空间,在图形较小时更为突出。此时可以

将之移到不占用空间的地方,如横坐标移至坐标轴的右下方等(图 11-8)。

```
                              tightedaxes.m
01   limx = get(gca,'xlim'); limy = get(gca,'ylim'); % 得到 y 坐标
02   com = { 'BackgroundColor',get(gcf,'Color'),'HorizontalAlignment','Right','Color','r'};
03   set(get(gca,'xlabel'),'position',[limx(2) limy(1) 0],com{:});
04   set(get(gca,'ylabel'),'position',[limx(1) limy(2) 0],com{:});
```

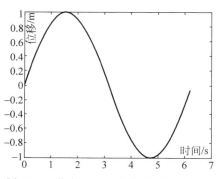

图 11-8　节省空间的纵横坐标标注方法

11.5　表现形式

11.5.1　更多的表现形式

　　同样的数据,采用不同的表现形式,产生的效果也是不同的。同一组数据,既可以用 plot 直接绘制,也可以用 semilogx 绘制对数图,还可以用 polar 绘制极坐标图;既可以用 plot 绘制曲线,也可以用 stairs 绘制阶梯图,还可以用 bar 绘制柱状图等。一眼看起来很美观的图形大多不是单一表现形式的应用,而是多种表现形式在同一张图上的综合应用(图 11-9)。

彩图 11-9

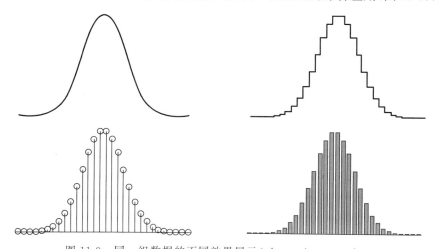

图 11-9　同一组数据的不同效果展示(plot、stairs、stem、bar)

11.5.2 科学数据可视化几点提示

克丽斯塔·凯莱赫（Christa Kelleher）和索斯藤·瓦格纳（Thorsten Wagener）发表在《环境建模和软件》（*Environmental Modelling & Software*）的文章《科学出版物中高效数据可视化的十大指南》"*Ten guidelines for effective data visualization in scientific publications*"总结了 10 条准则（图 11-10）。

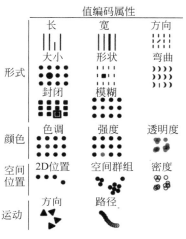

彩图 11-10

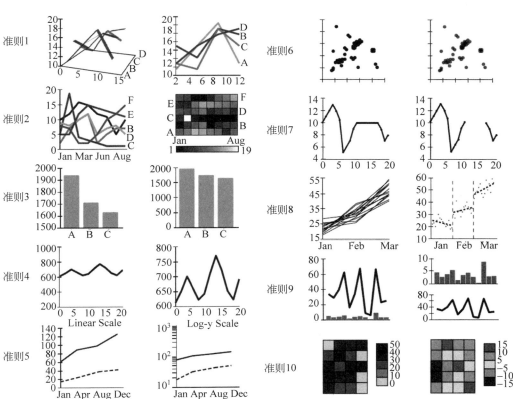

图 11-10 科学绘图 10 条准则

准则 1：用最简单的图形表达想表达的信息。

准则 2：根据绘图对象的特性和类型绘制图形。

准则 3：根据绘图目的选择绘图模式或细节。

准则 4：选择有意义的坐标轴范围。

准则 5：变换数据和精心选择图形纵横比能强调数据的变化规律。

准则 6：在散点图上绘制重叠点的透明效果，此时密度的差别更为明显。

准则 7：对于缺失的数据，不要使用直线连接而是直接断开。

准则 8：使用有意义的形式处理大数据集。

准则 9：比较变量时使用尽量接近的显示范围。

准则 10：根据数据类型选择合适的配色。

11.5.3　学习美观的图形

经常看看科学绘图的参考书、美观的图形等，了解美观图形的表现形式、配色等，并思考其在 MATLAB 的实现方法。

11.5.4　使用其他软件

MATLAB 更适用于存在大量数据，对数据进行读取、变换、自动化的绘图。而有些比较抽象的、随意的图形，使用 MATLAB 也许并不是最有效的。此时有许多其他的软件可供使用，譬如 Origin、SigmaPlot、Tecplot 等，甚至 Word、PowerPoint 也可以。图 11-11 就是使用 PowerPoint 绘制的图形，作者相信采用 MATLAB 也可以绘制，但也许不是那么容易就可以实现。

图 11-11　PowerPoint 绘制的图形

12

图形用户接口(GUI)与GUIDE

12.1　GUI、事件驱动和回调函数

所有软件都不是一口气跑下去的,而是需要使用者的不断干预。如在 MATLAB 的窗口编辑器上敲一个命令,按回车键后执行。这些需要交互式干预的组件,被称为用户接口(user interface,UI),更多的干预不需要敲击命令,而是采用更为直观的图形操作,如在菜单单击按钮等,它还是用户接口,而且是图形用户接口(graphical user interface,GUI)。

有 GUI 之后,因为用户的加入,何时采用什么操作是不确定的。为解决这个问题,最直观的解决方法是在程序中写个死循环,循环所有动作模式,用户选哪个就执行哪个。

这种循环对于每个带 GUI 的程序都是类似的,因此 MATLAB 乃至操作系统内部就有通用的接口。这就是"7　面向对象编程"一章中介绍的"事件"或"消息"机制。这种模式称为"事件驱动"或"消息驱动"。

为了实现控件操作的通用化,"事件驱动"实现的过程是:控件通知了操作系统,操作系统通知并调用了对应函数。即操作系统中间转了一手,这个对应函数又被称为"回调函数"。操作系统在确定调用哪个回调函数的同时,还将一些信息放到了函数的参数中,如被调用的控件句柄、被调用的参数等。

12.2　示例:计数器

问题:实现一个计数器,单击 Start 开始计数、Pause 暂停、Stop 回到 0 重新开始。

12.2.1　通用控件

Start、Pause、Stop 为按钮,而显示的数值本身为文本。在 GUI 中,它们统称为控件(control),编写一个定制的控件不简单,但使用一个现有控件非常容易。

在 MATLAB 主菜单中选择 File/New/GUI,或者在命令窗口中输入 guide,并弹出的对话框中选择 Create New GUI/Blank GUI(Default),可打开一个空白的图形用户接口开发环境(graphical user interface development environment,GUIDE),其左侧边栏包括了一些常用的控件类型,可以单击或拖动这些控件。比如按钮和文本分别对应图 12-1 中第 2 行第 1 列,以及第 4 行第 2 列。

生成的控件可以通过 GUIDE 的 Tools 菜单进行简单的排列、对齐,设置 Tab 按键顺序等。在控件上双击,可在弹出对话框上修改控件属性。如此处将文本控件字体设为 20,颜色设为蓝色(图 12-1)。

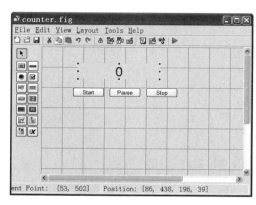

图 12-1　GUIDE 界面

12.2.2　回调函数

在 Start 按钮上右击后,弹出菜单中选择 View Callbacks/Callback,它表示鼠标单击的操作。之后弹出的编辑器会将程序定位到 pushbutton1_Callback 即 pushbutton1 上单击的回调函数。这里,pushbutton1 为控件的名称,即此控件的 Tag。此处采用了默认值,当然可将其改为"startbutton"等 Tag 名称。

GUIDE 生成的 GUI 的回调函数包含 3 个参数,除了回调函数中必备的控件句柄 hObject 和事件参数 eventdata 外,增加了第三个参数——结构体 handles。

```
                              counter.m
    .....
01  %  --- Executes on button press in pushbutton1.
02  function pushbutton1_Callback(hObject,eventdata,handles)
03  % hObject      handle to pushbutton1 (see GCBO)
04  % eventdata    reserved - to be defined in a future version of MATLAB
05  % handles      structure with handles and user data (see GUIDATA)
    .....
```

handles 是一个结构体,其中的元素为界面的图形句柄(图 12-2)。在 GUIDE 中,所有控件甚至图形界面本身(本例中为 figure1)的句柄都被纳入 handles 中,从而可通过这些句柄访问所有控件,实现控件间交互。

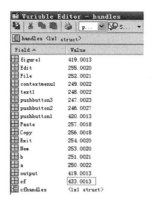

图 12-2　handles 结构体

直接在 pushbutton1_Callback 函数后增加循环:

```
                        counter.m
·····
   function pushbutton1_Callback(hObject,eventdata,handles)
·····
01   i = get(handles.text1,'value'); %  得到当前文本值
02   while(1)
03     i = i + 1; %  计数增加
04     set(handles.text1,'value',i,'string',int2str(i)); %  设置增加后文本值
05     pause(0.1); %  时间间隔
06   end
·····
```

现在单击 Start 后计数器值增加了。

12.2.3　数据交换

为了实现单击 pause 计数器暂停,就需要跳出 while 死循环。

问题是,start 和 pause 是两种不同的控件,如何在其间传递数据? 有如下方法。

12.2.3.1　嵌套函数

嵌套函数是一种办法,不再详细介绍。

12.2.3.2　闭包

闭包也是一种简易的方法,但由于作用域问题,闭包很难用于子函数中。

12.2.3.3　全局变量

全局变量是一种办法。比如在上面 4 行程序改为:

```
                              counter.m
      .....
      function pushbutton1_Callback(hObject,eventdata,handles)
      .....
01    global brun; brun = true;
02    i = get(handles.text1,'value');                            % 得到当前文本值
03    while(1)
04        i = i + 1;                                             % 计数增加
05        set(handles.text1,'value',i,'string',int2str(i));     % 设置增加后文本值
06        pause(0.1);                                            % 时间间隔
07        if(～brun) break;end
08    end
      .....
```

将 Pause 和 Stop 的回调函数写为：

```
                              counter.m
      .....
01    function pushbutton2_Callback(hObject,eventdata,handles)
02    global brun; brun = false;
03
04    function pushbutton3_Callback(hObject,eventdata,handles)
05    set(handles.text1,'value',0,'string',0);    % 重置文本值
06    global brun; brun = false;
      .....
```

12.2.3.4 USERDATA

程序设计中应当尽量避免全局变量,因为不受限制的作用域,可能和其他程序冲突。跨越控件的数据交换又是 GUI 使用的典型需求,MATLAB 提供了更多的机制。

MATLAB 在每个图形对象都有一个 UserData 属性可以存储信息。因此可将程序中 brun 相关的信息存储到任何图形对象甚至图形本身的 UserData 中,改为：

```
                              counter.m
      .....
01    function pushbutton1_Callback(hObject,eventdata,handles)
02    set(handles.figure1,'UserData',true);                         % 保存按钮状态
03    i = get(handles.text1,'value');                               % 得到当前文本值
04    while(1)
05        i = i + 1;                                                % 计数增加
06        set(handles.text1,'value',i,'string',int2str(i));        % 设置增加后文本值
07        pause(0.1);                                               % 时间间隔
08        if(～get(handles.figure1,'UserData')) break;end           % 如果状态不是启动,则退出
09    end
10
11    function pushbutton2_Callback(hObject,eventdata,handles)
12    set(handles.figure1,'UserData',false);                        % 设置按钮状态
13
```

```
14  function pushbutton3_Callback(hObject,eventdata,handles)
15  set(handles.text1,'value',0,'string',0);        % 重置文本值
16  set(handles.figure1,'UserData',false);           % 设置按钮状态
……
```

12.2.3.5　appdata

UserData 只有一个且名称固定,有种简单的包装称为 appdata(application-defined data)可以增加更多的变量。

appdata 由 4 个函数组成:

(1) setappdata 将变量依附到某个图形对象。

(2) getappdata 获得依附某个图形对象的变量。

(3) isappdata 判断图形对象是否依附了变量。

(4) rmappdata 删除图形对象依附的变量。

实际上 appdata 和 set、get 用法非常接近,如下面将 brun 放到了 appdata 中。

counter.m

```
……
01  function pushbutton1_Callback(hObject,eventdata,handles)
02  setappdata(handles.figure1,'brun',true);         % 设置状态
03  i = get(handles.text1,'value');                   % 得到当前文本值
04  while(1)
05    i = i + 1; set(handles.text1,'value',i,'string',int2str(i)); pause(0.1);
06    if(~getappdata(handles.figure1,'brun')) break;end
07  end
08
09  function pushbutton2_Callback(hObject,eventdata,handles)
10  setappdata(handles.figure1,'brun',false);
11
12  function pushbutton3_Callback(hObject,eventdata,handles)
13  set(handles.text1,'value',0,'string',0);          % 重置文本值
14  setappdata(handles.figure1,'brun',false);
……
```

12.2.3.6　guidata

appdata 很实用,但它要将数据依附到 handles 结构体中任何一个图形对象。如果能一贯到底,直接把它依附到 handles 结构体本身就好了。但是,在上述程序中,将相关处改为 handles.brun=true,并没有作用。这是因为 handles 只是结构体,而不是句柄,结构体为传值模式,因此在函数内部修改结构体不起作用。guidata 函数则可突破这个限制,只需要用 guidata 存和读取 handles 即可。程序如下:

counter.m

```
……
01  function pushbutton1_Callback(hObject,eventdata,handles)
```

```
02  handles.brun = true; guidata(hObject,handles);
03  i = get(handles.text1,'value'); %  得到当前文本值
04  while(1)
05    i = i + 1; set(handles.text1,'value',i,'string',int2str(i)); pause(0.1);
06    handles = guidata(hObject); if(~handles.brun) break; end
07  end
08
09  function pushbutton2_Callback(hObject,eventdata,handles)
10  handles.brun = false; guidata(hObject,handles);
11
12  function pushbutton3_Callback(hObject,eventdata,handles)
13  set(handles.text1,'value',0,'string',0); %  重置文本值
14  handles.brun = false; guidata(hObject,handles);
......
```

12.2.4　定时器

实际上，计数器这种定时发生的动作，一般不需要使用死循环，而是使用定时器。为了实现计数，可想到如表 12-1 所示的方法。

表 12-1　定时器使用的两种方法

方法 1	方法 2
	在图形窗口打开时建立定时器
按下 Start 建立定时器并启动	启动定时器
按下 Pause 停止定时器	停止定时器
按下 Stop 删除定时器并将文本置零	停止定时器并将文本置零
	图形窗口销毁时删除定时器

采用方法 1，按两次 Start 则重复建立定时器；直接按 Pause 或 Stop，由于定时器尚未建立，需要增加判断定时器是否存在的操作。

采用方法 2，定时器随图形窗口打开和关闭，避免了其重复建立和删除的问题。可在 GUIDE 界面中，在图形窗口任意空白处单击右键，选择 CloseRequestFcn，编辑关闭图形的回调函数。

另外，定时器不是 GUI 元素，它的回调函数只默含 hObject 和 event 两个变量，不含 handles 句柄。也就是默认操作下，回调函数无法找到需要修改的文本。当然，可在匿名函数将 handles 环境加到回调函数中（需在打开图形而不是建立图形时建立定时器，因为建立时，handles 还什么都不是）。由此实现的程序如下：

```
01  function counter_OpeningFcn(hObject,eventdata,handles,varargin)
02  handles.output = hObject;
03  handles.t = timer('period',0.1,'ExecutionMode','fixedRate','TimerFcn',@(x,y) updatetext_
    Callback(x,y,handles)); %  建立定时器,并在之后实现回调函数
04  guidata(hObject,handles);
05
```

```
06  function pushbutton1_Callback(hObject,eventdata,handles)
07  start(handles.t); % 启动定时器
08
09  function pushbutton2_Callback(hObject,eventdata,handles)
10  stop(handles.t); % 停止定时器
11
12  function pushbutton3_Callback(hObject,eventdata,handles)
13  set(handles.text1,'value',0,'string',0);
14  stop(handles.t); % 停止定时器
15
16  function figure1_CloseRequestFcn(hObject,eventdata,handles)
17  delete(handles.t); %  删除定时器
18  delete(hObject);
19
20  function updatetext_Callback(hObject,eventdata,handles)
21  v = get(handles.text1,'value'); v = v + 1;
22  set(handles.text1,'value',v,'string',int2str(v));
```

12.2.5 跨窗口显示

假设有种特殊需要,按钮和文本放在两个图形窗口内,然后通过一个窗口的按钮,控制另一个窗口的文本计数。了解 GUI 的数据交换方法后,这并不是一件难事,实现思路为:通过 GUIDE 再建立一个窗口 counter_display.fig,同时在 counter.fig 中打开 counter_display,并将其窗口句柄保存到 counter 内。可以通过这个句柄操作和控制 counter_display。counter.m 实现如下:

```
01  function counter_OpeningFcn(hObject,eventdata,handles,varargin)
02  handles.output = hObject;
03  cf = counter_display(); handles.cfhandles = guidata(cf); % 获取另一个窗口的所有句柄
04  handles.t = timer('period',0.1,'ExecutionMode','fixedRate','TimerFcn',@(x,y) updatetext_
    Callback(x,y,handles)); % 建立定时器.并在之后实现回调函数
05  guidata(hObject,handles);
06
07  function pushbutton1_Callback(hObject,eventdata,handles)
08  start(handles.t); % 启动定时器
09
10  function pushbutton2_Callback(hObject,eventdata,handles)
11  stop(handles.t); % 停止定时器
12
13  function pushbutton3_Callback(hObject,eventdata,handles)
14  set(handles.cfhandles.text1,'value',0,'string',0);
15  stop(handles.t); % 停止定时器
16
17  function figure1_CloseRequestFcn(hObject,eventdata,handles)
18  delete(handles.t); % 删除定时器
19  delete(hObject);
20
```

```
21  function updatetext_Callback(hObject,eventdata,handles)
22  v = get(handles.cfhandles.text1,'value'); v = v + 1;
23  set(handles.cfhandles.text1,'value',v,'string',int2str(v));
```

与 12.2.4 节程序相比,它仅仅在 counter_OpeningFcn 函数中增加了打开窗口和获取窗口所有 GUI 子元素的命令,并在其他函数中修改了控件的指向。

值得注意的是,在这里,handles.cfhandles 的赋值必须在 timer 中的匿名函数之前,此时 upatetext_Callback 所带的 handles 中才能包含 cfhandles。其根本原因还是因为 handles 仅为结构体,而不是句柄。

尽管实现了此功能,但上述实现方法并不符合软件工程化思想,因为 counter 直接控制了 counter_display。试想一下,如果 counter 可以调出很多窗口,而且有些窗口的绘制极为困难,我们肯定不想将所有实现都写到 counter.m 中,而是写到每一个子窗口中,父窗口只要将操作状态通知到子窗口就行了,正如"7 面向对象编程"一章中所说的银行短信通知余额一样。实现思路如下:counter 中仅打开子窗口,在单击按键时仅改变状态字,并调用子窗口的函数;将定时器和绘制函数放到 counter_display 中,并采用一个函数管理父窗口状态。程序如下:

counter_display.m

```
01  % --- Executes just before counter_display is made visible.
02  function counter_display_OpeningFcn(hObject,eventdata,handles,varargin)
03  handles.output = hObject;
04  handles.father = varargin{2};
05  handles.t = timer('period',0.1,'ExecutionMode','fixedRate','TimerFcn',@(x,y) updatetext_
    Callback(x,y,handles)); % 建立定时器
06  guidata(hObject,handles);
07  % --- Outputs from this function are returned to the command line.
08  function varargout = counter_display_OutputFcn(hObject,eventdata,handles)
09  runstatus = getappdata(handles.father,'runstatus'); % 运行状态
10  if( strcmp(runstatus,'start') )
11     start(handles.t);
12  elseif( strcmp(runstatus,'pause') )
13     stop(handles.t);
14  elseif( strcmp(runstatus,'stop') )
15     stop(handles.t);
16     set(handles.text1,'value',0,'string','0');
17  end
18  varargout{1} = handles.output;
19  function figure1_CloseRequestFcn(hObject,eventdata,handles)
20  delete(handles.t); % 删除定时器
21  delete(hObject);
22  % --- 更新文本
23  function updatetext_Callback(hObject,eventdata,handles)
24  v = get(handles.text1,'value'); v = v + 1;
25  set(handles.text1,'value',v,'string',int2str(v));
```

counter.m

```
01  % --- Executes just before counter is made visible.
02  function counter_OpeningFcn(hObject,eventdata,handles,varargin)
```

```
03    handles.output = hObject;
04    setappdata(handles.figure1,'runstatus','');
05    handles.cf = counter_display('counter',handles.figure1); handles.cfhandles = guidata
      (handles.cf);
06    guidata(hObject,handles);
07    %  --- Executes on button press in pushbutton1.
08    function pushbutton1_Callback(hObject,eventdata,handles)
09    setappdata(handles.figure1,'runstatus','start');
10    counter_display('counter_display_OutputFcn',handles.cfhandles.figure1,eventdata,
      handles.cfhandles);
11    %  --- Executes on button press in pushbutton2.
12    function pushbutton2_Callback(hObject,eventdata,handles)
13    setappdata(handles.figure1,'runstatus','pause');
14    counter_display('counter_display_OutputFcn',handles.cfhandles.figure1,eventdata,
      handles.cfhandles);
15    %  --- Executes on button press in pushbutton3.
16    function pushbutton3_Callback(hObject,eventdata,handles)
17    setappdata(handles.figure1,'runstatus','stop');
18    counter_display('counter_display_OutputFcn',handles.cfhandles.figure1,eventdata,
      handles.cfhandles);
```

在这里,counter.m 设置状态后,为通知子程序状态更新了,此处采用了显式调用 counter_display 中的方法,由于调用时,hObject、eventdata、handles 等参数都是外部传递进去的,所以采用了上述程序中的语法。但这种语法形式非常不自然,MATLAB 肯定带了更为自然的实现方式,能直接通知 counter_display 运行某段子程序,但作者尚没有研究明白怎么用。

12.3 更多的控件

MATLAB 帮助中带的 controlsuite,含有更多的控件的使用方法,如图 12-3 所示。

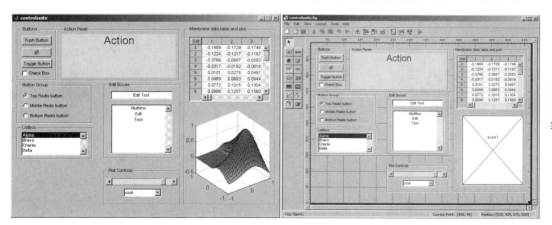

彩图 12-3

图 12-3   controlsuite 的运行窗口和开发窗口

在命令窗口中输入 cd(fullfile(docroot,'techdoc','creating_guis','examples'))进入帮助目录,然后

```
edit controlsuite 或 open controlsuite,可查看控件的回调函数
openfig controlsuite 或 open controlsuite.fig,可打开控件图形窗口
guide controlsuite,可打开控件的开发窗口
```

12.4　菜单和工具栏

GUIDE 生成菜单和工具栏极为容易。在 GUIDE 界面的菜单中选择 Tools/Menu Editor 或 Tools/Toolbar Editor,在弹出的编辑器中添加项即可。

如菜单的名称对应 Label,标识为 Tag,它也是回调函数的名称,即菜单的回调函数用法和按钮一模一样。比如 Exit 菜单,在 Callback 后面点 View,即可定位到回调函数 Exit_Callback(hObject,eventdata,handles)中,在其中增加函数 delete(handles.figure1)即可实现图形的关闭。

菜单有两种,即主菜单和右键菜单,分别在 Menu Bar 和 Context Menus 中设置(图 12-4)。其中 Menu Bar 设置后可以直接使用,而 Context Menus 的使用是在对应图形对象的 UIContextMenu 属性(在 GUIDE 中双击图形对象打开)中选择对应的菜单项。

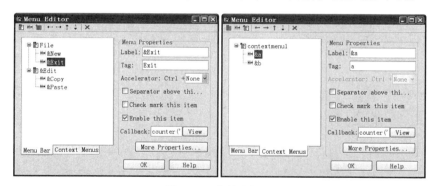

图 12-4　菜单编辑器

12.5　使用键盘和鼠标

键盘按键对应的回调函数有 KeyPressFcn(可作用于图形窗口和子控件上)/WindowKeyPressFcn 和 KeyReleaseFcn/WindowKeyReleaseFcn,分别表示按下或抬起按键。

```
01    % --- Executes on key press with focus on figure1 and none of its controls.
02    function figure1_KeyPressFcn(hObject,eventdata,handles)
03    % hObject      handle to figure1 (see GCBO)
```

```
04  % eventdata   structure with the following fields (see FIGURE)
05  %    Key: name of the key that was pressed, in lower case
06  %    Character: character interpretation of the key(s) that was pressed
07  %    Modifier: name(s) of the modifier key(s) (i.e.,control,shift) pressed
08  % handles    structure with handles and user data (see GUIDATA)
09  set(handles.text1,'string',[eventdata.Modifier eventdata.Key 'Pressed']);
```

其中 eventdata 数据结构中包含了按键的信息，如 Key 为按键名称、Modifier 为修饰键、Control、Shift 等。如果两者都按下，则其为 2×1 的元胞数组，Character 为按下的字母，当按键为 0～9，a～z，且没有按下修饰键时，Key 和 Character 是一致的。

当连续按下多个按键时，如先连续按 a，再连续按 b，然后抬起 b，再抬起 a。则会产生多个 a 的 KeyPress 信息，当 b 按下时，产生多个 b 的 KeyPress 信息，而再无 a 的 KeyPress 信息，当松开 b 时，产生 b 的 KeyRelease 信息，还是无 a 的 KeyPress 信息，最后松开 a 时，产生 a 的 KeyRelease 信息。

鼠标的用法比键盘要复杂，理想中 MATLAB 鼠标事件的 eventdata 可能包含鼠标左/中/右/单击/双击、鼠标位置信息，但不幸的是，没有。

鼠标单击或弹起的回调函数为 WindowButtonUpFcn 和 WindowButtonDownFcn，而移动的回调函数为 WindowButtonMotionFcn，滚轮的回调函数为 WindowScrollWheelFcn。

鼠标的按键类型在 Figure 对象的 SelectionType 属性（表 12-2）内，而按键位置在其 CurrentPoint 属性中。

表 12-2 鼠标单击和 SelectionType 属性

Enable 属性	鼠标按键	键盘修饰键	单击效果	双击效果
on	左键	—	normal	normal
on	右键	—	alt	open
on	左键	Ctrl	normal	normal
on	右键	Ctrl	alt	open
on	左键	Shift	normal	normal
on	右键	Shift	extend	open
off	左键	—	normal	open
off	右键	—	alt	open
off	左键	Ctrl	alt	open
off	右键	Ctrl	alt	open
off	左键	Shift	extend	open
off	右键	Shift	extend	open

13

程序动态生成GUI

13.1 控件种类

MATLAB能用程序生成的控件大多以 ui 字母开头,在命令行窗口中输入 ui,然后按 Tab 键,可发现使用程序可生成比 GUIDE 更多的控件(表 13-1)。

表 13-1 GUIDE 内含空间与程序生成的控件

控件	函 数	GUIDE 使用	描 述
ActiveX	actxcontrol	√	ActiveX 控件,仅用于 Windows 操作系统
坐标轴	axes	√	显示图形、图像等
按钮集合	uibuttongroup	√	比较像面板控件,但用于管理排他的选择,如单选框或开关按钮等
复选框	uicontrol	√	当选择时产生动作,并标明此时是否选中,适用于提供一系列独立的选项
文本框	uicontrol	√	允许输入或修改文本,当需要输入文本时使用。可以输入数字,但只能在程序将文本转化为数值
列表框	uicontrol	√	显示一系列项目,可选中其中的一条或数条
面板	uipanel	√	聚集 GUI 组件,在视觉上更好理解,面板可以有标题和各种边。面板的子对象可包括控件、坐标系,按钮集合和其他面板。面板内的组件的位置是相对于面板的,如果移动面板,则子对象在其内移动,并保存其在面板上的相对位置
下拉列表	uicontrol	√	单击箭头时显示一系列选项
按钮	uicontrol	√	单击时产生动作,单击时看起来被点下去了,松开鼠标时按钮弹起
单选框	uicontrol	√	与复选框类似,但位于群组内的单选框时是相互排斥的,所以需要将它们放到按钮群组中

续表

控件	函　　数	GUIDE 使用	描　　述
滑块	uicontrol	√	接受给定范围的数值来移动滑块，可单击滑块或拖动滑块
静态文本	uicontrol	√	显示文本，主要用于作为其他控件标签，无法在界面上直接更改静态文本
表格	uitable	√	显示包含数值、文本、选项的表格
开关按钮	uicontrol	√	当单击时看起来按钮被点下，但弹起菜单时按钮不随着弹起，除非下次再单击一遍。它的单击状态可从界面上直观显示
工具栏按钮	uitoolbar，uitoggletool，uipushtool	工具栏编辑器	非模态对话框可显示工具栏，其内可包含按钮、开关按钮
按钮集合	uiarray	×	一次性创建 $m \times n$ 个矩阵
日历控件	uicalendar	×	设置并返回日期
属性页控件	uitabgroup/uitab	×	设置属性页
布局	uiflowcontainer/uicontainer/uigridcontainer	×	布局
树形控件	uitree/uitreenode	×	显示树

对于 GUIDE 不含的控件，一般从帮助里查不到，甚至使用命令行都查不到，此时直接输入 edit+命令名弹出源码，源码内包含了帮助信息。可将帮助信息中的空行删除或注释掉，此时就能直接 help 显示其帮助了。

13.2　示例：helloworld

```
helloword.m
01  function varargout = helloword(varargin)
02  uicontrol('Style','pushbutton','Position',[100 100 100 30],'String','hello world!',
    'Callback','close(gcf)');
```

uicontrol 用于生成 UI 对象，它通过 Style 属性，可设置为：
checkbox/edit/frame/listbox/popupmenu/pushbutton/radiobutton/slider/text/
togglebutton 等属性。

13.3　示例：标准对话框

可用下述函数生成图 13-1 的标准对话框。

```
                            standdialog.m
01  function varargout = standdialog(varargin)
02  h_file = uicontrol('Style','pushbutton','Position',[100 110 100 30],'string','文件选择框',
    'Callback',@filedialog_Callback);
03  h_editfile = uicontrol('Style','edit','Position',[250 110 400 30]);
04  h_color = uicontrol('Style','pushbutton','Position',[100 60 100 30],'string','颜色选择框',
    'Callback',@colordialog_Callback);
05  h_editcolor = uicontrol('Style','edit','Position',[250 60 400 30]);
06  h_font = uicontrol('Style','pushbutton','Position',[100 10 100 30],'string','字体选择框',
    'Callback',@fontdialog_Callback);
07  h_editfont = uicontrol('Style','edit','Position',[250 10 400 30],'String','Hello World! ');
08  % 文件对话框回调函数
09      function filedialog_Callback(hObject,eventdata)
10          [filename pathname filterindex] = uigetfile;
11          set(h_editfile,'string',[pathname filename]);
12      end
13  % 颜色选择框回调函数
14      function colordialog_Callback(hObject,eventdata)
15          c = uisetcolor;
16          set(h_editcolor,'BackgroundColor',c);
17      end
18  % 字体选择框回调函数
19    function fontdialog_Callback(hObject,eventdata)
20        s = uisetfont;
21        set(h_editfont,s); % 小技巧,可以直接用结构体设置多条属性
22    end
23  end
```

图 13-1　标准对话框的使用

由于回调函数默认只有两个参数,上述程序使用嵌套函数进行数据交换。

可以模仿 GUIDE 的机制,采用 3 个参数访问回调函数,这时需要使用 guihandles 来形成第三个参数 handles,用 guidata 进行 handles 交换。

```
                            standdialog2.m
01  function varargout = standdialog2(varargin)
02  cf = figure('menubar','none'); % 生成一个没有菜单的图形
03  uicontrol('Style','pushbutton','Position',[100 110 100 30],'string','文件选择框','Tag',
    'h_file');
04  uicontrol('Style','edit','Position',[250 110 400 30],'Tag','h_editfile');
05  uicontrol('Style','pushbutton','Position',[100 60 100 30],'string','颜色选择框','Tag',
    'h_color');
06  uicontrol('Style','edit','Position',[250 60 400 30],'Tag','h_editcolor');
07  uicontrol('Style','pushbutton','Position',[100 10 100 30],'string','字体选择框','Tag',
    'h_font');
```

```
08  uicontrol('Style','edit','Position',[250 10 400 30],'String','Hello World!','Tag',
    'h_editfont');
09  handles = guihandles(cf);      % 获取此图形下所有的 Tag 不为空的子控件
10  guidata(cf,handles);           % 将 handles 挂载到整个图形
11  set(h_file, 'Callback',@(hObject, eventdata) filedialog_Callback(hObject, eventdata,
    handles)); % 回调函数,必须在 handles 生成后绑定
12  set(h_color,'Callback',@(hObject, eventdata) colordialog_Callback(hObject, eventdata,
    handles));
13  set(h_font, 'Callback',@(hObject, eventdata) fontdialog_Callback(hObject, eventdata,
    handles));
14  %  文件对话框回调函数
15  function filedialog_Callback(hObject,eventdata,handles)
16  [filename pathname filterindex] = uigetfile;
17  set(handles.h_editfile,'string',[pathname filename]);
18  %  颜色选择框回调函数
19  function colordialog_Callback(hObject,eventdata,handles)
20  c = uisetcolor;
21  set(handles.h_editcolor,'BackgroundColor',c);
22  %  字体选择框回调函数
23  function fontdialog_Callback(hObject,eventdata,handles)
24  s = uisetfont;
25  set(handles.h_editfont,s);
```

还有一些带 uiset 或 uiget 前缀的命令能完成标准对话框操作。另外 errordlg/helpdlg/listdlg/msgbox/questdlg/warndlg 等带 dlg 后缀的命令可生成更为简单的标准的错误、警告等窗口。

13.4　示例：使用表格

MATLAB 的表格控件直接和矩阵或元胞数组关联,可以包含数值、单选框、下拉列表等信息。可用如下函数生成图 13-2 所示表格。

```
                              usetable.m
01  function varargout = usetable(varargin)
02  if(nargin == 1) f = varargin{1}; else
03  f = figure('Position',[100 100 400 150]);end % 判断入口参数,以供后续访问
04  dat = {6.125,456.3457,true,  'Fixed';...
05         6.75,   510.2342,false,'Adjustable';...
06         7,       658.2,     false,'Fixed';};
07  columnname   = {'Rate','Amount','Available','Fixed/Adj'};         % 表头
08  columnformat = {'numeric','bank','logical',{'Fixed' 'Adjustable'}}; % 表格格式,包含
    'numeric','char','logical'(单选框),1×n 的字符串元胞数组(弹出菜单),以及 format 函数
    接受的格式
09  columneditable =  [false false true true];                        % 是否可编辑
10  t = uitable('Parent',f,'Units','normalized','Position',...
11              [0.1 0.1 0.9 0.9],'Data',dat,...
```

```
12              'ColumnName',columnname,...
13              'ColumnFormat',columnformat,...
14              'ColumnEditable',columneditable,...
15              'RowName',[],...
16              'CellEditCallback',@CellEdit_Callback);
17  varargout = {f};
18  function CellEdit_Callback(hObject,eventdata)
19  eventdata.Indices
20  eventdata.PreviousData
21  eventdata.EditData
22  eventdata.NewData
```

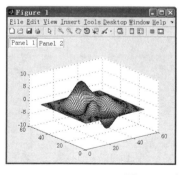

图 13-2　表格的使用

对于表格,选中的回调函数属性为 CellSelectionCallback,其 eventdata 包含了 Indices、PreviousData、EditData、NewData 等属性,用来获知被更改前后的值,从而可以实现所需的功能。

13.5　示例：标签页窗口

可用如下函数生成图 13-3 所示标签页。

彩图 13-3

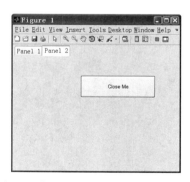

图 13-3　标签页的使用

```
                        tabgroup.m
01  function varargout = tabgroup(varargin)
02  if(nargin == 1) f = varargin{1}; else f = figure;end
03  h = uitabgroup('parent',f); drawnow;
04  t1 = uitab(h,'title','Panel 1');
```

```
05  a = axes('parent',t1); surf(peaks);
06  t2 = uitab(h,'title','Panel 2');
07  closeb = uicontrol(t2,'String','Close Me','Position',[180 200 200 60],'Call','close(gcbf)');
08  varargout = {f};
```

13.6　示例：动态控件

可用如下函数生成图 13-4 所示可扩展对话框。

extensibledlg.m
```
01  function varargout = extensibledlg(varargin)
02  cf = figure('menubar','none','position',[400 400 400 90]);
03  bdetail = false;
04  h_textname = uicontrol('Style','text','Position',[10 50 50 30],'String','姓名：','Tag',
    'h_textname');
05  h_editname = uicontrol('Style','edit','Position',[70 50 200 30],'Tag','h_editname');
06  h_ok = uicontrol('Style','pushbutton','Position',[280 50 100 30],'String','确定','Tag',
    'h_ok');
07  h_textsex = uicontrol('Style','text','Position',[10 10 50 30],'String','性别：','Tag',
    'h_textsex');
08  h_popupsex = uicontrol('Style','popup','Position',[70 10 200 30],'Tag','h_popupsex',
    'string','男|女');
09  h_detailbutton = uicontrol('Style','pushbutton','Position',[280 10 100 30],'String','详细',
    'Tag','h_detailbutton','Callback',@detailbutton_Callback);
10  h_bases = [h_textname h_editname h_ok h_textsex h_popupsex h_detailbutton];
                                            % 基础控件的集合
11  % 回调函数
12
13  h_textage = uicontrol('Style','text','Position',[10 10 50 30],'String','年龄：','Tag',
    'h_textage','visible','off');
14  h_editage = uicontrol('Style','edit','Position',[70 10 310 30],'Tag','h_editage','visible',
    'off');
15  h_details = [h_textage h_editage];              % 扩展控件的集合
16  % 回调函数
17    function detailbutton_Callback(hObject,eventdata)
18      if(strcmp(get(h_textage,'visible'),'off'))
19          set(h_details,'visible','on');            % 显示控件
20          set(h_detailbutton,'String','简略');       % 更改按钮显示
21          set(cf,'position',get(cf,'position') + [0 - 40 0 40]);
22                                                    % 窗口大小适应性更改
23          pos = get(h_bases,'position');            % 得到原有控件位置
24          cellfun(@(h,p) set(h,'position',p + [0 40 0 0]),num2cell(h_bases),pos);
                                                      % 控件位置上移
25      elseif(strcmp(get(h_textage,'visible'),'on'))
26          set(h_details,'visible','off');           % 隐藏控件
27          set(h_detailbutton,'String','详细');       % 更改按钮显示
28          set(cf,'position',get(cf,'position') + [0 40 0 - 40])
29  ; % 窗口大小适应性更老
30          pos = get(h_bases,'position');            % 得到原有控件位置
```

```
31          cellfun(@(h,p) set(h,'position',p-[0 40 0 0]),num2cell(h_bases'),pos);
                                                     % 控件位置下移
32      end
33   end
34 end
```

图 13-4   可扩展对话框的使用

13.7   示例：页面布局

上例中，使用了很多坐标定位，也可以利用布局完成此功能。

```
                              usercontainer.m
01   function varargout = usercontainer(varargin)
02   if(nargin == 1) f = varargin{1}; else
03   f = figure('Position',[400 400 300 100],'menubar','none','toolbar','none'); end
04   h = uiflowcontainer('v0','parent',f,'FlowDirection','topdown'); % 垂直布局
05   h1 = uiflowcontainer('v0','parent',h);     % 水平布局
06   h2 = uiflowcontainer('v0','parent',h);     % 水平布局
07   h3 = uiflowcontainer('v0','parent',h);     % 水平布局
08
09   c1 = uicontrol('parent',h1,'style','text','string','姓名:');
10   c2 = uicontrol('parent',h1,'style','edit','string','');
11   c3 = uicontrol('parent',h1,'string','确定');
12
13   c4 = uicontrol('parent',h2,'style','text','string','性别:');
14   c5 = uicontrol('parent',h2,'style','popup','string',{'男','女'});
15   c6 = uicontrol('parent',h2,'string','详细');
16
17   c7 = uicontrol('parent',h3,'style','text','string','年龄:');
18   c8 = uicontrol('parent',h3,'style','edit','string','');
19
20   set([c1,c4,c7,c3,c6],'HeightLimits',[30 30],'WidthLimits',[40 40]) % 当父对象为
     % flowcontainer 时,可使用 HeightLimits 和 widthlimits 属性,其值代表高或宽的范围
21   set([c2,c5],'HeightLimits',[30 30],'WidthLimits',[200 200])
22   set([c8],'HeightLimits',[30 30],'WidthLimits',[240 240]) % 可惜图形窗口对象不能随控件
     % 大小而自动变化
23   drawnow; % 立刻刷新图形
24   varargout = {f};
```

MATLAB 带有的，但未正式公布的布局包括 uicontainer、uiflowcontainer、uigridcontainer 等，后两者可从左上向右下布局。可以通过 edit 从源码查看其属性，或者先

生成此对象，然后 inspect 查看属性及属性的可选值。

13.8　示例：综合布局

可用如下函数生成图 13-5 的综合布局示例。

```
                                    usetree.m
01  function varargout = usetree(varargin)
02  if(nargin == 1) f = varargin{1}; else f = figure;end
03  root = uitreenode('v0','root','root',[],false); % UITREENODE('v0',Value,Description,
    Icon,Leaf)
04  t = uitree('v0',f,'Root',root,'ExpandFcn',@myExpfcn,'SelectionChangeFcn',@myselFcn);
    % UITREE('v0',figurehandle,'PropertyName1','Value1','PropertyName2','Value2',...)
05  drawnow;
06  pos_gcf = get(gcf,'pos'); pos_t = get(t,'pos'); s = pos_t(3)./pos_gcf(3);
07  hp(1) = uiflowcontainer('Position',[s 0 1 - s 1],'FlowDirection','lefttoright');
    % flowcontainer 坐标从左上开始
08  hp(2:3) = copyobj(hp([1 1]),gcf); % 复制另外两个界面,作为切换列表的容器,也许
                                       % MATLAB 内部有更好用的容器
09  % 其他文件中手动生成的界面放入容器1
10  usetabgroup(hp(1));               % 其他文件中手动生成的界面放入容器1
11  usecontainer(hp(2));              % 其他文件中手动生成的界面放入容器2
12  uicontrol('parent',hp(3),'style','text','string','国家/地区'); % 此处手动生成的界面放入
                                                                 % 容器3
13  setsel(hp,0);                     % 切换容器显示页,也许有更好的办法
14  varargout = {f};
15  % 切换显示页函数
16  function setsel(hObject,n)
17          set(hObject,'visible','off'); % 全部关闭显示
18      if(n~ = 0) set(hObject(n),'visible','on');end % 显示需要的
19  end
20  % 将节点与显示页关联
21  function myselFcn(tree,node)
22      currentnode = get(node,'currentnode');         % 得到当前被选中的节点
23      s = get(currentnode,'value');        % 得到节点的值
24      if(s~ = 'root') setsel(hp,str2num(s));end
25  end
26  % 展开根节点,也许可以不使用这个函数,但作者未找到
27  function nodes = myExpfcn(tree,value)
28      if(strcmp(value,'root'))
29          nodes(1) = uitreenode('1','个人基本资料',[],true);
30          nodes(2) = uitreenode('2','联系方式',[],true);
31          nodes(3) = uitreenode('3','详细信息',[],true);
32      end
33    end
34  end
```

这里,综合使用了树形控件、布局、从其他文件导入布局等。

彩图 13-5

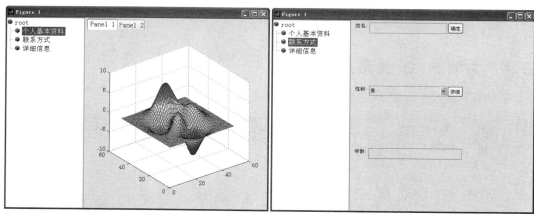

图 13-5 综合布局示例

第 03～04 行为树形控件,涉及的函数为 uitreenode 和 uitree。help uitree 发现其帮助只有一条:This function is undocumented and will change in a future release。edit uitree 则可看见更多的帮助,这个功能后续可能会改,'v0' 是为了向后兼容的目的;可选参数 figurehandle 表 示 tree 依 附 的 图 形 窗 口。 其 属 性 包 括 Root、ExpandFcn、SelectionChangeFcn、Parent、Position、DndEnabled、Visible、NodeDroppedCallback 等。

uitreenode 的接口为 uitreenode('v0',Value,Description,Icon,Leaf),其中 value 为字符串或此节点展示的句柄;description 为显示的节点名称;icon 为图标的路径,默认为[],leaf 表示此节点是否为没有任何子节点的叶子节点。

第 07～08 行为装载控件的容器,uiflowcontainer、uipanel 等都是可用的容器,但 uipanel 默认从左下角放置控件,使用起来感觉有点不方便,因此此处使用 uiflowcontainer。

第 10～12 行将需要的控件放入容器。

13.9 程序中嵌入界面

13.8 节例子展示了程序中嵌入界面的方法。第 10、11 行直接使用了之前程序创建的窗口,为了将之放入容器,需要这些程序接受父窗口的输入,并将所有控件置入父窗口。所以需要在这些程序的前后增加包装,比如函数的接口上有输入和输出,输入中有父句柄,如果没有,则生成新的图形对象。在最后将图形对象置入输出。

```
                              includegraph.m
01   varargout = includegraph(varargin)
02   if(nargin == 1) f = varargin{1}; else f = figure;end
03   …
04   varargout = {f};
```

这里是直接将程序生成的界面纳入容器。遗憾的是,没有发现将 GUIDE 生成界面放入容器的命令。GUIDE 生成界面的父对象应为图形窗口(从 guidata 推测),不能直接嵌入,但可将二进制图形格式转化为命令行参数,通过对文件格式解析有可能直接生成。

将 GUIDE 变成动态程序的解析程序需做到 3 条：

（1）获得控件所有供使用的可写属性。采用图形对象的 get 方法，获取的属性并不总是能用。如 axes 的 xlabel 属性获取的是一个文本句柄，但在命令行输入时，这个句柄还不存在。

（2）区分这个属性是否为默认属性。对于默认属性则不需要再作为参数输入，否则生成每个控件的语句都将达到上百行。

（3）各种数据类型的分类输出。图形句柄的属性值存在数值、矩阵、图形句柄、函数句柄、字符串、元胞数组等多种情况，必须针对这些情况一一处理。以上条件决定了，写一个解析程序不难，但写一个通用的非常难，需要对 MATLAB 图形引擎具有较为深入的了解。此处给出一个简单非通用版。

```
                          guide2command.m
01  function varargout = guide2command(fig)
02  % 生成 GUIDE 图形的所有控件的属性. fig: GUIDE 生成的图形对象或图形句柄
03  if(nargin == 0) h = openfig(fullfile(docroot, 'techdoc', 'creating_guis', 'examples',
    'controlsuite')); % 打开例子图形
04  elseif(isempty(fig)) return;              % 如句柄为空则返回
05  elseif(ishandle(fig)) h = fig;
06  elseif(ischar(fig)) h = openfig(fig);     % 如为字符串则打开
07  end
08  for ih = 1:length(h)                       % 循环所有控件
09      control = h(ih);                       % 获得当前空间
10      name = get(control,'tag');             % 在 GUIDE 中, tag 即为控件的变量名
11      propnames = {'String','Parent','Style','Unit','Position','Callback','Tag'};
                                                % 访问变量名称,应进行更详细的分类
12      outstr = [name ' = ' get(control,'Type') '('];           % 输出变量名,控件名称
13      for jpn = 1:length(propnames)                            % 对属性循环
14          propname = propnames{jpn};
15          try % 异常用于无用的属性、错误的处理模式等
16              prop = get(control,propname);                    % 获取属性值
17              % 对于变量的简单过滤模式,比如为空基本上就是默认值
18              if(isempty(prop)) continue;end                   % 如果为空则不显示
19              set(control,propname,prop);                      % 过滤掉 read-only 的属性
20              if(strcmpi(propname,'Parent')) if(prop == 0) s = '0';else s = get(prop,'Tag');end
    % 得到父对象名称,注意 root 父对象没有 tag 属性
21              elseif(ischar(prop)) s = ['''' prop ''''];       % 字符串用''括起来
22              elseif(isnumeric(prop)) s = mat2str(prop);       % 数值矩阵改为[]形式输入
23              elseif(iscell(prop)) s = '{';for i = 1:length(prop) s = [s '''' prop{i} ''','];end;
    s(end) = '}'; % 元胞(字符串)数组改为{}输出
24              else s = prop; % 直接使用,如函数句柄等
25              end
26              outstr = [outstr '''' propname ''',' s ','];     % 拼接输出字符
27          catch exception
28              continue;
29          end
30      end
31      outstr(end:end+1) = ');';                                % 封闭显示
```

```
32    disp(outstr);                          % 显示
33    cchild = get(control,'Children');      % 访问此控件的子控件
34    guide2command(cchild);                 % 递归访问子控件
35  end
```

上述程序读入 GUIDE 生成的界面,解析输出相应的命令行。

第 08 行对所有控件循环。

第 10 行获得控件的 tag。GUIDE 中 tag 就是控件的句柄名称。

第 11、13 行为上述 3 条中第(1)条的简化版本,循环查找本控件的属性并打印出来。这里只列出了几个属性,通用程序的处理要困难太多。

第 15 行进行异常处理,即在后面进行的过滤、分类处理中,只要出现问题,则直接抛出异常,不再生成此属性。这也可能是最简单的处理方法。

第 18、19 行为第(2)条的简化版本,进行简单的过滤,空的输入肯定是默认属性,将属性回写一次过滤掉只读属性。

第 20 行为第(3)条的简化版本,进行分类处理。因为 parent 属性对应的为控件句柄,但控件句柄获取的为句柄值。这个值只在当前可用,需要将之转化为变量名称。这里再次利用了 GUIDE 的 tag 属性。

第 21~24 行,对于字符型变量,在外侧再加入单引号;对于数值矩阵,将之变为带[]的输入形式;对于内部为字符串的元胞数组,将之变成带{}的输入形式;对于其他情形,直接输出。以上过滤并不完全,仅为简单实现版本。

第 33~34 行获取了本控件的所有子控件,然后递归调用此函数,从而输出所有生成控件的命令。

14

JAVA数据类型和可定制界面

MATLAB 所带的界面制作功能总是不够用：控件显示风格不好，看起来不够美观；控件种类太少，且无法扩展；好不容易能使用的标签页、树形控件，想增加个右键还无从下手。曾经被广泛使用的一种模式为 MFC、Windows Form 等作界面，然后调 MATLAB 内核进行计算、图形显示等。这种编程麻烦，修改更麻烦。实际上，使用 MATLAB 本身就可以制作很复杂的界面。

如果查看树形控件属性，其内含 [1x1 com. mathworks. hg. peer. utils. UIMJTree] 等，这与其他 uicontrol 的属性完全不同。这是因为 uitree 是 Java 的简单封装，它暴露了一些 Java 信息。uicontrol 控件是 Java 封装，甚至 MATLAB 的整个界面都是 Java 的封装，只是封装的更为隐蔽。使用 Java，可以大幅扩展 MATLAB 的功能。

MATLAB 中关于 Java 的书或文档很少，《MATLAB-Java 编程的秘密》(*Undocumented Secrets of MATLAB-Java Programming*)极具启发性。如果想开发真正的应用，还需要参考 JAVA Platform 的 API 规范。MATLAB 除了对 swing 的包装外，还自定义了大量的界面类，如需使用这些类，可在输入命令时按 Tab 键展开属性和方法，从中得到启示；可使用 get、methodsview 函数看到类的方法；或者从 [matlabroot '/ * .jar'] 解压缩 class 文件，通过反编译找到一些线索。

14.1　Java 及其版本

Java 是由 Sun Microsystems 公司于 1995 年 5 月推出的 Java 程序设计语言（简称 Java 语言）和 Java 平台的总称，Java 语言是最为流行的编程语言之一。

MATLAB 内自带了 Java 虚拟机(java virtual machine，JVM)，可从 MATLAB 的命令行访问 Java 的解释器。同时 MATLAB 包装了 Java 接口，可以：

（1）访问 Java 的 api 类包，如图形、IO、网络等。

（2）访问第三方 Java 类库。

（3）在 MATLAB 变量空间中构建 Java 对象。

（4）用 MATLAB 语法调用 Java 对象方法。

（5）在 MATLAB 变量和 Java 对象间传递变量。

在命令行中输入 version -java 可获得当前使用的 Java 版本。

14.2 创建和访问 Java 对象

14.2.1 Java 对象

Java 语言的基础是类，但它仍保留了很像 C 语言的 int、double 等数据类型，同时也提供了类封装的 Integer、Double 等数据类型。在 MATLAB 中无法生成 Java 基础数据类型，但提供了对 Java 类库的封装。

从 Java 平台标准（Java platform standarad）可以查到 Java 平台类库信息。如 java.lang 软件包提供了利用 Java 编程语言进行程序设计的基础类，其中类的摘要如表 14-1 所示。

表 14-1 java.lang 类摘要

类　　名	功　　能
Boolean	Boolean 类将基本类型为 boolean 的值包装在一个对象中
Byte	Byte 类将基本类型 byte 的值包装在一个对象中
Character	Character 类在对象中包装一个基本类型 char 的值
Double	Double 类在对象中包装一个基本类型 double 的值
Float	Float 类在对象中包装一个基本类型 float 的值
Integer	Integer 类在对象中包装了一个基本类型 int 的值
Long	Long 类在对象中包装了基本类型 long 的值
Math	Math 类包含用于执行基本数学运算的方法，如初等指数、对数、平方根和三角函数
Short	Short 类在对象中包装基本类型 short 的值
StrictMath	StrictMath 类包含用于执行基本数学运算的方法，如初等指数、对数、平方根和三角函数
String	String 类代表字符串

如 java.lang 软件包提供了利用 Java 编程语言进行程序设计的基础类，其下的 Double 类的构造方法原型为 Double(double value)，它构造一个新分配的 Double 对象，表示基本的 double 参数 Java 内置类型。在 MATLAB 中输入下述命令即可生成一个值为 3 的实型 Java 变量。

```
>>  a = java.lang.Double(3)
```

这里 3 是类的构造函数参数，它是 MATLAB 的 double 类型，即 mxArray 为 0x06 的一个数；java.lang.Double 是 Java 类名，a 是输出；它的 mxArray 类型为 0x11，即它是一个类。

14.2.2 javaObject/javaObjectEDT 函数

函数 javaObject/javaObjectEDT 也被用来创建 Java 变量。

```
>>  a = javaObject('java.lang.Double',3)
```

对于所有的 GUI 相关 Java 对象（java.awt.＊ 或 javax.swing.＊），最好使用 javaObjectEDT，而不使用 javaObject 或构造函数。此函数是在 MATLAB R2008b 后引入并稳定使用，使用本函数后，对象会被放在 java AWT Event Dispatch Thread（EDT）中，仅在其他等待的 AWT 事件结束后才执行，以避免 GUI 及 MATLAB 自身意外的挂起、崩溃等。

14.2.3　MATLAB/Java 输入输出类型转换

在这条 MATLAB 语句中，3 被传入了 Java 虚拟机中，构造了一个 Java 的数据类型，这个数据类型最后又返回到 MATLAB。这里必然存在一系列转换，包括 MATLAB→Java、Java→Java、Java→MATLAB 转换，这个转换是 MATLAB 内部完成的。在 MATLAB 的实现中，存在如表 14-2、表 14-3 的类型转换表。

表 14-2　MATLAB 类型到 Java 类型转换表

MATLAB 类型	Java 类型转换优先级（从大到小）						
logical	boolean	byte	short	int	long	float	double
double	double	float	long	int	short	byte	boolean
single	float	double	N/A	N/A	N/A	N/A	N/A
char	String	char	N/A	N/A	N/A	N/A	N/A
uint8	byte	short	int	long	float	double	N/A
uint16	short	int	long	float	double	N/A	N/A
uint32	int	long	float	double	N/A	N/A	N/A
int8	byte	short	int	long	float	double	N/A
int16	short	int	long	float	double	N/A	N/A
int32	int	long	float	double	N/A	N/A	N/A
cell array of strings	array of String	N/A	N/A	N/A	N/A	N/A	N/A
Java object	Object	N/A	N/A	N/A	N/A	N/A	N/A
cell array of object	array of Object	N/A	N/A	N/A	N/A	N/A	N/A
MATLAB object	N/A	N/A	N/A	N/A	N/A	N/A	N/A

表 14-3　Java 类型到 MATLAB 类型转换

Java 类型	Java 标量→MATLAB	Java 数组→MATLAB
boolean	logical	logical
byte	double	int8
short	double	int16
int	double	int32
long	double	double
float	double	single
double	double	double

续表

Java 类型	Java 标量→MATLAB	Java 数组→MATLAB
char	char	char
Object	Java object	cell array of object

注：在 Java→MATLAB 转换中，为了方便，大部分标量都转为 double 型，但在数组中，从存储空间考虑，还是转换为了更细致的类型。

再以 java.lang.Math 类为例，此类包含用于执行基本数学运算的方法，如指数、对数、平方根、三角函数等。输入：

```
>>  a = java.lang.Double(3)
>>  java.lang.Math.sin(a)
```

却返回错误。这是因为 sin 的 Java 原型为 static double sin(double a)，即它的输入输出都是基本型。被 MATLAB 包装后，它的输入输出都是 MATLAB 的普通数值，必须将 a 转换为基本型，此时可用 double 方法或：

```
>>  java.lang.Math.sin(a.doubleValue()) % = java.lang.Math.sin(double(a))
```

总而言之，使用起来非常复杂，那么，为什么还需要引入 Java 类型呢？这是因为包装了 Java，就意味着获得了 Java 具备的能力，如 IO、网络、图形、第三方 Java 库等。

此处引用 MATLAB 帮助中的一个例子，通过 Java 来访问网络。

```
                                java_net.m
01   %  创建一个 URL 对象
02   url = java.net.URL('http://www.mathworks.com/support/tech-notes/1100/1109.html')
03   %  打开 URL 连接
04   is = openStream(url);
05   %  读取流到字符串
06   isr = java.io.InputStreamReader(is);
07   br = java.io.BufferedReader(isr);
08   %  跳过初始的 HTML 格式行
09   for k = 1:288
10     s = readLine(br);
11   end
12   %  读取前四行
13   for k = 1:4
14     s = readLine(br);
15     disp(s)
16   end
```

运行上述函数，可以获得如下 HTML 文本。

```
<p>This technical note provides an introduction to vectorization
techniques. In order to understand some of the possible techniques,
an introduction to MATLAB referencing is provided. Then several
```

```
vectorization examples are discussed.</p>
<p>This technical note examines how to identify situations where
vectorized techniques would yield a quicker or cleaner algorithm.
Vectorization is ofen a smooth process; however, in many
application-specific cases, it can be difficult to construct a
vectorized routine. Understanding the tools and
```

14.2.4　访问外部库

Java 有大量的外部库可以使用,MATLAB 中加载库所需目录后,使用外部库与内置库语法一致。Java 目录包含静态和动态两种。静态目录在[matlabroot '\toolbox\local\classpath.txt']文件中指定,在 MATLAB 启动时加载;动态目录可以通过命令 javaclasspath/javaaddpath/javarmpath 修改。

比如如下 HelloWorld. java 文件:

```
/* HelloWorld. java 文件*/
public class HelloWorld {
    public static void main(String[] args) {
        System. out. println("Hello World!");
    }
}
```

通过 javac 命令编译为 HelloWorld. class 文件后,通过 javaaddpath 添加此文件所在的目录,就可在 MATLAB 中访问。

```
>>  Hw = HelloWorld(); Hw.main('');
```

14.2.5　Java 对象的属性

在 MATLAB 中建立 Java 对象后,可以使用 fieldnames、inspect、methods、methodsview 等命令来查看或设置其属性,其使用方式与其他自建类别无二致。

在 MATLAB 的帮助中还有其他的创建、自省方法,如 javaObjectEDT、javaMethodEDT、isjava 等。文档中没有说存在 set/get 方法,但 get 方法看起来确实可以用,set 方法的表现很奇怪。从 get 方法看,即使简单的 double 型数据都带有图形句柄的默认属性。

```
>>  a = java. lang. Double(3)
>>  get(a)
```

输出:

```
BeingDeleted = off
ButtonDownFcn =
Children = []
```

```
Clipping = on
CreateFcn =
DeleteFcn =
BusyAction = queue
HandleVisibility = on
HitTest = on
Interruptible = on
Parent = []
Selected = off
SelectionHighlight = on
Tag =
Type = java.lang.Double
UIContextMenu = []
UserData = []
Visible = on
```

即封装的 Java 含有大量和 GUI 相关的函数，我们有理由猜测，MATLAB 封装 Java 的表现形式类似图形句柄。

14.3　创建 Java 的 GUI 对象

14.3.1　JavaFrame 属性和 javacomponent 封装

Java 的 GUI 对象和非 GUI 对象的用法一致。

```
>> jButton = javax.swing.JButton('OK'); javaObjectEDT(jButton);
```

或：

```
>> jButton = javaObjectEDT('javax.swing.JButton','OK');
```

关键是如何将此 GUI 纳入图形界面中，可采用如下的命令：

```
>> peer = get(gcf,'JavaFrame');
>> fcB = peer.addchild(jButton); % 看起来只能使用 javax.swing,而无法使用 java.awt 对象
```

这里获得了当前图形的 JavaFrame 属性。JavaFrame 属性是 MATLAB 的隐藏和保留属性，在后续版本中可能消失。如果这种情况发生，本章后续内容将全部失效，但其思路也许不会失效。

peer 的类型为 com.mathworks.hg.peer.FigurePeer，它是 MathWorks 公司自己定义的 Java 类。其 addchild 方法可将 Java 的 GUI 对象放到界面中。从输入看，addchild 方法只能增加 javax.swing 对象，而无法使用 java.awt 对象，否则会返回错误。

```
??? No method 'addchild' with matching signature found for class
'com.mathworks.hg.peer.FigurePeer'.
```

进一步,利用 hgjavacomponent 这个 Java 类定义一个容器,可将控件放置到容器内。

```
>> hUicontainer = hgjavacomponent('Parent',gcf,'Units','Pixels');
>> fcB.setUIContainer(hUicontainer); % fcB 为 FigureChild 对象
>> fcB.setPosition([200 200 60 20]); % 或 set(hUicontainer,'position',[200 200 60 20])
```

edit javacomponent 可以看到 javacomponent 函数的帮助及实现,它的输入参数包括
Java 对象,或对应 javaEDTMethod 的命令列表,对象排布位置,对象排布父窗口,回调函数
列表,输出参数包括 MATLAB 封装后的 Java 对象,以及包含此对象的容器。

```
>> [jB hB] = javacomponent({'javax.swing.JButton','OK'}, [], gcf, ...
>>        {'ActionPerformed','disp Hi'}); % jS 返回 java 对象(确切地说,是原始 java 对象的封
           装),hS 返回界面上装载此对象的容器,它是 matlab 句柄.这个函数没有返回上一条语句中的
           fcB 函数
>> set(hS, 'position', [200 200 60 20]); % 更改容器位置
```

这里 jB 是 Java 对象的一个 MATLAB 封装,它和 Java 对象的关系为:

```
>> jButton = javax.swing.JButton;
>> jB = handle(jButton,'CallbackProperties'); % 封装后,jB 增加了回调函数接口,而且使用更为
                                              % 安全
>> jButton1 = java(jB); % jButton1 == jButton
```

封装后的 Java 对象和 handle 对象一一对应,但 handle 对象类似图形句柄,它提供了一
种更为统一、安全的接口访问方式。

14.3.2　GUI 对象属性的访问、修改和交互

通过 Java 对象的方法可进行对象属性的修改。以 JButton 为例,它的继承关系。如
图 14-1 所示。

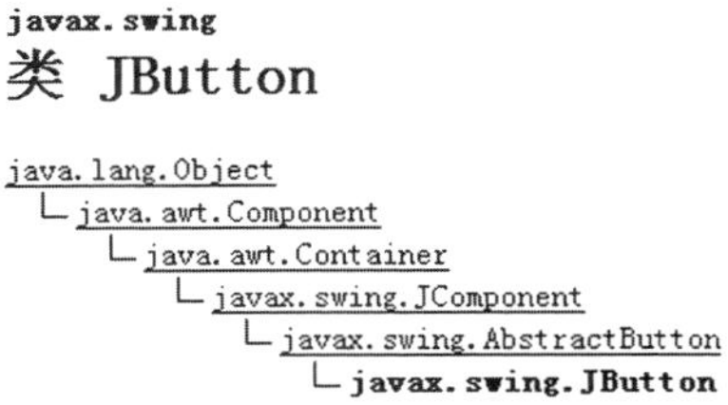

javax.swing
类 JButton

```
java.lang.Object
  └ java.awt.Component
      └ java.awt.Container
          └ javax.swing.JComponent
              └ javax.swing.AbstractButton
                  └ javax.swing.JButton
```

图 14-1　javax.swing.JButton 继承关系

```
>> [jB hB] = javacomponent({'javax.swing.JButton','OK'},[],gcf, ...
>>         {'ActionPerformed','disp Hi'});
>> jB.setText('Click'); % javax.swing.AbstractButton 方法
>> jB.setForeground(java.awt.Color.RED); % javax.swing.JComponent 方法
>> jB.doClick(3000); % javax.swing.AbstractButton 方法
>> jborder = javax.swing.border.LineBorder(java.awt.Color.GREEN,3); % 返回 java 的 border
                                                                    % 对象
>> jB.setBorder(jborder); % javax.swing.JComponent 方法
```

典型的 Swing 应用程序执行处理以响应用户动作所生成的事件（详见 javax. swing. event 中各接口的方法）。当 Java 对象被 MATLAB 封装后，便增加了相应的回调函数，一般规则为：接口方法首字母大写，并在其后增加 Callback 字符。如 AncestorListener 的方法包括：

```
void ancestorAdded(AncestorEvent event)
void ancestorRemoved(AncestorEvent event)
void ancestorMoved(AncestorEvent event)
```

MATLAB 封 装 后 包 含 了 AncestorAddedCallback、AncestorRemovedCallback、AncestorMovedCallback 三个回调函数接口。

再如 MouseInputListener 的方法（图 14-2）包括：

图 14-2   java. awt. event. MouseListener 继承的方法

因此，可以通过如下方式进行回调

```
>>    set(jB,'MouseMovedCallback','disp 鼠标移动');  % 鼠标移动后在界面显示
>>    set(jB, 'KeyPressedCallback',@KeyPressFcn);
```

其中 KeyPressFcn 为

```
01    function KeyPressFcn(hObject,eventdata)
02    % 调试可知,hObject 为 1x1 javahandle_withcallbacks. javax. swing. JButton 对象,即 jB.
      % Eventdata 为 java. awt. event. KeyEvent 对象
03    disp([get(eventdata,'keyChar') 'Pressed']);
```

回调函数极多，当不确定时，可使用 get(jB)，查找其中的 Callback 函数即可。

14.3.3　回到计数器

了解 Java 对象后，回到计数器程序，本例中使用了嵌套函数用于传递数据。除了嵌套函数外，之前介绍的 appdata、guidata 等函数均可以用来传递数据。如下函数生成图 14-3 界面。

```
                              java_counter.m
01    function java_counter
02    % 使用 java 控件的计数器
03    jLabel = javacomponent('javax. swing. JLabel',[250 200 100 50] );  % 标签对象,位置,无回调
04    jStart = javacomponent ({ ' javax. swing. JButton ' , ' Start ' }, [ 100  100  100  20], gcf,
      {'MousePressed',@start_callback});
```

```
05    jPause = javacomponent ({ ' javax. swing. JButton ' , ' Pause ' } , [ 250 100 100 20 ] , gcf,
      {'MousePressed',@pause_callback});
06    jStop = javacomponent ({ ' javax. swing. JButton ' , ' Stop ' } ,    [ 400 100 100 20 ] , gcf,
      {'MousePressed',@stop_callback});
07  jarial = java.awt.Font('Arial',1,40); % 字体为 Arial,粗体,40 磅
08  jLabel. setFont(jarial); % 设置标签字体
09  brun = false; % 循环运行状态
10  counter = 0; % 计数器初始值
11  % setappdata(jLabel,'counter',0); 可以使用
12  jLabel. setText(int2str(counter)); % 设置标签初始值
13
14    function start_callback(hObject,eventdata)
15        % 计数器开始,使用简单循环
16        brun = false;
17        while(1)
18            if(brun) break;end  % 每步都判断循环是否终止
19            counter = counter + 1;
20            jLabel. setText(int2str(counter)); % 设置新的标签
21            pause(1) % 定时
22        end
23    end
24
25    function pause_callback(hObject,eventdata)
26        brun = true; % 暂停,计数器不清零
27    end
28
29    function stop_callback(hObject,eventdata)
30        brun = true; % 暂停
31        counter = 0; % 计数器清零
32        jLabel. setText('0');
33    end
34  end
```

2

图 14-3 java_counter 界面示意图

14.4 修改 MATLAB 界面

MATLAB 的界面也是 Java 编写的,因此可以通过 Java 更改 MATLAB 界面。如下述程序更改 MATLAB 的主界面标题、最大化,并将命令窗口改为黄色背景。

```
                              java_changematlabdesktop.m
01   peer = get(handle(gcf),'JavaFrame'); % 获取 javaframe
02   jDesktop = get(get(handle(gcf),'JavaFrame'),'Desktop')
03   jMainFrame = jDesktop.getMainFrame(); % command window 窗口对象
04   jMainFrame.setTitle('abc'); % 更改 command window 窗口标题
05   jMainFrame.setAlwaysOnTop(1); % 主窗口总在桌面上方
06   jMainFrame.setMaximized(1); % command window 窗口最大化
07   % jMainFrame.setVisible(0); % 隐藏 command window 窗口
08
09   jCommandWindow = jDesktop.getClient('Command Window'); % CmdWin 对象
10   jTextArea = jCommandWindow.getComponent(0).getViewport().getView() % XCmdWndView 对象
11   jTextArea.setBackground(java.awt.Color(1,1,0)); % 窗口背景改为黄色
```

通过调用 Java，编辑器、工作区间等界面元素，都是可以访问和修改的，再次体现了程序设计语言中反省的威力。

14.5   示例：用 MATLAB 做个截屏工具

有些时候要 Pagedown 键——截屏材料，除了找软件，利用 MATLAB 我们也可以做到。

截屏的过程包括：按 Print Screen，保存，之后按 PageDown 重复。这里需要用到的功能按键、截屏等功能 Java 都有，因此可以在 MATLAB 中调用 Java 完成。

如下 sendkey 函数用来发送鼠标按键、printscreen 函数用来截屏到文件。

```
                                  sendkey.m
01   function sendkey(varargin)
02   % sendkey(varargin) 用于发送按键
03   % varargin: 字符串或数值,可不断重复
04   %   字符串代表按键,ctrl 等中间用_隔开: ctrl_alt_f11
05   %   数值为按键后停顿时间,默认不停顿
06   % 如 sendkey('alt_tab',1,'print',1,'pagedown',1); % 先按 alt_tab 键切换到程序,暂停 1 秒,
                                                       % 截屏,暂停 1 秒,再按 pagedown...
07
08   % 可以从 winuser.h 或互联网找到所有按键,此处为显示方便,仅写出了用到的 3 个按键,
09   allkeys = {    'VK_ALT            ' '0x12'
10                      'VK_TAB           ' '0x09'
11                      'VK_PAGEDOWN      ' '0x22' };
12   % 将字符串做成字典,字典的键中去掉'VK_',值中去掉'0x',并转换为十进制
13   dict_keycode = containers.Map(cellfun(@(s) lower(deblank(s(4:end))),allkeys(:,1),
     'UniformOutput',false),cellfun(@(s) hex2dec(s(3:end)),allkeys(:,2),'UniformOutput',
     false) );
14
15   for iargin = 1:nargin
16       data = varargin{iargin};              % 逐一读取输入
17       if(ischar(data))                      % 输入字符串代表键值
18           keys = lower(regexp(data,'_','split')); % 切分'_',以区分 ctrl/alt/shift 等键
```

```
19          index = isKey(dict_keycode,keys);              % 在字典中找到键
20
21          if(~all(index))                                % 如果没有全部找到就报错
22              buf = cellfun(@(s)[s ','],keys(index == 0),'UniformOutput',false);
23              buf = ['没有如下键: ' cell2mat(buf)]; buf(end-1) = '.';
24              error(buf);
25          end
26
27          robo = java.awt.Robot;
28          for i = 1:length(keys)                         % 调用 java 逐一按键
29              robo.keyPress(dict_keycode(keys{i}));
30          end
31          pause(0.01);
32          for i = 1:length(keys)                         % 抬键
33              robo.keyRelease(dict_keycode(keys{i}));
34          end
35
36      elseif(isnumeric(data))                            % 输入数值代表暂停时间
37          pause(data);
38      end
39  end
```

printscreen.m

```
01  function img = printscreen(rect)
02  %  img = printscreen(rect)
03  %  截屏,将得到的 RGB 矩阵输出为 img,可被 image/imwrite 等函数调用
04  %  rect 为截屏的[x y width height],默认截取整个屏幕
05
06  jrobo = java.awt.Robot;
07  if(nargin == 0)
08      jrect = java.awt.Rectangle(java.awt.Toolkit.getDefaultToolkit.getScreenSize());
09  else
10      jrect = java.awt.Rectangle(rect(1),rect(2),rect(3),rect(4));
11  end
12  jimg = jrobo.createScreenCapture(jrect); % 截屏
13
14  % 将 java 对象转换为 matlab 数组
15  w = jimg.getWidth(); h = jimg.getHeight();
16  sRGB = zeros(w * h,1,'uint32'); % matlab 的 RGB 数组
17  sRGB = jimg.getRGB(0,0,w,h,sRGB,0,w); % getRGB 24-31bit 为 alpha,16-23 位为红色,
        8-15 位为绿色,0-7 位为蓝色
18  sRGB = typecast(sRGB,'uint32'); % getRGB 返回值为 int 型,转换为 uint32 型用于位运算
19  img = zeros(h,w,3,'uint8');
20  img(:,:,1) = uint8(reshape( bitand(uint32(255),bitshift(sRGB,   -16)),w,h)');
        % 取位,并将按行存储转换为按列
21  img(:,:,2) = uint8(reshape( bitand(uint32(255),bitshift(sRGB,    -8)),w,h)');
22  img(:,:,3) = uint8(reshape( bitand(uint32(255),bitshift(sRGB,    -0)),w,h)');
```

sendkey.m 用于生成按键,按键以字符串输入,在第 29 行和第 33 行中分别调用了
java.awt.Robot.keyPress 和 java.awt.Robot.KeyRelease 函数用于按下按键和抬起按键。

printscreen. m 用于截屏,在第 12 行调用了 java. awt. Robot. createScreenCapture 进行
截屏。由于 Java 数值按行存储而 MATLAB 按列存储,因此在第 20～22 行进行了矩阵
转置。

有这两个子程序后,就可以用如下代码进行屏幕截取。

```
                        main_screenfile2pdf.m
01  input('鼠标放到截屏区域左上侧后按回车键(不要切换焦点)');  % 鼠标放到位置后按回车键
02  jpos = java. awt. MouseInfo. getPointerInfo. getLocation; pos = [jpos. getX jpos. getY];
03  input('鼠标放到截屏区域右下侧后按回车键(不要切换焦点)');  % 鼠标放到位置后按回车键
04  jpos = java. awt. MouseInfo. getPointerInfo. getLocation; pos1 = [jpos. getX jpos. getY];
05  if(any(pos1 - pos)< = 0) error('重新设置截屏区域');end;
06  [pos pos1 - pos],pause(1);
07  sendkey('alt_tab',1);  % 从 matlab 切换到要截屏程序
08  for i = 1:3
09    img = printscreen([pos pos1 - pos]);  % 按区域截屏
10    imwrite(img,sprintf('%4i. png',i),'png');  % 将截屏存盘
11    sendkey('pagedown',1);  % 按 pagedown 键后,继续截屏
12  end
13  beep  % 由于焦点被切到其他程序,截屏完毕后响铃
```

第 01～04 行采用 java. awt. MouseInfo. getPointerInfo. getLocation 获取鼠标位置,之
后获取截屏区域,由于需要在 input 函数中按回车键,因此不要将焦点置于其他窗口,可以
移动 MATLAB 窗口以避免遮挡。

第 07 行按下 ALT＋TAB 键切换焦点,这是因为程序是在 MATLAB 中运行,而截屏
的是其他程序。在程序运行前确认一下切换是否正确。

第 09 行将截屏输出到文件。

第 11 行按下 PageDown 键继续截屏。

15

文件管理

文件是计算机通用数据管理方式之一,读写文件之前,需进行路径、操作、权限等管理,如关于文件路径的 path,关于文件操作的 mkdir、cd、delete 等。所有操作均可在帮助 Functions/Desktop Tools and Development Environment/Managing Files 中展开。

15.1 路径访问

如果编写一个小型程序,所有被访问文件都和.m 文件夹放置在同一个位置,此时直接使用相对路径访问即可。

当程序规模逐渐变大时,需要引用多个场合的文件,会带来一些困扰,一般处理方法包括:

（1）使用相对或绝对路径代替:

```
>>  type(fullfile(matlabroot,'toolbox','matlab','general','Contents.m'))
>>  fullfile('..','a.txt')  % 访问上一个文件夹的 a.txt 文件
```

在不同操作系统中,路径使用不同的分隔符,如 Windows 中用"\",而 Linux 中用"/",fullfile 可将所有路径拼接,此时编写的程序可适应不同平台。

（2）进入文件夹:

```
>>  olddir = cd(fullfile(matlabroot,'toolbox','matlab','general'))
>>  cd(olddir)
```

如果大部分数据都在一个文件夹内,频繁使用 fullfile 命令稍显麻烦,可以先用 cd 命令进入此文件夹,一次性完成读取等操作,再用 cd 返回。cd 命令的返回值为更换文件夹前的文件夹,因此可利用此特性返回原文件夹。

（3）加入路径：

```
>>  addpath('..','- end')
>>  path  %  显示 matlab 路径
>>  type('a.txt')
```

　　如果大部分数据和程序都在一个文件夹内,可以用 addpath 命令将此文件夹加入 MATLAB 搜索路径。addpath 命令可以用命令'-begin'或'-end'指示路径增加到原有路径前还是后,MATLAB 会按照搜索路径顺序,依次查找。因此需要仔细区分以避免发生文件错误。

　　对于 addpath 命令增加的路径,MATLAB 每次重启后会消失。如需长期有效,在 MATLAB 主菜单中选择 File/Set Path...添加路径。

15.2　临时文件

```
>>  tmp_folder = tempdir
>>  tmp_nam = tempname
```

　　可以通过 tempdir 和 tempname 保存程序运行中需要的中间结果。采用这两个命令,可通过操作系统统一管理中间文件,同时由于两个命令生成的文件夹和文件名每次不同,有利于程序并行运行。

15.3　文件压缩

```
>>  tmp_folder = tempdir
>>  fns = unzip('a.zip',tmp_folder)        %  解压到临时文件夹
>>  cellfun(@(s) delete(s),fns)            %  删除解压的文件
```

　　工程上真实使用的程序经常需要处理多类型文件,随着规模的增加,可能产生不必要的文件丢失、难以预计的修改、文件传递的困难等,可以直接将输入文件压缩,MATLAB 解开进行分析。

15.4　文件比较

```
>>  visdiff(fullfile(matlabroot,'help','techdoc','matlab_env',...
>>  'examples','lengthofline.m'),fullfile(matlabroot,'help',...
>>  'techdoc','matlab_env','examples','lengthofline2.m'))
```

visdiff 可以比较两个文本文件、MAT 文件、二进制文件、zip 文件、文件夹等。我们将

文件读出后,有时候会回写并与原文件比较看读得是否正确,此时可以用 visdiff 命令进行可视化比较。

15.5 示例:所有文件名称后加上日期

所有文件名后增加日期,尤其对于相机导出的照片很有意义。可以从网络上找到很多软件,当然,MATLAB 做起来也不难。

```
                        adddatetodirfiles.m
01  ds = dir('abc * ');           % 找到所有满足要求的文件,如需扫描所有文件夹,尝试 genpath 命令
02  for ids = 1:length(ds)
03    if(ds(ids).isdir) continue;end
04    fn = ds(ids).name;                % 获取文件名.如有特殊要求,可对文件名进行判读
05    [pathstr name ext] = fileparts(fn);    % 分离文件名和路径,方便插入日期
06    datenum = ds(ids).datenum;        % 获取日期数值,此处为文件修改时间
07    str = datestr(datenum, 'yyyymmdd');    % 将日期表达为需要的格式
08    movefile(fn,fullfile(pathstr,[name str ext]));      % 重命名文件
09  end
```

15.6 示例:读文件缓存程序

对于一个复杂文件,使用一系列程序,经过长时间运行、分析和判断,最后读取了这个文件。下次运行程序时,希望直接读取结果,而不是再次运行程序、等待。

针对这种需求,可编写一个通用程序,将读取的文件写到缓存中,当文件没有变化时直接读缓存,否则重新读取并写缓存。它包括如下的 readdatawithfilebuffer 和 sendorgetfilebuffer 两个函数。

```
                     readdatawithfilebuffer.m
01  function varargout = readdatawithfilebuffer(readfun,filename,extendinfo,varargin)
02  % 将文件保存或恢复到缓冲区
03  % readfun: 函数名,filename: 读取的文件名,extendinfo: 辅助信息,varargin: readfun 函数
    % 的参数
04  assert(exist(filename,'file') == 2,['不存在 ' filename ' 文件']); % 文件不存在报错
05  bufferdir = 'g:\backup\temp\'; % 写缓存目录,自行更改
06  if(nargin == 2) extendinfo = {};end
07  varargout = repmat({[]},[1 nargout]); % 写为元胞数字,方便进行列表展开
08
09  [ans status] = fileattrib(filename); filename = status.Name; % 将相对/绝对路径转换为绝
                                                        % 对路径
10
11  bufferfilename = filename;
12  for i = 1:length(extendinfo) bufferfilename = [bufferfilename '_' extendinfo{i}];end
    % 真实的文件名后增加辅助信息
```

```
13   md5 = sprintf('%02X',double(fliplr(lower(bufferfilename))));  % 将文件名处理为统一格
                                                                   % 式,可更改为 md5 算法
14   bufferfilename = fullfile(bufferdir,[md5 '.mat']);            % 缓存文件名称
15   if(length(bufferfilename)>260) disp('文件名长度不能大于 260 字符');end
     % matlab 限制文件名不能大于 260 个字符
16
17   [bsuccess varargout{:}] = sendorgetfilebuffer(filename,bufferfilename,[]);
     % 尝试读取.如不管原文件是否存在,则将 filename 改为[]
18   if(~bsuccess)
19     [varargout{:}] = readfun(filename,varargin{:});              % 运行函数
20     sendorgetfilebuffer(filename,bufferfilename,varargout);       % 存储变量
21   end
```

sendorgetfilebuffer.m

```
01   function [ bsuccess varargout ] = sendorgetfilebuffer ( fullfilename, bufferfilename,
     writevars)
02   % 将文件保存或恢复到缓冲区
03   % fullfilename: 文件名,bufferfilename: 缓存文件名,writevars: 输出变量元胞数组,如为
     空,则代表读取
04   bsuccess = false; varargout = repmat({[]},[1 nargout]);  % 设置是否成功和输出初值,放置
                                                             % 异常后返回值无定义
05   bwrite = false; if(~isempty(writevars)) bwrite = true;end  % 如果 writevars 有值,则写
                                                                % 文件
06
07   try
08       diroffile = dir(fullfilename);                    % 获取此文件的信息
09       dispfullfilename = [fullfilename '已缓存'];
10
11     if(bwrite)                                           % 写变量
12       BUFFERED_VARIABLE = writevars;                     % 输出变量信息
13       DIROFFILE = diroffile;                             % 原文件信息
14       save(bufferfilename,'DIROFFILE','BUFFERED_VARIABLE');
15       bsuccess = true;
16     else                                                 % 读取变量
17       if(exist(bufferfilename,'file'))  % 如果存在缓存文件
18           load(bufferfilename);                          % 读取缓存文件信息
19             if(isempty(diroffile) || DIROFFILE.bytes == diroffile.bytes && DIROFFILE.
     datenum == diroffile.datenum)              % 如果文件大小和日期均相同
20               varargout = BUFFERED_VARIABLE;
21               bsuccess = true;
22               disp([dispfullfilename ',读取缓存文件' bufferfilename]);
23             end
24         end
25     end
26   end
```

readdatawithfilebuffer 中,输入包括读取函数(第一个参数必须为文件名),读取的文件名,读取的附加信息(如一个文件被多个程序读取并处理为不同的数,需要一个附加信息来标识,此处为字符串组成的元胞数组),最后为读取函数除去文件名的其他参数。

第 05 行指定缓存目录,需读者自行更改。

第 09 行将文件由相对/绝对路径统一转换为绝对路径。这里使用了 fileattrib 函数的属性,也许有更简单的方法。

第 11～15 行将原文件名处理为缓存文件名,首先在原文件名后增加辅助信息,然后将之处理为文件名。由于文件名中有:,/、\等特殊字符,需要进行过滤,同时还需考虑中文、大小写等情况。此处使用了最为简单的方式,即统一将之表达为数值的二进制形式。

第 17 行尝试读取缓存,它调用了 sendorgetfilebuffer 方法。

第 19～20 行用于调用函数直接生成输出,并写到缓存,它在读取缓存失败后使用。

sendorgetfilebuffer 子函数用于处理缓存,其参数分别为原文件名,缓存文件名,输出变量元胞数组。

第 09 行用于获取原文件的信息,用于比较文件是否更新。

第 12～15 行,将源文件信息和输出变量写到缓存中,这里用到了 save 函数。

第 19 行,将缓存文件中的信息与原文件相比,如大小、日期均一致,表明文件没有更新,此时直接读取变量。在这里,原文件作为输入参数的意义,仅在于获取其大小、日期。

现在使用此函数测试如下:

```
>>  a = readdatawithfilebuffer(@load,'pqfile.txt')
>>  a = readdatawithfilebuffer(@load,'pqfile.txt',{'-ascii'},'-ascii')
```

更改元胞数组中的-ascii 参数、更改 pqfile.txt 文件尝试函数的用法。由于 load 太快了,也许体会不到区别,可编写如下的 load2 函数进行测试:

```
                                    load2.m
01   function a = load2(fn,delay,msg)
02   a = load(fn);
03   disp(msg);
04   pause(delay); % 延迟
```

测试函数为:

```
>>  a = readdatawithfilebuffer(@load2,'pqfile.txt',{'test1','delay1'},1,'delay1');
```

16

简易文件读写

16.1 save/load

save 和 load 是 MATLAB 中最简单易用的文件 IO,它既可以将变量存储为二进制格式(从而对存储极少限制),也可以将变量存储为纯文本文件(限制较多)。

```
>>  savefile = 'pqfile.mat';
>>  p = rand(1,10);
>>  q = ones(10);
>>  save(savefile,'p','q')              % 需要注意将变量名放置在引号中
>>  p1 = p; save(savefile,'p1','-append')   % 在文件后添加存储
>>  clear p q p1
>>  load(savefile)                       % 读取变量
```

save 的第一个变量为存储文件名,其后接任意的变量名,可将变量存储到二进制文件中,并用于后续的读取。二进制文件中可以增加-append 参数追加变量。需要注意的是,存储的变量名必须加引号,而不能使用变量自身,这里的变量名带引号,是一种类似于指针的用法,表明需要指向这个变量。因为具体的变量无论怎么存都和这个变量的 mxArray 相关。

在日常应用中,更多的 IO,尤其是读取,大多和二进制文本有关。

```
>>  savefile = 'pqfile.txt';
>>  p = rand(5); q = 'abc';
>>  save(savefile,'p','-ascii')        % 存储为文本
>>  load(savefile);
>>  save(savefile,'p','q','-ascii')    % 存储为文本,先存 p,再存 q,q 变成了数值
>>  load(savefile)                     % 读取出错
```

在变量名后增加-ascii 参数即可将数组存储为文本(字符串也转换为文本存储)。而

load 此文件时,将视为矩阵统一读取。

　　save 和 load 还可以读指定变量,根据正则表达式写指定变量,详见帮助。

16.2　importdata

　　importdata 是一系列命令的包装,它可以直接读入 mat 文件、文本文件、图片、音频、excel 表等文件,还可以直接从剪贴板读取。

　　对于大部分文本,importdata 能自动检测到行和列的表头,文本的分隔符(逗号、空格、制表符或分号),以及 MATLAB 注释符%。

　　对于主体部分为矩阵,但其上有一行或数行名称表示变量名称的数组,采用 importdata 可以取得较好的效果。例如对于如下的 importdata. txt 文件:

```
>>    content = importdata('importdata.txt');  % 读入数据
```

　　读入的数据内为结构体,内含 data 和 textdata 两个变量,其中 data 为 3×3 的数组,而 textdata 为 5×1 的元胞数组。其内容为:

```
'importdata 示例'
'项目 1 项目 2 项目 3'
'张三'
'李四'
'王五'
```

　　在文件中删除左侧的行表头时,importdata 能直接解析出列的表头,并放在 colheaders 中。

　　Excel 文件也是类似,importdata 把它视为和文本文件差不多的类型,输出变量中含有 textdata、data 等结构体。不同的是 textdata 也为结构体,其内含有各个子表格元素的元胞数组,data 是将之转为 double 型后的数值矩阵,对于非数则为 nan。如果文件格式简单,它同样可以识别分析得出 colheaders 和 rowheaders 等变量。

　　importdata 的图形界面包装为 uiimport,直接运行 uiimport,可以选择导入文件类型等。

16.3　csvread/csvwrite/xlsread/xlswrite

　　CSV 全称 common-seperated values,即以纯文本形式存储、逗号分隔的表格数据。这种数据用途广泛,Excel 文件可以另存为 CSV 格式。

importdata/csvread 和 xlsread 三个函数均可读取 Excel 文件,但表现形式完全不同。以如下文件 a.csv 为例:

```
a,b,c
1.0,2,3
a,2,3
```

```
>>  a = importdata('a.csv')
```

输出:

```
      data:[1   2   3]
   textdata: {'a'   'b'   'c'}
 colheaders: {'a'   'b'   'c'}
```

```
>>  [num,txt,raw] = xlsread('a.csv')
```

输出:

```
num =
      1       2       3
    NaN       2       3
txt =
    'a'      'b'      'c'
    ''       ''       ''
    'a'      ''       ''
raw =
    'a'      'b'      'c'
    [1]      [2]      [3]
    'a'      [2]      [3]
```

```
>>  a = csvread('a.csv')
```

命令只能读取数值格式,此处输出错误:

```
??? Error using == > dlmread at 145
Mismatch between file and format string.
Trouble reading number from file (row 1,field 1)  == > a,b,c\n
```

与 importdata 和 csvread 读取文本格式不同,xlsread 函数的第三个输出参数 raw,给出了每个单元格的详细参数,我们称第 1、2 个参数 num 和 txt 为"基本输入模式",而 raw 的读取,是通过 COM 接口与 Excel 交互获取的,因此也具备了更多的控制功能。

比如以下文件 a.xls,将第一个单元格设为文本格式如图 16-1 所示。

```
>>  [num,txt,raw] = xlsread('a.xls')
```

图 16-1　将第一个单元格设为文本格式

输出：

```
    '1'      [  2]
    [  3]    [  4]
```

其中完整地输出了文件格式。

16.4　xmlread/xmlwrite

XML 的使用是个高级话题，在此处进行简单介绍。

MATLAB 提供了 xmlread 和 xmlwrite 命令来提供 XML 和 DOM 模型之间的转换。

```
>> xDoc = xmlread(fullfile(matlabroot,'toolbox','matlab','general','info.xml'));
```

第 01 行通过 xmlread 命令将 MATLAB 目录下的 info.xml 转换为 DOM 文档对象。在工作空间中显示变量树形为一个 Java 对象：

```
<1x1 org.apache.xerces.dom.DeferredDocumentImpl>
```

通过 methodsview(xDoc)观察对象如图 16-2 所示。

Q...	Return Type	Name	Arguments	Other
	boolean	equals	(java.lang.Object)	
	boolean	getAsync	( )	
	java.lang.String	getAttribute	(int, java.lang.String)	
	org.w3c.dom.NamedNodeMap	getAttributes	( )	
	java.lang.String	getBaseURI	( )	
	org.w3c.dom.NodeList	getChildNodes	( )	
	java.lang.Class	getClass	( )	
	java.lang.String	getDeferredEntity...	(int)	
	org.w3c.dom.DocumentType	getDoctype	( )	
	org.w3c.dom.Element	getDocumentElement	( )	
	java.lang.String	getDocumentURI	( )	
	org.w3c.dom.DOMConfigu...	getDomConfig	( )	
	org.w3c.dom.Element	getElementById	(java.lang.String)	
	org.w3c.dom.NodeList	getElementsByTagName	(java.lang.String)	
	org.w3c.dom.NodeList	getElementsByTagN...	(java.lang.String, java.lang.String)	
	java.lang.String	getEncoding	( )	
	boolean	getErrorChecking	( )	
	java.lang.Object	getFeature	(java.lang.String, java.lang.String)	
	org.w3c.dom.Node	getFirstChild	( )	
	org.w3c.dom.Element	getIdentifier	(java.lang.String)	
	java.util.Enumeration	getIdentifiers	( )	
	org.w3c.dom.DOMImpleme...	getImplementation	( )	
	java.lang.String	getInputEncoding	( )	
	int	getLastChild	(int)	
	int	getLastChild	(int, boolean)	
	org.w3c.dom.Node	getLastChild	( )	

图 16-2　DOM 文档对象模型

MATLAB 的 xmlread 帮助中给出了一个程序用于解析 DOM 文档对象,代码如下所示,可以直接从 xmlread 的帮助中复制过来:

```
                          parseChildNodes.m
01  function children = parseChildNodes(theNode)
02  % Recurse over node children.
03  children = [];
04  if theNode.hasChildNodes
05    childNodes = theNode.getChildNodes;
06    numChildNodes = childNodes.getLength;
07    allocCell = cell(1,numChildNodes);
08
09    children = struct(                        ...
10        'Name',allocCell,'Attributes',allocCell,   ...
11        'Data',allocCell,'Children',allocCell);
12
13    for count = 1:numChildNodes
14        theChild = childNodes.item(count-1);
15        children(count) = makeStructFromNode(theChild);
16    end
17  end
18
19  % ----- Subfunction MAKESTRUCTFROMNODE -----
20    function nodeStruct = makeStructFromNode(theNode)
21        % Create structure of node info.
22
23        nodeStruct = struct(                        ...
24            'Name',char(theNode.getNodeName),      ...
25            'Attributes',parseAttributes(theNode),  ...
26            'Data','',                             ...
27            'Children',parseChildNodes(theNode));
28
29        if any(strcmp(methods(theNode),'getData'))
30            nodeStruct.Data = char(theNode.getData);
31        else
32            nodeStruct.Data = '';
33        end
34    end
35
36  % ----- Subfunction PARSEATTRIBUTES -----
37    function attributes = parseAttributes(theNode)
38        % Create attributes structure.
39
40        attributes = [];
41        if theNode.hasAttributes
42            theAttributes = theNode.getAttributes;
43            numAttributes = theAttributes.getLength;
44            allocCell = cell(1,numAttributes);
45            attributes = struct('Name',allocCell,'Value',...
46                allocCell);
47
48            for count = 1:numAttributes
```

```
49                    attrib = theAttributes.item(count - 1);
50                    attributes(count).Name = char(attrib.getName);
51                    attributes(count).Value = char(attrib.getValue);
52                end
53            end
54        end
55
56 end
```

代码中反复使用了如下 6 个函数：

```
getLength
getChildNodes
getNodeName
getData
getValue
getAttributes
```

通过对子节点的递归，将 DOM 结构转换为结构体，在命令行输入 tree = parseChildNodes(xDoc)会将 xDoc 按结构体展开。为了更好地显示结构体结构,可编写如下代码,将结构体变成带逗号的 CSV 文件,然后在 Excel 中看到层级结构(图 16-3)。

struct2csv.m

```
01 function csv = struct2csv(tree)
02 % 将结构体转换为csv
03 csv = dotnode(tree,'TREE','',0); % 将 DOM 对象转换成的结构体树写为 graphviz 的 dot 图
04 csv = regexprep(csv,'(?<= \n), + (? = \n)',''); % 全部是逗号的行变成空行
05 csv = regexprep(csv,'\n + ','\n'); % 删除空行
06 fp = fopen('tree.csv','w'); fprintf(fp,'% s',csv); fclose(fp);
07
08   function str = dotnode(nodes,father,str,fnode)
09       % 递归绘制 node
10       if(isstruct(nodes))
11           for inode = 1:length(nodes)
12               name = nodes(inode).Name;
13               child = nodes(inode).Children;
14               data = nodes(inode).Data;
15               if(~isempty(name))
16                   if(~strcmpi(name,'# text'))
17                       buf = name;
18                   else
19                       buf = strtrim(data);
20                   end
21                   str = [str sprintf('% s % s\n',repmat(',',[1 fnode]),buf)];
22                   if(~isempty(child))
23                       str = dotnode(child,name,str,fnode + 1); % 递归调用,绘制子节点
```

```
24                    end
25                 end
26              end
27         end
28    end
29 end
```

图 16-3　在 Excel 中的结构

　　上述例子用了结构体进行说明,尽管简单,但它体现了 XML 的精髓:XML 可以通过引擎进行各种各样的翻译(图 16-4)。XML 含有这种转换文档结构的语言标准,称为可扩展样式表转换语言(extensible stylesheet language transformation,XSLT)。根据 W3C 的规范说明书,最早设计 XSLT 的用意是帮助 XML 文档转换为其他文档,如 XML、HTML、EXCEL、PDF 等,MATLAB 使用了 Saxon 的 XSLT 解析器。这里不解释 XPath 和 XSLT 的用法,具体可参考 XML 书籍,仅举一个实用的例子。

图 16-4　与 XML 对应的结构

16.5　示例：将 MATLAB 代码复制为带彩色字体

将彩色代码复制到 word 中是一个常用需求，但在不同操作系统、MATLAB 版本或 Word 版本中总存在各种各样的问题，如复制后无彩色、复制后中文乱码、增加行号后彩色消失等。目前有各种解决方法，包括先复制到 powerpoint 再复制回来、将代码复制到某编辑器再复制回来等。实际上，MATLAB 自身提供了转换方法，在 File/Publish 中可将代码输出成带彩色的 HTML 格式，从 File/Publish Configure 菜单可以看出，这种转换利用了 XSL file，即转换是通过 XSLT 引擎驱动的（图 16-5）。

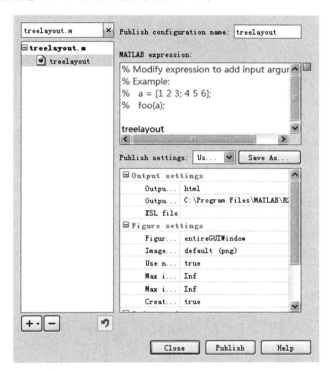

图 16-5　File/Publish Configure 菜单弹出界面

因此，可以编写 editorhtml2clipboard.m 代码如下所示：

```
                        editorhtml2clipboard.m
01   function editorhtml2clipboard(obj,event,varargin)
02   % 将窗口编辑器和文件编辑器中的内容复制到剪贴板,以便粘贴到 word 中,使用方法为:
03   % EditorMacro('Alt Z',@editorhtml2clipboard, 'run');
04   % EditorMacro('Ctrl - Alt Z',@(a,b) editorhtml2clipboard(a,b,'sformat','>> '),'run');
05   % varargin 关键词包括:
06   %          sformat,在每行前增加输出.默认'% 02d ',还可以设置为'>> ',等等
07   try
08       options = struct('sformat','% 02d ');
09       for i = 1:2:length(varargin) options.(varargin{2 * i - 1}) = varargin{2 * i};end
```

```
10
11      str = char(obj.getSelectedText());  % 在 CMD 和编辑器中选中行
12
13      if(~isempty(options.sformat))
14          nret = [0 find(str == char(10))];
15          for i = length(nret): - 1:1
16              j = nret(i);
17              str = [str(1:j) sprintf(options.sformat,i) str(j + 1:end)];
18          end
19      end
20      htmltext = xslt(m2mxdom(str),'mxdom2simplehtml.xsl','- tostring');  % 将 XML 转换为
        % HTML,mxdom2simplehtml.xsl 在 $ MATLAB\toolbox\matlab\codetools\private\目录下复制出
        % 来,可定制
21
22      htmltext = ['Version:0.9' char(10) ...
23          'StartHTML:00000000' char(10) ...
24          'EndHTML:00000000'  char(10) ...
25          'StartFragment:00000000'  char(10) ...
26          'EndFragment:00000000'  char(10) ...
27          htmltext];
28  %       NET.addAssembly('System.Windows.Forms');
29      clip = System.Windows.Forms.Clipboard;
30      clip.SetText(htmltext,System.Windows.Forms.TextDataFormat.Html);
31
32  % 如果没有.NET,可以用 IE COM 对象
33  % 如果出现"Server Creation Failed"错误,需要在资源管理器中结束 iexplore 进程
34  %     file = tempname;
35  %     fp = fopen(file,'w'); fprintf(fp,'% s',htmltext); fclose(fp);
36  %     ie.Navigate(file);                                    % HTML 对象
37  %     ie.document.execCommand('selectall',false,0);         % 全选
38  %     ie.document.execCommand('copy',false,0);              % 复制
39  %     disp([file '    + copy done!']);
40  %     if(options.bweb) web(file);end                        % 打开浏览器
41  %     ie.Quit; ie.delete;
42  %     delete(file);
43  catch ME
44      errordlg(ME.message,int2str(ME.stack(1).line));
45  end
```

第 20 行中,m2mxdom 函数将代码转换为 XML DOM 对象,这个函数是 MATLAB 的一个私有方法,需将其从 MATLAB 目录下复制到公共文件夹下。

第 20 行使用了 mxdom2simplehtml.xsl 翻译文件,通过此文件指明了转换为 HTML 的方法。可以通过更改文件进行定制,比如更改字体大小、底色等。这个文件同样须从 MATLAB 目录下复制到公共文件夹下。

第 03 行给出了通过快捷键访问函数的方法,MATLAB 可通过 EditorMacro 命令(在 https://www.mathworks.com/matlabcentral/fileexchange/24615 下载)注册快捷键,在命令窗口中执行:

```
>>  EditorMacro('Ctrl-Alt T',@editorhtml2clipboard,'run');
```

可以将函数绑定到快捷键上,在选中相应代码时,直接按快捷键即可将彩色代码复制到剪贴板,在 Word 中直接粘贴即可。在使用这个函数时,如果快捷键无效,可能是因为快捷键被其他应用占用,更换一个快捷键即可。

17

字符串生成

17.1 文件句柄操作与字符串操作

MATLAB 中,可通过 fscanf 和 fprintf 等操作文件,通过 sscanf 和 sprintf 操作字符串,两者语法如下所示,语法基本一致。本章聚焦字符串对象的操作。

```
A = sscanf(str, format, sizeA)
A = fscanf(fileID, format, sizeA)
[str, errmsg] = sprintf(format, A, ...)
fprintf(fileID, format, A, ...)
fprintf(format, A, ...)
```

17.2 字符串是整形数组

MATLAB 的"Characters and Strings"帮助页中第一句即指出:

字符实际上是一个整形值转化的 Unicode(UTF-16)字符

字符数组是字符组成的数组,又称字符串。

```
>>  a = ['ab'; '上下'; 'cd']  % 字符串(数组)
>>  dispmem_href(getaddr(a))  % 显示字符串的 mxArray
```

输出:

```
78735504:
00000000   04000000   00000000   00000000
02000000   00000000   00000000   03000000
02000000   30e0441f   00000000   00000000
```

```
00000000  00000000
--------------------------------------------- ******
30e0441f:
61006200  0a4e0b4e  63006400  00000000
b00a76f6  00000cff  430a441f  c0e0441f
68de441f  ae000000  00000000  bf000000
01000000  00000000
--------------------------------------------- ******
```

将字符串的 mxArray 与数值类型相比,除了类型是 06 或 04 的差别外,其他完全一致,再看数据存储地址的值。输入命令:

```
>> dec2hex(int16(a)) % int16 表示将字符串转为有符号 16 位整形,dec2hex 表示将之变为 16 进
   制显示
```

```
ans =
0061
0062
4E0A
4E0B
0063
0064
```

我们容易理解 'abcd' 字符的 ASCII 码分别为 0x61～0x64。可以直接查看(表 17-1):

```
>> % 如下代码可列出 ASCII 表
>> char(reshape([1; 0] * (32:127),32,6)') % 列出 ASCII 码,粘贴后采用等宽字符显示,如宋体、
   monospace 等
```

表 17-1　十六进制 ASCII 码表

	0	1	2	3	4	5	6	7	8	9	A	B	C	D	E	F
2		!	"	#	$	%	&	'	(	)	*	+	,	—	.	/
3	0	1	2	3	4	5	6	7	8	9	:	;	<	=	>	?
4	@	A	B	C	D	E	F	G	H	I	J	K	L	M	N	O
5	P	Q	R	S	T	U	V	W	X	Y	Z	[	\	]	^	_
6	`	a	b	c	d	e	f	g	h	i	j	k	l	m	n	o
7	p	q	r	s	t	u	v	w	x	y	z	{			}	~	

如图 17-1 所示,对于中文,可以从 Word 中选择"插入/符号/其他符号",从弹出的对话框中选择宋体/CJK 统一汉字,可以看见上、下对应的字符代码分别是 4E0A 和 4E0B,并注意到右下角表明这种编码方式来自于 Unicode(十六进制)码,MATLAB 的字符串使用的就是 UTF-16 编码。

因为字符串和数值数据结构完全一致,因此所有针对数值数据的数组操作,如拼接、查询、切片、生成等对于字符串仍是适用的。

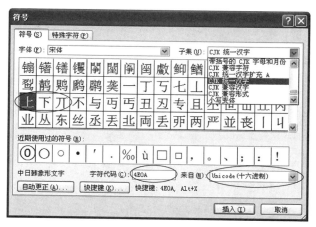

图 17-1　上下字符的 UTF-16 编码

17.3　字符串拼接、比较和空格的处理

除继承数值相关操作外,字符串上也定义了特有的操作函数。

17.3.1　字符串拼接([ ]/char/cellstr)

```
>>  a = ['a'; 'bc']      % 错误.按列拼接,将输出维度错误
>>  a = ['a' 'bc']       % 返回 abc.按行拼接, = strcat('a','bc')
>>  b = {'a'; 'bc'}      % 元胞数组
>>  c = char('a','bc')   % char 函数按列拼接,并将维度用空格对齐
>>  d = cellstr(c)       % 自带函数,名字要是改成 str2cell 就更直观了,注意:会删除对齐的空格
```

17.3.2　字符串比较(strcmp/strfind/strrep)

由于字符串长度可变,它的匹配远较数值类数据困难得多。最简单的是比较两个字符串是否相同:

```
>>  strcmp('Yes','No')            % 返回 0
>>  strcmp('Yes','Yes')           % 返回 1
>>  strcmpi('yes','Yes')          % 不区分大小写,返回 1
>>  strncmpi('yesyes','Yes',3)    % 不区分大小写,比较前三个字符,返回 1
```

比较复杂一点的 strfind,可以查找到匹配字符串所在的位置。

```
>>  S = 'Find the starting indices of the pattern string';
>>  strfind(S,'in')  % 返回 2 15 19 45
```

strrep 可以替换字符串,而且允许替换前后长度不一致。

```
>> strrep(S,'in','__in__') % 替换字符串
```

17.3.3 空格处理（deblank/strtrim）

```
>> char(32) == blanks(1) % 返回 1.ASCII 为 32,即 0x20,为空格 = blanks(1)
>> a = [32 char(9) blanks(3) 'AAA' blanks(5)] % blanks 生成空格,char(9)即 TAB
>> b = strjust(a) % 对齐,strjust 第二个参数可以为'right','left','center'
>> deblank(a) % 删除所有尾空格
>> strtrim(a) % 删除所有头尾空格
>> b = {char('a        ','  b  ');'    c        '} % 数组
>> deblank(b) % deblank 可以作用于元胞数组、矩阵,但用于矩阵时效果特殊
>> strtrim(b) % strtirm 可以作用于元胞数组、矩阵,但用于矩阵时效果特殊
>> int8(char('','\t','\n','\r','\v','\f'))                % \t\n 等均为两格字符
```

17.4 格式描述符与字符串生成

17.4.1 int2str/num2str 及格式输出

int2str 将整形转换为字符串,使用简单如 int2str(3)。

```
>> int2str([1 22222; 33333 44]) % 整数显示,显示效果不佳
>> num2str([1 22222; 33333 44],'%d ') % 注意 d 后面的空格,如果不插入空格,输出字符就没有
                                      % 空格
```

这里出现了"%"符号,它代表输出字符格式

"%"表征字符串输出格式,后面可以接多种类型的格式说明,分别为:

(1) 标识符（identifier）;

(2) 标签（flags）;

(3) 总宽（field width）;

(4) 精度（precision）;

(5) 子类型（subtype）;

(6) 格式说明符（conversion character）。

"%"后面的"d"即说明符号,表示以整数形式输出,即 intstr 等价于转换符为'%d'的 num2str,转换符有%d、%i、%u、%o、%x、%f、%e、%h、%c、%s 等,譬如 num2str(97,'%x')就相当于 dec2hex(97)。

num2str([1 22222; 33333 44],'%10d ') % 每个数字占 10 位。

输出：

```
    1     22222
33333        44
```

由于每个数字占用 10 位,之前的采用了空格填充,因此出现了右对齐格式。

在百分比后面可以插入的符号负号、正号、空格/0 等,分别对应左对齐、增加正负号、前面填充空格、前面填充 0。

```
>>  num2str([1 22222; 33333 44],'% -+10d')  % 每个数字占 10 位,加正负号,左对齐
```

```
+1        + 22222
+ 33333   + 44
```

对于 double 型数值,可以用精度控制输出格式：

```
>>  num2str([1.2 32.4 1; 0.25 - 3332.1 2],'%8.3f ')  % 每个数字占用 8 位,小数点后有 3 位
```

```
1.200     32.400     1.000
0.250  - 3332.100     2.000
```

17. 4. 2   sprintf、格式描述与数组

```
>>  sprintf('%8.3f ',[1.2 32.4 1; 0.25 - 3332.1 2])
```

输出：

```
1.200     0.250     32.400     - 3332.100     1.000     2.000
```

sprintf 与 num2str 均可以采用格式描述,不同是在 num2str 中描述在数值后,而 sprintf 中在数值前,且它的输出中,不表达数组信息,只按数组排列(MATLAB 中数组按列存储)顺序逐次输出。如果需要按数组顺序输出,则需要写成：

```
>>  sprintf('%8.3f %8.3f %8.3f \n',[1.2 32.4 1; 0.25 - 3332.1 2]')  % 注意数组的转置
```

```
 1.200     32.400     1.000
 0.250  - 3332.100     2.000
```

因为 sprintf 按数组在内存中存储顺序(列存储)逐次输出,因此注意输出中数组需要转置。如果少写或多写一个输出控制符：

```
>>  sprintf('%8.3f %8.3f \n',[1.2 32.4 1; 0.25 - 3332.1 2]')  % 控制符与数组行数不一致
>>  sprintf('%8.3f %8.3f %8.3f %8.3f \n',[1.2 32.4 1; 0.25 - 3332.1 2]')  % 控制符与数组
                                                                           % 行数不一致
>>  sprintf('%8.3f %8.3f %8.3f %8.3f \n',[1.2 2 2]')  % 控制符与数组行数不一致
```

输出：

```
    1.200      32.400
    1.000       0.250
- 3332.100      2.000

    1.200      32.400     1.000      0.250
- 3332.100      2.000

    1.200       2.000
```

从这些输出中可以归纳 sprintf 输出数值类型初步规则为：**循环读取扫描格式描述符，逐一匹配读取数值内存区，到数值结束为止。**

sprintf 支持多数组，在下述例子中以上规则仍适用，只要将上一句的"数值内存区"改为"所有数值内存区"即可。

```
>>   sprintf('%8.3f %8.3f %8.3f \n',1.2,32.4,1,0.25, - 3332.1,2) % 输出与前完全一致
>>   sprintf('%8.3f %8.3f %8.3f \n',[1.2,32.4,1],0.25, - 3332.1,2) % 输出完全一致
>>   sprintf('%d %d %d %d %8.3f',[1 2 3; 4 5 6]',[1 2]') % 多数组混合用法
```

输出：

```
ans =
    1.200    32.400     1.000
    0.250 - 3332.100    2.000
ans =
    1.200    32.400     1.000
    0.250 - 3332.100    2.000
ans =
1 2 3 4    5.0006 1 2
```

如要输出一个维数较高的矩阵组合，什么样的语法比较方便？例如：

```
>>   a = randi(100,2,3); b = rand(2,4); [a b]
```

输出：

```
   82.0000   13.0000   64.0000    0.2785    0.9575    0.1576    0.9572
   91.0000   92.0000   10.0000    0.5469    0.9649    0.9706    0.4854
```

希望输出时 a 为整形，b 为浮点型。可以用循环，也可以用如下语法：

```
>>   sprintf([repmat('%d ',1,3) repmat(' %.2f ',1,4) '\n'],[a b]')
```

输出：

```
82  13  64  0.28  0.96  0.16  0.96
91  92  10  0.55  0.96  0.97  0.49
```

sprintf 的数值格式描述符可将扫描格式与数值内存区逐一匹配输出，sprintf 中还有一类输出格式，即字符串输出"%s"：

```
>>  sprintf('%c | %s > ','abc','defg')  % %s 会从当前位置读到本字符串结束
>>  sprintf('%s | %c > ','abc','defg')
>>  sprintf('%s | %c > ','abcdefg')     % 与上句输出结果已经不一致
```

分别输出：

```
a | bc > d | efg >
abc | d > efg |
abcdefg |
```

从上述例子看，%s 从当前读入，直至本字符串结束，这里"所有数值内存区"的规则已经不适用。之前已经说过，字符串即数值，执行如下命令：

```
>>  sprintf('%s | %f > ',int16([97 98 99 20013]))  % %s 全部读取
>>  sprintf('%s | %f > ',[97 98 99 20013])          % %s 全部读取
>>  sprintf('%s | %f > ',[97 98 99 20013 80013])    % %s 读取到了 80013 之前
>>  sprintf('%s | %f > ',[97 98 99 20013 pi])       % %s 读取到 pi 之前
>>  sprintf('%s | %f > ',[pi 97 98 99 20013])       % %s 读取了 pi
```

输出：

```
abc 中 |
abc 中 |
abc 中 | 80013.000000 >
abc 中 | 3.141593 >
3.141593e + 000 | 97.000000 > bc 中 |
```

这里 97、98、99、20013 为"abc 中"字的 UTF-16 编码。

第 01 行将整形解读为字符串，输出符合我们预期。

第 02 行虽然是 double 型，但 MATLAB 仍然解读为 UTF-16 编码对应的字符串，也可以理解。

第 03、04 行一直读到了 20013，并认为字符串已经结束。

第 05 行中，"%s"直接将 pi 按"%e"格式输出，但又不读 UTF-16 编码的字符了。

从上述几个例子，我们可以将 sprintf 的输出规则描述为：

循环读取扫描格式描述符，逐一匹配读取所有内存区，到输入结束为止。对于字符串描述符，读取到不能转换为 UTF-16 编码的内存区或逗号分隔符时切换下一个格式描述符。

17.5 特殊描述格式

17.5.1 "%"、"\"、"'"与转义字符

```
>>  sprintf('% % | \\ | '' | a\bb | \n | ')
```

输出：

```
% | \ | ' | b |
|
```

类似百分号、反斜线、引号等在格式描述中被占用,在 C 语言中,为了输出类似被占用字符本身,都用"\"作为开头进行转义。而在 MATLAB 中,输出被占用字符采用"自身重复"以进行转义。也许我们可以从精神上理解这种语法上的差别,即 MATLAB 更为注重一种自省能力,本身一直在强调的自省能力,连转义都是依靠自身进行的。

17.5.2 "\n"与多行文本

在 MATLAB 中能否输出多行文本? 多行文本与单行文本区别在于其中有个换行符。

```
                              multiline.m
01  s = 'a\nb'  % 想用\n 换行但是不行
02  s = ['a' 10 'b']  % 10 代表换行符
03  s = sprintf('a\nb')  % 换行
04  double('\n')  % 输出了\和 n 的 ASCII,分别为 92 和 110
05  double(sprintf('\n'))  % 输出了被转义的换行符的 ASCII:10
06  double(sprintf('a\12b'))  % \后接数字表达 8 进制,\12 与\n 是同一个意思
07  double(sprintf('a\x0Ab'))  % \x0Ab 本想表达 16 进制的换行,然后再接一个 b,但显然系统中
                              % 0x0ab 是一个数
```

在 01 行中,想用"\n"换行,但实际得到的是'a\nb'字符串。

在 02 行中,在字符中拼接数值 10,得到了多行字符串。

在 03 行中,采用 sprintf 输出数组后,得到了换行字符串,结果与上面一致。

在 04、05 行中,可以看到,'\n'输出了两个字符,即 92 和 110,而 sprintf 后,这两个字符被转义成了 10。

在 06、07 行中,\12 代表 8 进制,与\n 是一个意思,原想用\x0Ab 代表\x0A(即十进制的 10)与字符 b 的拼接,但由于\x0ab 是一个数,并没有达到我们的目的。

17.5.3 "*"字符与宽度、精度描述符外置

```
>>  sprintf('% *.* f ',10,3,1.1)  % 等于('%10.3f',1.1)
>>  sprintf('% *.* f ',10,3.1,1.1)  % 3.1 自动处理为整形
```

输出：

```
    1.100
    1.100
```

MATLAB 支持宽度、精度描述符外置用法。这里面,第二个"*"本应输入整形,但数据中用了 3.1,MATLAB 自动将其处理成了整形。在 MATLAB 中：**fprintf 函数永远会采用各种方法以输出所有数值。**

17.5.4 "＄"与序列顺序描述符

```
>>  sprintf('%1$d %2$d %1$d',2,3)          % 输出 2 3 2
>>  sprintf('%1$d %2$d %1$d',[2 3])         % 输出空数组
>>  sprintf('%1$d ',[2,3])                  % 输出空数组
```

MATLAB 支持"＄"以用于将同一个数据重复多次输出。但这个符号更适用于逐个处理参数,处理数组输出可能会产生错误。

17.6 示例：输出程序自身的程序

问题：编写一个程序,输出程序自身(不允许读文件)。

为解决这个问题,首先想到的是命名一个字符串,既把它作为输出值,又作为格式描述。

```
>>  s = 's = % s; sprintf(s,s)'; sprintf(s,s)
```

输出：

```
s = s = % s; sprintf(s,s); sprintf(s,s)
```

但是没有单引号,为此加入转义符：

```
>>  s = 's = ''% s''; sprintf(s,s)'; sprintf(s,s)
```

输出：

```
s = 's = '% s'; sprintf(s,s)'; sprintf(s,s)
```

即字符串单引号有了,但字符串内的单引号被转义了两次,那就用数字形式的转义字符。

```
>>  s = 's = \47 % s\47; sprintf(s,s)'; sprintf(s,s)
```

基本达到效果了,但输出中有个 ans＝,只要将 sprintf 改为 fprintf 即可,fprintf 表示直接在输出设备(默认为屏幕)中显示字符。

```
>>  s = 's = \47 % s\47; fprintf(s,s)\n'; fprintf(s,s)
```

从中可以看出,对于 sprintf 和 fprintf 而言,只有格式字符串中的"\"为转义,如果格式字符串为"％s",它会忠实地输出其后所接的字符串。

18

字符串读取与正则表达式

本章以一个问题为索引,系统介绍字符串匹配,问题为:将字符串按空格字符分割为元胞数组。譬如扫描"test code"字符串,识别出其中的 test 和 code,将之放入元胞数组。

18.1   strfind/strtok(字符级别处理)

首先想到的方法是扫描和循环,找到空格并截取各个字符串,程序如下:
方案 1:字符扫描法

```
                              splitblank2cell_1.m
01  function out = splitblank2cell_1(s)
02  % % 分割字符串函数,方案 1,字符扫描法
03  % S = 'Find the starting indices of the pattern string';
04  out = {}; pos = 1; % out 为输出数组,pos 为游标
05  for i = 1:length(s) + 1
06    if(i == length(s) + 1 || s(i) == ' ')
07        out{end + 1} = s(pos:i - 1); % 截取片段
08        pos = i; % 更新游标
09    end
10  end
11  % sprintf('% s|',out{:}) % 输出
```

执行:

```
>>  splitblank2cell_1('test code')
>>  splitblank2cell_1('test    code    ')
```

输出:

```
'test'    'code'
 [1x0 char]    'test'    ''    'code'    ''    ''
```

程序可以按空格完成分割,但在处理字符串前后空格,以及多空格时会出现非预期结果。因此对程序进行升级如下。

方案 1 改进 1: 字符扫描法(增加处理多空格)

```
                        splitblank2cell_1_mod1.m
01  function out = splitblank2cell_1_mod1(s)
02  % % 分割字符串函数,方法1升级,字符扫描法,s为输入字符串,可处理多空格
03  out = {}; pos = 1;            % out 为输出数组,pos 为游标
04  bblank = true;                % 增加行.之前是否空格
05  for i = 1:length(s) + 1
06      if( i == length(s) + 1 || s(i) == ' ')
07          if(~bblank)    % 增加行.如果之前为空格,则继续扫描
08              out{end + 1} = strtrim(s(pos:i-1)); % 截取片段,采用 strtrim 是因为多空
                                   % 格时游标处于多空格之前
09              pos = i;   % 更新游标
10              bblank = true;
11          end
12      else
13          bblank = false;        % 增加行
14      end
15  end
```

上述代码并不清晰,一次性编对很难,一个简单的方法是进行预处理。

方案 1 改进 2: 字符扫描法(增加预处理)

```
                        splitblank2cell_1_mod2.m
01  function out = splitblank2cell_1_mod2(S)
02  % % 分割字符串函数,方案1升级,采用预处理,字符扫描法,S为输入字符串,可处理多空格
03  s = [strtrim(S) ' '];              % 在字符后补上空格,简化字符串结束处理
04  index = strfind(s,'  '); s(index) = []; % 预处理,注意引号里是两个空格,用于删除所有多余
                                      % 空格
05  out = {}; pos = 1;                 % out 为输出数组,pos 为游标
06  for i = 1:length(s)                % 由于采用了预处理,无须再用 length(s) + 1
07    if(s(i) == ' ')
08        out{end + 1} = s(pos:i-1); % 截取片段
09            pos = i;                 % 更新游标
10        end
11  end
```

如上述代码所示,第 03、04 行进行了预处理,采用 strtrim 删除了字符串前后空格,采用 strfind 找到了字符串内多余空格,并进行了删除。此外还有一个小技巧,在字符串最后面插入一个空格,从而减少字符串是否结束的判断。

思考再深入,在方案 1 的第二个改型中采用 strfind 函数找到了多个空格,然后利用 MATLAB 的批量删除功能。可以将这个版本进行矢量化处理,从而可以得到方案 2。

方案 2：批量切片流输出法

```
                            splitblank2cell_2.m
01  function out = splitblank2cell_2(S)
02  % % 分割字符串函数,方案 2,数组法
03  index = [strfind(S,' ') length(S) + 1];        % 注意查找处只有一个空格
04  index(diff(index) == 1) = [];                  % 滤去相邻空格
05  out = arrayfun(@(a,b) strtrim(S(a:b - 1)),index(1:end - 1),index(2:end),'UniformOutput',
    false);                                        % 按下标输出元胞数组
```

正如前所述,这种代码代表了一种流的编程思路,虽然代码难懂,但实际逻辑更为清晰,清晰地表达了一步步工作的流处理过程。

方案 1、方案 2 中采用 strfind 函数寻找空格字符,还可以使用 strtok 函数,得到方案 3。

方案 3：strtok 法

```
                            splitblank2cell_3.m
01  function out = splitblank2cell_3(s)
02  % % 分割字符串函数,方案 3,strtok 法
03  out = {}; % out 元胞数组用于放置输出字符串
04  while(~isempty(s))
05    [out{end + 1} s] = strtok(s); % [token,remain] = strtok(str,delimiter)
06  end
```

这里的核心功能为通过 strtok 扫描到分割符(默认为空格、回车和 TAB)对应字符,之后将扫过的字符输出到 out,剩余的输出到 s。通过 s 的持续扫描,最终完成 out 元胞数组的填充。

18.2　sscanf/textscan(字符串级别处理)

还有比方案 3 更简单的程序吗? 作为铺垫,先介绍 sscanf/textscan 函数。

与 sprintf 函数输出字符串对应的是 sscanf 读入字符串函数。

```
01  a = sscanf('  1    2      3.1 1e2 pi 4  ','%f')' % 读到 pi 停止,注意命令后的转置
02  a = sscanf('  1    2      3.1 1e2 pi 4  ','%f %f %f %f %s %f')' % 读出了 pi 并转化为
                                                              % ASCII 码
```

输出：

```
1.0000    2.0000    3.1000    100.0000
1.0000    2.0000    3.1000    100.0000    112.0000    105.0000    4.0000
```

因为 MATLAB 中数组按列存储,因此需要注意命令后的转置。

与 sprintf 相反,sscanf 将格式描述符放到了字符串后,也许出发点是：sprintf 表达到哪儿去,sscanf 表达从哪儿来。但不得不说这种语法很容易记错。

第 01 行读到 pi 之前便停止了,后面的 pi 和 4 都没有读取。与 sprintf 的"以各种办法输出"相比,sscanf 则更看中格式正确性,只要不是期望的格式就停止。

sscanf 有一个优点,因为"%f"标识了是数值,它内置直接处理了首尾空格和相连空格。那"%s"怎么读取字符串的空格呢?

```
>> a = sscanf('test   code  ','%s')  % 读字符串
```

输出:

```
testcode
```

即"%s"可以处理空格,而且无论是单个,还是多个,均直接舍弃,并将所有读取的字符串放入了一个大字符串(row vector)。看来 sscanf 不适合分割字符串,更适合的函数是 textscan。

```
>> a = textscan('test   code  ','%s')  % 读字符串
>> a{:}
```

输出:

```
a =
    {2x1 cell}
ans =
    'test'
    'code'
```

这个函数完美地实现了字符串分割功能,例如:

```
>> a = textscan('  1   2    3.1 1e2 pi 4  ','%f %f %f %f %s %f')'; a{:}  % 这里读出了 pi
                                                                        % 字符串
```

输出:

```
1
  2
3.1000
 100
'pi'
  4
```

textscan 还可以自定义分割符、自定义空值、自定义预处理等。

```
>> newline = 10;
>> str = ['textscan 示例:' newline...
>>    '1,NA,3,4,,6' newline...
>>    '//注释' newline...
>>    '7,8,9,,11,12']; % 三行字符
>> a = textscan(str,'%f %f %f %f %d %f','delimiter',',','EmptyValue',nan,'treatAsEmpty',{'NA',
    'na'},'commentStyle','//','HeaderLines',1);
```

从变量编辑器看 a 的 6×1 元胞数组元素为：

```
[1;7]
[NaN;8]
[3;9]
[4;NaN]
[0;11]
[6;12]
```

在上述命令中，textscanm 不读取第一行（HeaderLines 设置），将逗号视为分割符（delimiter 设置），对于两个逗号间的空值，对于整形视为 0，对于 double 型设置为 nan（EmptyValue 设置），将"//"开头的行当成注释（commentStyle 设置），将"NA"等字符认成空值（treatAsEmpty 设置）等。

与方案 1 相比，sscanf/textscan 已经不再进行空格等字符级处理，成为字符串级处理方法。

18.3 正则表达式（词法级别处理）

使用 textscan 函数虽然已经摒弃了字符级别的处理，具备了更为强大的能力，但仍然不够。例如我们不希望处理引号内的空格。

```
>>  textscan('abc ''a b'' def','%s') % textscan 不认识引号
```

在变量编辑器中显示：

```
'abc'
'''a'
'b'''
'def'
```

原希望能识别的字符是 abc、'a b'和 def，但 textscan 无法分清楚引号，以及引号中间的空格。为了正确识别，可以在程序中增加引号的处理模块，变成字符级别和字符串级别混合处理方法。

但现代计算理论提供了一种处理方式：正则表达式。

正则表达式（regular expression），又称规则表达式，可用规则来匹配表达式。其最基本的使用集如表 18-1 所示。

表 18-1 正则表达式基本使用集

操作符	使用方法
字符匹配	
.	任意单字符，包括空格
$[c_1 c_2 c_3]$	中括号内的任意字符：c_1 或 c_2 或 c_3
$[\char`\^ c_1 c_2 c_3]$	不含中括号内的任意字符：除了 c_1 或 c_2 或 c_3 的字符

续表

操作符	使用方法
[c₁-c₂]	从 c_1 到 c_2 的任意字符(UNICODE 码顺序)
\s	任意空格字符,等价于[\f\n\r\t\v]
\S	任意非空格字符,等价于[^\f\n\r\t\v]
\w	任意字符、数字或下划线,对于英文等价于[a-zA-Z_0-9]
\W	任意非字符、非数字和非.下划线,对于英文等价于[^a-zA-Z_0-9]
\d	任意数值字符,等价于[0-9]
\D	任意非数值字符,等价于[^0-9]
出现次数匹配	
expr{m,n}	expr 出现 $m-n$ 次之间(含 m 和 n 次)
expr{m,}	expr 最少出现 m 次之间(含 m 次)
expr{n}	expr 正好出现 n 次,等价于 expr{n,n}
expr?	expr 出现 0 或 1 次,等价于 expr{0,1}
expr *	expr 出现 0 或多次,等价于 expr{0,}
expr+	expr 出现 1 或多次,等价于 expr{1,}
群组匹配	
(expr)	将 expr 设为群组进行匹配
expr₁|expr₂	匹配 expr₁ 或 expr₂
锚点匹配	
^expr	匹配出现在字符串开头的 expr
expr\$	匹配出现在字符串结尾的 expr
\<expr	匹配出现在单词(word)开头的 expr,这里单词由\w 字符组成
expr\>	匹配出现在单词结尾的 expr
\<expr\>	匹配作为整个单词的 expr

我们先以整数匹配为例,对正则表达式进行展开,为简化起见,先考虑单个数值匹配。

```
>>  regexp({'24353'  '235a343'},'[ +- ]?\d+ ','match','once')
>>  regexp({'24353'  '235a343'  '+ 343'  '中 32'  '13'  '3'},  '^[ +- ]?\d+ $','match','once')
```

分别输出:

```
'24353'    '235'
'24353'    ''    '+ 343'    ''    '13'    '3'
```

在这个例子里:

(1)『[+-]』表示正号或负号二选一。

(2)『?』连接之前的『[+-]』,表示正号或负号出现或不出现都可以匹配。

(3)『\d』表示任意一个数值字符。

(4)『+』连接之前的『\d』,表示数值字符出现 1 或多次。

(5)『^』和『\$』表示匹配字符串的开头和结尾。如『[+-]?\d+』可以匹配"235a343",但如果增加开头结尾标识后,就无法匹配了。

注:为了与需匹配的字符串区分,文字中正则表达式用『 』符号表示。

为了匹配实数,需要做更多的处理。实数由正负号、整数位、小数位、指数位等组成,仍然可以使用上述元素,初步写出表达式:

```
>>  snumber = '^[ + - ]?\d + (.\d + )?([eE][ + - ]?\d + )? $ ';
>>  regexp({'3' '+ 3.1' '+ 3.1e - 1' '3. ' '+ .3'},snumber,'match','once')
```

结果为:

```
'3'      '+ 3.1'      '+ 3.1e - 1'      ''      ''
```

在表达式中,数值前的正负号可以出现或不出现,然后是整数位、小数位可以出现或不出现,指数为由正负号和整数组成,指数位也可以出现或不出现。但表达式在省略小数点前或小数点后数值,如"3."或".3"时,无法正确判断,因此可以再进行改造如下:

```
>>  snumber = '^[ + - ]?(\d + |\d + \.\d * |\d * .\d + )([eE][ + - ]?\d + )? $ ';
>>  snumber = '^[ + - ]?(\d + \.?\d * |\d * .?\d + )([eE][ + - ]?\d + )? $ '; % 与上句等价
>>  regexp({'3' '+ 3.1' '+ 3.1e - 1' '3. ' '+ .3' '.'},snumber,'match','once')
```

结果为:

```
'3'      '+ 3.1'      '+ 3.1e - 1'      '3. '      '+ .3'      ''
```

表达式里,将『\d + (.\d +)?』改造为『(\d + |\d + \.\d * |\d * .\d +)』或『(\d + .?\d * |\d * .?\d +)』,即新的模式为"整数位+小数点出现或不出现+小数位出现或不出现"以及"整数位出现或不出现+小数点出现或不出现+小数位"两种模式之一。

可以利用层次化的思路来编写这个正则表达式。譬如我们可以先用自然语言写出如下规则:

整数: (\d+)
符号: [+-]
带符号整数: (符号? 整数)
增加小数: (带符号整数.整数? | 符号?.整数 | 符号?整数) = (带符号整数.整数? | 符号?.? 号整数)
增加指数: (小数([eE]带符号整数)?)

因此,可以将表达式写为:

```
                              reg_number.m
01   sint = '(\d + )'; ssign = '[ + - ]'; sdot = '\.'; se = '[eE]'; %注意每个连接的表达式要加括号
02   wb = '(?< = ^|\s)'; we = '(? = $ |\s)'; % 这里用了环视,详见文后解释
03   ssint = [ssign '?' sint];
04   sfloat = ['(' ssint sdot sint '?|' ssign '?' sdot '?' sint ')'];
05   number = [wb sfloat '(' se ssint ')?' we];
06   regexp('3 + 3.1 + 3.1e - 1 3. + .3 .2 . 3.53447 - 4',number,'match','start','end')
```

正则表达式比较复杂,写出一个正确的表达式并不容易,但从程序编制的角度,它将很

多复杂的逻辑封闭到了表达式内部,而不是散布到程序中,因此我们称它为一种词法级别的处理。

18.4　扩展阅读：正则表达式、有限状态机与 Stateflow

正则表达式由有限状态机理论发展而来。

图 18-1 被称为有限状态机 M 的状态图,它有 3 个状态,记作 q1、q2 和 q3。起始状态 q1 用一个指向它的无出发点的箭头表示,匹配状态 q2 用深色底表示,图中箭头表示从一个状态指向另一个状态,又称转移。

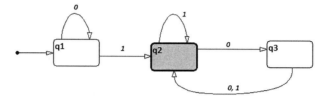

图 18-1　有限状态机 M

有限状态机 M 收到输入串后,进行处理并产生输出,输出是"匹配"或者"不匹配"。以输入"1100"为例,M 处理时:

（1）开始时处于状态 q1。

（2）读到 1,沿着转移从 q1 到 q2。

（3）读到 1,沿着转移从 q2 到 q2。

（4）读到 0,沿着转移从 q2 到 q3。

（5）读到 0,沿着转移从 q3 到 q2。

（6）输出匹配,因为在输入串最终处于匹配状态 q2。

任何一个有限状态机都有等价的正则表达式,如本例中为:『0 * 11 * (0[01]) * 』。

同样,每一个正则表达式也有一个对应的有限状态机。碰巧的是,MATLAB 中就存在有限状态机的图形化工具:Stateflow。它可用于 Simulink 仿真模型中,以解决状态转换问题。

用匹配数值的正则表达式『[＋－]?(\d+\.?\d * |\d * \.?\d+)([eE][＋－]?\d+)?』为例,可以利用 Stateflow 建立一个匹配器。建立过程如下(需确定已安装 Simulink 和 Stateflow）:

18.4.1　新建 Simulink 及其 Stateflow 模块

在 MATLAB 命令行输入 sfnew,在弹出的 Simulink 界面中双击 Chart,打开 Stateflow 建模模块。

18.4.2　在 Stateflow 中建立初步模块

建立整数、正负号和点号模块如图 18-2 所示。

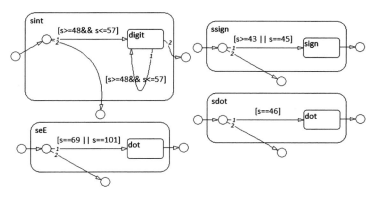

图 18-2 整数、正负号和点号模块示意图

其中,带圆角长方形代表"状态",通过在 Stateflow 菜单中单击 ▣ 建立;圆形代表"连接节点",通过在 Stateflow 菜单中单击 ⬚ 建立。Stateflow 建模菜单如图 18-3 所示。

▣	状态
Ⓗ	历史节点
⬚	默认转移
⬚	连接节点
⊞	真值表
𝑓()	图形函数
▣	内嵌函数
▣	盒子
▣	Simulink函数调用

图 18-3 Stateflow 建模菜单

鼠标靠近并拖动,可在"状态"和"连接节点"之间可增加连线(操作与 Simulink 一致),在连线上双击可添加"转移标签"。"转移标签"格式(表 18-2)为:

event[condition]{condition_action}/transition_action

从图 18-3 中可以看出:

(1) ssign 和 sdot 意思为输入字符满足条件,过渡到下一状态,否则从另一状态(错误状态)输出。

(2) sint 意思为输入字符为数值,则过渡到 digit 状态,否则从另一状态输出;若下一个输出字符仍为数值,则仍处于 digit 状态,否则过渡到下一状态。

表 18-2 转移标签格式

标签字段	说　　明
event	事件,事件触发时状态转移
[condition]	条件,条件为真时状态转移
{condition_action}	执行动作,条件为真时动作执行
/transition_action	执行动作,进入目标状态时动作执行

18.4.3 将状态组合为子模块

在 sint 状态内右击,选择 Make Contents/Subcharted 可将其组合为子模块,方便后续使用。

Stateflow 中,默认置于"状态"内部的部件为其子部件,因此模块组合时位于 sint、ssign、sdot 内部的部件均被组合。而跨过此"状态"的连线,被识别为子模块接口,如图 18-4 所示,模块可复制和自由缩放。

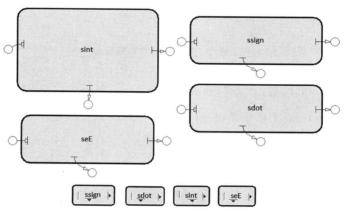

图 18-4　组合后子模块示意图

18.4.4 通过子模块组合,形成更大模块

将符号与整数模块组合,可形成"带符号整数"模块,对应正则表达式:『[＋－]？\d＋』。

其中『[＋－]？』如图 18-5 所示,即如果 ssign 模块输出错误,仍直接过渡到下一状态。(值得注意的是,对于单字符状态,这种连接是正确的,对于多字符状态,这种连接可能不再适用,详见后续讨论。)

此模块可以继续组合供后续使用。

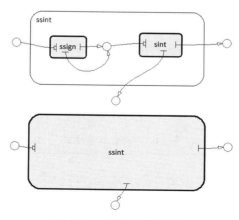

图 18-5　带符号整数模块

18.4.5　完成全部 Stateflow 模块，并输出参数

建立全部 Stateflow 模块如图 18-6 所示。

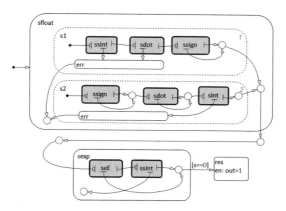

图 18-6　识别数值的 Stateflow 模块示意图

图 18-6 中 res 为结果状态，若匹配成功，则进入此状态，将 out 变量设置为 1。

sfloat 状态里的 s1 和 s2 状态呈虚线显示，表示 s1 和 s2 为并行状态，这是由于实数格式可在"（带符号整数.整数？｜符号?.? 号整数）"两种中选择，在识别时需进行两种状态匹配。在 sfloat 里和 s1/s2 外侧单击右键，选择 Decompostion/Parallel（AND）菜单，可将 s1和 s2 模块设为并行执行。

在 Simulink 中，状态有串行和并行两种，串行代表同一组内只有一个状态执行，其他状态不能与之共同执行，并行代表存在多个状态共同执行。如 sfloat 与 res 为串行状态，同一时刻只能处于一个状态；而 s1 和 s2 为并行状态，同一时刻可处于两种状态中。在 s1 内部，ssint 等又为串行状态。

设置触发状态时，并行状态会默认直接触发，因此 sfloat 状态触发时，s1 和 s2 直接被触发；串行状态必须指定才能触发，因此 sfloat 状态、s1/ssint、s2/ssign、sexp 和 res 状态需要指明触发条件。其中 sexp、res 状态可从其他状态结果转移而来，而前三者需通过 按钮设置默认转移。

值得注意的是，在 Stateflow 中，默认转移必须至少经过一个状态（连接节点不行）才能出群组，因此 s1/ssint 和 s2/sint 状态均需要通过一个增加的 err 状态才能接出。

18.4.6　连接 Stateflow 和 Simulink 模型

在 Stateflow 菜单上选择 Add/Event/Input from Simulink，将 Name 改为 clock，并将 Trigger 选项改为 Either，增加触发器（图 18-7）。

在 Stateflow 菜单上选择 Add/Data/Input from Simulink，将 Name 改为 s，增加输入变量 s。

在 Stateflow 菜单上选择 Add/Data/Output to Simulink，将 Name 改为 out，增加输出变量 out。

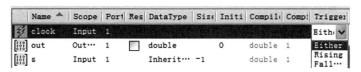

图 18-7　Stateflow 事件和变量列表

在 Stateflow 菜单上按 ⬆ ,进入父模块,在模块上增加触发信号 Clock、输入参数 String 和输出监测(图 18-8)。

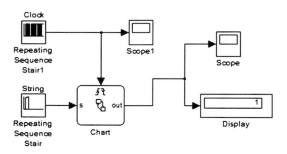

图 18-8　识别实数的 Simulink 模块

其中 Clock 的输出值用矩阵填充:repmat([0 1],1,10),用于生成触发信号。

String 的输出值用矩阵填充:[0 double('3.14E3') 0],表示被识别字符。

按 Control + E 键或在 Stateflow 菜单选择 Simulatin/Configuration Parameters,在 Solver 参数配置对话框将求解器改为固定时间步(图 18-9)。

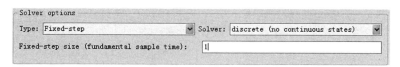

图 18-9　Simulink 求解器配置

通过将 string 输出值矩阵设置为各种数值(不超过 9 位,否则需增加仿真时间),测试发现的确能匹配数值。

18.4.7　讨论

正则表达式是否真的是采用有限状态机或类似原理来实现的呢? 原理类似,但实现要复杂得多。

以有限状态机 M 为例,与这个状态机对应的正则表达式为『0 * 11 * (0[01]) * 』。参照上面例子的方法,我们很容易直接画出『0 * 11 * (0[01]) * 』的 Stateflow 图。

如果仔细分析,可发现此状态机匹配的是至少含有 1,且 1 后面有偶数个 0 的字符串,即对应正则表达式也可以为『[01] * 1(00) * 』,两个表达式识别字符完全一致,即两个正则表达式等价。

但如果直接画出『[01] * 1(00) * 』的 Stateflow 图如图 18-10 所示,运行时将出现错误。

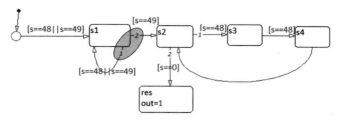

图 18-10　有限状态机示例

对于"0101"字符串，它会最终停在 s1 或 s3 状态，即无法匹配。问题在于『[01] * 1』，它看起来是普通连接而不是并行的关系，但实际上状态机运行到字符"1"（ASCII 码为 49）时，它有两个选择：『[01] * 』和『1』。即 Stateflow 中，存在两种执行顺序（图 18-10 中阴影处 1、2 下标）。对于顺序 1，读取"0101"字符串后最终状态会停留到 s1 状态，如果在右键弹出菜单 Excution Order 中将此顺序改为 2，最终状态又会停在 s3。

在数值的例子中也有两个选择：『(\d+\.?\d * ｜\d * \.?\d+)』，譬如"123"，可以被 \d+\.?\d * 和\d * \.?\d+ 中的任何一个匹配。但与之前的有限状态机 M 相比，此处无论匹配哪个，均不会出错。

在计算理论中，这种转移状态存在多种选择的是"非确定型有限状态机"，每一台"非确定型有限状态机"均可转换为"确定型有限状态机"，但这个转换可能十分麻烦。

正则表达式中无法规避"非确定型有限状态机"的存在，在 MATLAB 中采用的实现方法是：依次处理各个表达式，遇到需要多选时，它会选择其一，如果匹配失败，引擎会回溯到之前做出选择的地方，更换一个分支继续尝试。这种通过回溯进行处理的方法，是"传统型非确定型有限状态机"引擎，又称为"表达式主导"（regex-directed）引擎的最重要特征。而 Stateflow 为"确定型有限状态机"，并没有这种回溯机制。

19

正则表达式使用

正则表达式提供了强大的匹配能力，可以在字符串级别提供手术刀式操作，因此用正则表达式处理又被称为词法分析。

本章主要阐述如何操作正则表达式，用于工程上的文件处理。正则表达式的正确、高效使用是一个极大的话题，如需深入研究，可参考杰弗里·E. F. 弗里德尔（Jeffrey E. F. Friedl）著、余晟译的《精通正则表达式》。

19.1　regexp/regexprep 输出参数使用

在 MATLAB 中，正则表达式的使用主要通过 regexp 和 regexprep 两个函数实施，前者实施匹配，后者实施匹配＋替换。

regexp 和 regexprep 的基础语法为：

```
[v1 v2 ...] = regexp(str,expr,outSel1,outSel2,…,options)
s = regexprep(str,expr,repstr,options)
```

其中 str 为待处理字符串，expr 为正则表达式字符串，repstr 为替换字符串。

在 regexp 函数中，outSel1…为输出参数控制。

输出参数最多 7 个，通过输出参数控制来匹配，匹配规则为：逐次匹配，若输出参数个数多于输出选项个数，则按输出选项顺序，从头开始逐次匹配。如：

（1）未填入任何输出选项，则默认按表 19-1 中 start、end…的顺序输出，即[v1]输出 start，[v1 v2]输出 start 和 end 等。

（2）若填入输出选项，如填入了 end 和 tokenExtents，则[v1]输出 end，[v1 v2]输出 end 和 tokenExtents，[v1 v2 v3]输出 end、tokenExtents 和 start 等。

options 为控制参数，分为输出选项和模式修饰符两类。输出选项包含"once""warning"等参数。

模式修饰符是正则表达式的标准语法，在 MATLAB 的 regexp/regexprep 函数中，可作为参数使用,避免了复杂助记符的记忆(表 19-1)。

表 19-1   regexp/regexprep 基本使用

参　　数	描　　述	备　　注
str	待分析字符串	
expr	正则表达式字符串	
输出参数控制		输出顺序
start	行向量,每项为每个匹配项在字符串中的起始位置	1
end	行向量,每项为每个匹配项在字符串中的终止位置	2
tokenExtents	元胞数组,每项为每个标记项匹配在字符串中的起始和终止位置(当与"once"同时使用时为 double 数组)	3
match	元胞数组,每项为每个匹配项(当与"once"同时使用时为字符串)	4
tokens	元胞数组,每项仍为元胞,元胞内每项每个标记项匹配的内容(仍为元胞,当与"once"同时使用时则为字符串)	5
names	结构体数组,每项为结构体,结构体名称为标记项匹配的名称,内容为匹配项(如果没有标记项,则返回没有内容的空结构体)	6
split	元胞数组,当使用"match"时,每项为截止符隔开的字符串内容	7
输出选项		
once	遇到第一个匹配项停止,与输出选项配合使用,含义见输出选项	
warning	显示或隐藏在执行命令时遇到的警告信息	
N	替换第 N 个匹配项,默认全部替换	仅用于
preservecase	替换时 preservecase 仍保留原位置处的大小写	regexprep
模式修饰选项		用于正则表达式助记符
matchcase 或 ignorecase	匹配时是否大小写敏感,默认值为前者,即大小写敏感	(?－i)或(?i)
dotall 或 dotexceptnewline	"."匹配时是否含换行符,默认值为前者,即含换行符	(?s)或(?－s)
stringanchors 或 lineanchors	"^"和"$"匹配到字符串头尾,还是行头尾(即换行符),默认值为前者,即字符串头尾	(?－m)或(?m)
literalspacing 或 freespacing	是否执行正则表达式中的空格符和注释符(♯以后字符),默认值为前者,即执行;如不执行但确实需要匹配这两个字符,则需要将两个字符进行转义("\"和"\♯")	(?－x)或(?x)

对于输出参数控制、输出选项、模式修饰选项,下面为几个简单的使用案例:

```
                            example_regexp_regexprep.m
01   str = sprintf('abc\naBc'); %  带换行符的字符串
02   %  输出控制参数使用示例
03   regexp(str,sprintf('\n'),'split') %  按换行符切割字符串,可用于字符串切割
```

```
输出:
    'abc'    'aBc'
```

```
04   [s e te m] = regexp(str,'. * ') %  输出 start,end,tokenExtents,match
```

```
输出:s =
    1
```

```
e =
    7
te =
    {[]}
m =
    [1x7 char]
```

```
05  [te e s m] = regexp(str,'. * ','tokenExtents','end')  % 输出 tokenExtents,end,start,match
```

```
输出:te =
    {[]}
e =
    7
s =
    1
m =
    [1x7 char]
```

```
06  [te e s m] = regexp({str str},'. * ','tokenExtents','end')  % 也接受元胞数组输入
```

```
输出:te =
    {1x1 cell}    {1x1 cell}
e =
    [7]    [7]
s =
    [1]    [1]
m =
    {1x1 cell}    {1x1 cell}
```

```
07  % 输出选项示例
08  regexp(str,'.','match','once')  % 匹配到第一个字符后不再执行
```

```
输出:
a
```

```
09  % 模式修饰符使用示例
10  regexp(str,'. * ','match','dotexceptnewline')  % 输出两行
```

```
输出:
    'abc'    'aBc'
```

```
11  regexp(str,'(?-s). * ','match')  % 表达式中的(?-s)与选项'dotexceptnewline'等价
```

```
输出:
    'abc'    'aBc'
```

```
12    %  宽松排列格式,pat 为正则表达式,此处为便于在书中展示,使用时最好用文件
13    pat = ['(?x)        ♯ 不执行空格和注释符'10 ...
14    '(?<= ^ |\s)         ♯ 前向环顾\n'  10 ...
15    '[ +- ]?             ♯正负号\n'  10 ...
16    '(\d + \.?\d * |\d * \.?\d + )  ♯ 实数部分 = (数字 + .?数字 * | 数字 * .?数字 + )\n'  10 ...
17    '([eE][ +- ]?\d + )? ♯指数部分\n'  10 ...
18    '(?= $ |\s)          ♯ 后向环顾'];
19    regexp('3.1415',pat,'match')
```

```
输出:
    '3.1415'
```

19.2　分组和捕获

正则表达式可以用括号表示群组。采用表 19-2 的操作符精确控制群组行为。输入如下命令:

```
>>  [m t] = regexp('123456','(\d)(\d)(\d)','match','tokens')
     % ( )为群组 + 捕获,m 输出 123、456,t 输出 1/2/3、4/5/6
>>  [m t] = regexp('123456','((\d)(\d))(\d)','match','tokens')
     % m 输出不变,但 matlab 中,不输出子括号,即 t 输出 12/3、45/6
>>  [m t] = regexp('123456','(?:\d)(\d)(?:\d)','match','tokens')
     % m 输出不变,(?:)不捕获群组,t 输出 2、5
```

表 19-2　正则表达式群组和捕获使用集

操作符	使用场合	使 用 方 法
标记字符匹配		
(expr)或(?:expr)	匹配	获取括号内捕捉到的内容。(?:expr)只分组,不捕获
\N	匹配	匹配捕获到的内容,\1 匹配第一个括号,\2 匹配第二个括号,依次类推
$ N	替换	用第 N 个匹配的予以替换,$ 或 $0 用于替换整个字符串
(? (N)s1|s2)	匹配	如果找到第 N 个标记,匹配 s1,否则匹配 s2
$ '	匹配	当前匹配之前的输入文本
$ "	匹配	当前匹配之后的输入文本
名称匹配		
(? < name > expr)	匹配	括号内匹配后,用名称 name 标记
\k < name >	匹配	匹配 name 标记的内容
$ < name >	替换	用名称对应的内容予以替换
(? (name)s1|s2)	匹配	如果找到 name 标记,匹配 s1,否则匹配 s2

第 1 条命令中,括号部分均被捕获,匹配"123"字符串后,匹配字符的游标位于"3"后,它继续匹配了后面的"456"字符串。因此 m 输出"123""456"两组字符串,t 输出{ {1 2 3} {4 5 6} }。

第 2 条命令中,前两个字符被括号覆盖,MATLAB 对于嵌套括号只输出最外层。因此

m 输出不变,t 输出变为{ {12 3}{45   6} },即"12"和"45"变成了一个群组。

第 3 条命令中,『(?:)』字符表示括号只组成群组,但不捕获。因此 m 输出不变,t 输出变为{ {2}{5} }。

捕获的内容可以直接被引用,用于查找、替换等。查找时引用符号为『\』,替换时引用符号为『$』,两个均不能用错。

```
>> regexp('aa b  ccd eeffg','(\S)\1','match')      % 输出'aa'   'cc'    'ee'    'ff'
>> regexp('aa b  ccd eeffg','(\S) $1','match')      % 无匹配
>> regexprep('abc,efg','(\w+),(\w+)','$2,$1')       % 输出结果为 efg,abc
>> regexprep('abc,efg','(\w+),(\w+)','$2,$1')       % 输出结果为 2,1
```

4 条命令分别输出:

```
    'aa'    'cc'    'ee'    'ff'
    {}
efg,abc
efg,abc
```

还可以对捕获内容命名。

```
>> regexp('abc:123','(?<name>\w+):(?<data>\d+)','names')
>> regexp('abc:123','((?<name>\w+):(?<data>\d+))','names')  % 命名仍然不能穿透嵌套括号
```

第 1 条命令行输出结构体:

```
name: 'abc'
data: '123'
```

第 2 条命令输出空结构体,即在 MATLAB 中,即使对括号进行命名,仍不能穿透嵌套括号。笔者认为,这是一种"糟糕"的处理,它给正则表达式的使用带来了极大不便。

19.3   优先选择最左端匹配

输入如下命令:

```
>> regexp('abcdef','abc|abcdef','match')      % 输出 abc 而不是 abcdef
>> regexp('abcdef','abcdef|abc','match')      % 输出 abcdef
>> regexp('abcdef','def|abc','match')         % 输出 abc、def 而不是 def、abc
>> regexp('abcdef','bcd|abc','match')         % 输出 bcd 而不是 abc
```

4 条命令分别输出:

```
'abc'
'abcdef'
'abc'    'def'
'bcd'
```

第 1 条命令中,『abc』和『abcdef』两个表达式均能满足,但 MATLAB 按顺序依次探视,探视满足则将字符串移到下一个,因此表达式『abc』完成了匹配。匹配后字符串位于"d"处,此时再无表达式能够匹配,因此输出"abc"。

第 2 条命令中,更长的『abcdef』位于表达式左侧,优先匹配,输出"abcdef"。

第 3 条命令中,表达式读到字符"a"时,表达式『d』探视失败,选择『a』分支探视,之后再进行『b』和『c』分支探视,顺利完成字符串"abc"的匹配。匹配字符串"abc"后,再从字符"d"处重新匹配,可以匹配"def",因此输出了"abc""def"。

第 4 条命令中,看起来与第 03 行相近,但 MATLAB 输出了"bcd"。这是因为 MATLAB 探视了『a』分支匹配,字符串游标后移,下一次探视仍然按"优选选择最左端"的顺序依次探视,而不是一直从这一分支持续探视下去。此处发现『b』分支匹配,因此移到字符串"c"和"d",发现"bcd"均满足,因此输出"bcd"。而对于"a",匹配后,按优先选择最左端顺序,程序再也没有进入过"bc"分支。

19.4　回溯

19.3 节示例第 4 条命令中,表达式探视时,虽然第一次『b』分支没有匹配,但字符串移动到下一个位置时,仍然从『b』分支开始探视,它隐含了一个信息。出现多个选项时,引擎会记录下各选项及其对应字符串的位置,供后续使用。

```
>> regexp('ac','ab?c','tokens')
```

表达式首先匹配表达式『a』,在『b?』处出现分岔处,记录下字符串游标"c",以及表达式分支『b』和『c』。尝试发现分支『b』不匹配,则回到上次记录的分岔口,即字符串游标"c"和表达式分支『c』处,发现匹配。

这种类似于深度优先搜索的记录和尝试,构成了"传统非确定型正则表达式"引擎的核心:回溯。这种回溯带来了许多特性,如环视、条件判断等。

19.5　匹配优先和忽略优先

『*』、『+』、『{m,n}』字符在正常情况下都是"匹配优先",匹配尽可能多的内容。但在有些场合需要匹配尽可能少的内容,只需要满足下限,匹配就能成功。例如:

```
>> regexp('abc 1000','^.*([0-9]+)','tokens') % 输出 0 而不是 1000
```

表达式『.*』可以匹配所有字符,根据优先选择最左端原则,它首先完成整个字符串匹配。表达式再向后前进,出现『[0-9]+』时,它发现已经无任何匹配,此时引擎查找它的回溯表,上一个分支为字符串"ab 100"之后的字符串游标,以及『{.,[0-9]}』的匹配分支,它重新选择从『[0-9]』分支进入,满足后括号内捕捉到了"0",匹配结束。

如识别"/*　*/"注释,当字符串中有多个注释行时,显然希望一个个匹配。此时可在『+』、『*』字符后增加问号,变成『+?』或『*?』。

```
>> regexp('abc/*注释1*/efg/*注释2*/','/\*.*\*/','match') % .*一直匹配到了注释2
>> regexp('abc/*注释1*/efg/*注释2*/','/\*.*?\*/','match') % *?代表最小匹配
```

两者输出分别为：

```
'/*注释1*/efg/*注释2*/'
'/*注释1*/'    '/*注释2*/'
```

即『.*』只匹配了一处，内容包含从注释1到注释2之间的所有内容，而『.*?』正确匹配了两处。

19.6 环视

19.6.1 示例：多数值的字符串匹配

在之前整数识别的例子中，为了简单只处理单个数值，如果一个字符串内有多个数值，尝试如下语法：

```
                    lookaround_multinumber.m
01  regexp('24353  235a343','\d+','match')
02  regexp('24353  235a343','^\d+$','match')
03  regexp('24353  235a343  +343  中32 13 3','\<\d+\>','match')
04  regexp('24353  235a343  +343  中32  13  3',  '(?<=\s|^)\d+(?=\s|$)')
```

输出：

```
'24353'    '235'    '343'
{}
'24353'    '343'    '13'    '3'
'24353'    '13'    '3'
```

第01行错误地输出了"235"和"343"。

第02行没有找到匹配，即不可以再使用『^』和『$』来匹配多数值。

第03行使用单词匹配，但仍无法工作。因为在正则表达式内置的单词匹配模式『\<\>』中，单词仅仅是指由『\w』字符组成，在使用时可能出现错误（图19-1）。

图19-1 正则表达式单词匹配模式

第04行采用了『(?<=expr)』和『(?=expr)』的表达式，正常地输出了需要的数值。在正则表达式中，这种表达式被称为环视，环视由4种语法定义（表19-3）。

表 19-3 4 个环视操作符

环视操作符	描　　述	备　　注
(?＝expr)	当前位置的后面　是 expr?	
(?!expr)	当前位置的后面不是 expr?	
(?＜＝expr)	当前位置的前面　是 expr?	
(?＜! expr)	当前位置的前面不是 expr?	

为了理解环视的特性,举例如下:

```
                    lookaround_analysis.m
01  [m t] = regexp('123456','(\d)(\d)(\d)','match','tokens')
      % ()为群组＋捕获,m 输出 123、456,t 输出 1/2/3、4/5/6
02  [m t] = regexp('123456','((\d)(\d))(\d)','match','tokens')
      % m 输出不变,但 matlab 中,不输出子括号,即 t 输出 12/3、45/6
03  [m t] = regexp('123456','(?:\d)(\d)(?:\d)','match','tokens')
      % m 输出不变,(?:)不捕获群组,t 输出 2、5
>>  [m t] = regexp('123456','(?<=\d)(\d)(?=\d)','match','tokens')
      % 零长度断言不捕获群组,在匹配中不输出,因此 m 输出 2、3、4、5
```

输出(只列出 m,未列 t):

```
'123'    '456'
'123'    '456'
'123'    '456'
'2'    '3'    '4'    '5'
```

第 01 行,括号部分均被捕获,匹配"123"字符串后,匹配字符的游标位于字符"3"后,它继续匹配了后面的"456"字符串,m 输出"123""456"两组字符串,而 t 为{ {1 2 3} {4 5 6} }。

第 02 行,前两个字符又被括号覆盖,在 MATLAB 对于嵌套括号只输出最外层,因此 m 输出不变,但 t 变为{ {12 3} {45 6} }。

第 03 行,通过『(?:)』表达式控制,括号内只组成群组,但不捕获,此时 m 输出不变,但 t 变为{ {2} {5} }。

第 04 行,使用了前后环视,在正则表达式中,这种语法又被称为"零长度断言",这里的零长度表示匹配时,游标位置和"断言"无关。因此表达式查看发现"2"的前后均有数值,因此首先匹配了"2"。此时游标位于字符"2"后,按此继续匹配了"3""4""5"。

19.6.2 示例:考虑引号的字符串分割(按空格分割)

再回到前一章开头的问题:将字符串按空格字符分割为元胞数组,而且不含引号内的空格。可将正则表达式写为:

```
                    lookaround_splitbyblank.m
01  regexp('ab''c  d''  f','([^''\s]+|''.*?'')','match')  % 正确识别了引号内容
02  regexp('ab''c  d''  f','([^''\s]+|''.*?'')','match')  % 将 ab'cd 认成了两组字符串
03  regexp('ab''c  d''  f','([^''\s]+|\w*''.*?''\w*)','match')  % 将 ab'cd 认成了两组字符串
04  regexp('ab''c  d''  f','(\w*''.*?''\w*|[^''\s]+)','match')  % 正确处理
```

输出：

```
'ab'    ''c  d''    'f'
'ab'    ''c  d''    'f'
'ab'    ''c  d''    'f'
'ab'c  d''    'f'
```

第 01 行用到了两个匹配条件：第一个是『[^''\s]+』，表示匹配引号和空格之外的字符串；第二个是『".＊?"』，表示匹配引号之内的字符串。从输出看觉得可以工作了，实则不然。

第 02 行表明上述表达式在处理"ab'cd'"时，它将之认成了"ab"和"'cd'"两组字符串。但由于引号与之前的字母连接，不应该被分割。

认识到这个问题后，在第 03 行进行了处理，将『".＊?"』的前后补齐，即将引号前后的单词都纳入匹配。但测试表明没有效果，这是因为 MATLAB 的正则表达式引擎按左右顺序工作，它还是先匹配引号之外字符，然后从这个位置往后匹配，因此"ab'cd'"仍被匹配成两个字符串。

因此再更换正则表达式顺序，先匹配引号之内，再匹配引号之外，见第 04 行，本次终于给出了正确结果。

19.6.3　示例：考虑引号的字符串分割（按逗号分割）

问题还没有结束，字符串是按","分隔而不是空格。

```
                       lookaround_splitbycommon.m
01  regexp('ab''c,  d'',''e',  f,,g','(\w＊''.＊?''\w＊|[^'',]+)','match')
    % 将空格改为逗号，无法正确匹配',和,,
02  regexp('ab''c,  d'',''e',  f,,g','(\w＊''.＊?''\w＊|(?<=^|,)[^'',]＊(?=$|,))','match')
    % 增加前后环顾，可以匹配',
03  [m t]= regexp('ab''c,  d'',''e',  f,,g','(\w＊''.＊?''\w＊)|(?<=^|,)([^'',]＊)(?:$|,)',
    'match','tokens') % 将后向环顾改为不输出群组，可以匹配,,
```

输出（仅含匹配部分）：

```
'ab'c,  d''    ''    ''    ''e''    ' f'    'g'
'ab'c,  d''    ''e''    ' f'    'g'
'ab'c,  d''    ''e''    ' f,'    ',',    'g'
```

第 01 行的简单改写，结果并不正确，表达式匹配了将两组引号之间的空格，却没有将","匹配为空字符串。具体来说，当游标移到"d'"时，被第一个分支『\w＊''.＊?''\w＊』匹配，出现了第一个匹配："ab'c, d''"。再之后，引号后的空格字符被『['',]＋』匹配，而逗号不被匹配，出现了第二个匹配：空格。再之后的空格字符再次被『['',]＋』匹配，第三个匹配仍是空格。因此表达式匹配了 "d'"和"'e"之间不应该有的两个空格。当游标继续移到"f"和"g"字符之间的两个逗号时，逗号不能被表达式匹配，因此直接输出了匹配"f"和匹配"g"，但实际上，我们期望的是，两个逗号代表中间有一个空字符串。

第 02 行有意识地增加了环视,探查了引号外的前后逗号,由于上例中的两个空格不满足前后都有逗号的条件,因此不被匹配,可以输出正确结果。对于两个逗号,考虑到『([^'',] *)』可以为空字符,因此期望环视前后逗号也能输出正确结果,但输出结果不支持这个想法。也许环视必须有非空字符。

因此,我们采用第 03 行的语法,将后向环视改为不输出群组,此时终于可以输出正确结果。

从这个例子中,可以得出编写 MATLAB 正则表达式的经验:

(1) 可采用正则表达式代替复杂编程。

(2) 正则表达式的行为复杂,需要进行充分测试。

(3) 显式写出表达式前后匹配情况,有利于得到更为正确的表达式。

19.7　条件匹配

在正则表达式中可使用条件匹配,语法见表 19-4。

表 19-4　条件匹配操作符

条件匹配操作符	描　　述	备　　注
(?(cond)expr)	如果 cond 为真,则匹配 expr	
(?(cond)expr1│expr2)	如果 cond 为真,则匹配 expr1,否则匹配 expr2	

```
>> expr = 'Mr(s?)\.. * ?(?(1)her|his) son';
>> regexp('Mr. Clark went to see his son',expr,'tokens'); ans{1} % 输出''    'his'
```

程序输出:

```
''    'his'
```

第 1 条命令中,正则表达式表达第一个括号内『(s?)』为常规语法,表示含不含 s。第二个括号内的『(?(1)her|his)』采用了条件匹配,意思为第 1 个捕获是否为真,如果为真,则匹配"her",否则匹配"his"。

这里利用了"Mr"和"Mrs"仅差了一个"s",如果是两个独立的字符呢? 采用如下用法返回了同样的结果:

```
>> expr = '((Mrs)?)((Mr)?)\.. * ?(?(1)her) son';
>> regexp('Mr. Clark went to see his son',expr,'tokens'); ans{1}
```

如果只分组不匹配,即在表达式中增加『?:』,发现表达式已经无法匹配。同样,采用断言也无法匹配,即条件匹配中数值代表了捕获到的次序。

```
>> expr = '(?:(Mrs)?)((Mr)?)\.. * ?(?(1)her) son';
>> regexp('Mr. Clark went to see his son',expr,'tokens'); ans{1} % 输出''    ''
```

19.8　动态正则表达式

正则表达式引擎运行时,还可以根据之前匹配结果进行定制匹配,称为动态正则表达式。动态表达式最早来自于 Perl 语言,Java 和 MATLAB 也采用了相关语法,在 MATLAB 中由 4 种语法构成,见表 19-5。

表 19-5　动态正则表达式操作符

动态正则表达式 操作符	描　　　述	备　　　注
$ {cmd}	执行 MATLAB 命令 cmd,将 cmd 运行结果放到替代表达式中	
(??@cmd)	执行 MATLAB 命令 cmd,将 cmd 的输出结果放到匹配表达式	括号内不捕获
(??expr)	分析 expr,并将其结果字符串放入匹配表达式	括号内不捕获
(? @cmd)	执行 MATLAB 命令 cmd,但丢弃 cmd 的任何输出结果,常用于诊断正则表达式	括号内不捕获

19.8.1　$ {cmd}示例:将字符串替换为字符串长度(动态执行结果用于被替换字符串)

在动态正则表达式中,最简单的情形是将执行命令的结果用于被替换字符串。譬如:将字符串替换为字符串长度,譬如将"internationalization"更改为"i18n"。

```
                          regexp_dynamic_replace.m
01   match_expr = '(^\w)(\w*)(\w$)';
02   % replace_expr = '$1${(length($2))}$3'; % 报错:Evaluation of '(length($2))'did
                                            % not produce a string.
03   replace_expr = '$1${num2str(length($2))}$3';
04   regexprep('internationalization',match_expr,replace_expr)
```

第 01 行将字符串分为首尾字符和中间字符串。

第 02 行是使用动态字符串语法,即『$ {(length($ 2))}』,期望计算中间字符串的长度,但 MATLAB 报错,因为 length($ 2)输出的数值,而不是字符串。

第 03 行增加了 num2str 将数值转换为了字符。

第 04 行成功让函数输出首尾字符,以及中间字符的长度。

在字符串替换的例子中,所有『$ {}』的命令就像在 MATLAB 命令窗口输入一样,此外还可以应用『$ 1』等来代表捕获字符串,语法含义明确。

19.8.2　(??@)示例:匹配正确汇总了总字符数目的字符串(动态执行结果用于匹配字符串)

有时候希望将动态执行用于匹配,譬如可以匹配"X1""XX2"等字符串,即正确汇总了总字符数目的字符串。

```
                        regexp_dynamic_match1.m
01   str = {'XXXXX5','XXXXXXXX8','X1','XX1'};
02   regexp(str,'^([A-Z]+)(??@num2str(length($1)))$','match','once')
03   regexp(str,'^([A-Z]+)(??@num2str(length(\1)))$','match','once')
     % 使用\1输出错误结果
```

输出：

```
'XXXXX5'     'XXXXXXXX8'      'X1'      ''
''      ''      'X1'      'XX1'
```

第 01 行为待匹配字符串,匹配时希望 X 出现次数与数字匹配。

第 02 行计算了字符串长度,这里使用的替代字符为『$1』,而不是『\1』。

第 03 使用『\1』,在之前的分组与捕获中曾经说明,正则表达式中使用『\1』,但此处无效。

19.8.3 （??）示例：正确反映了总字符数目的字符串（动态分析匹配字符串）

现在将问题转换一下：正确反映了总字符数目的字符串。如匹配"1X""2XX"等字符串。

```
                        regexp_dynamic_match2.m
01   str = {'5XXXXX','8XXXXXXXX','1X','1XX'};
02   regexp(str,'^(\d+)(X{\1})$','match','once') % \1 和 $1 均无法匹配
03   regexp(str,'^(\d+)(??X{$1})$','match','once') % ?? $1 能够匹配
```

输出：

```
''      ''      ''      ''
'5XXXXX'     '8XXXXXXXX'     '1X'      ''
```

第 01 行为待匹配字符串,匹配时希望"X"字符出现次数与之前的数字相等,如果采用静态表达,需要遍历所有可能的数值。

第 02 行中,我们尝试采用『\1』。因为在"分组和捕获"中,我们发现『(\S)(\1)』能正确地匹配"aa""bb"等,但这个表达式没有返回期望结果。测试『$1』也无法匹配。

第 03 行中,采用了『(??{}）』语法返回了期望结果。可理解为在『(\S)(\1)』中,『\1』是『\S』的直接复制。而在『{$1}』中,『$1』是重复次数而不是直接字符,需要通过『??』通知引擎进行实时展开和分析。

再将问题转换一下：匹配"X"符号个数比前面数值多一个的字符串,如匹配"1XX""2XXX"。

```
                          regexp_dynamic_match3.m
01   str = {'1X','1XX'};
02   regexp(str,'^(\d+)(??X{(??@num2str(length($1)+1))})$','match','once')  % 无法工作
03   regexp(str,'^(\d+)(X{(1)})$','match','once')  % 即使在大括号内增加小括号,即 X{(1)}都
                                                    %  无法工作
04   regexp(str,'^(\d+)(??@repmat(''X'',[1,1+sscanf($1,''%d'')]))$','match','once')
```

输出:

```
''      ''
''      ''
''      '1XX'
```

第 02 行中,将上例中的『$1』更换为动态执行,但表达式未输出期望结果。

第 03 行中,经过持续简化,发现在最简单的正则表达式『X{1}』中增加一个小括号,即『X{(1)}』都已经无法匹配"1X"。因此,对于"匹配的 X 符号个数比前面数值多一个"的需求,也许很难单纯通过动态分析匹配字符串来实现。

第 04 行中,简单地将"X"字符重复,这才可以得到需要结果。

19.8.4 （?@）示例:正则表达式诊断(在匹配字符串中动态执行,但丢弃结果)

在回溯中有个例子,对于"abc 1000"字符串,如果用『.*[0-9]{2}』进行匹配,由于『.*』的匹配优先特性,它首先匹配到"abc 1000",发现『[0-9]{2}』无法满足时,它回溯了两次直至满足。可以用『(? @)』来观察这个过程。

```
>> regexp('abc 1000','^(.*)(?@disp($1))([0-9]{2})','match');
```

输出:

```
abc 1000
abc 100
abc 10
```

『(?@)』的效果是直接将此部分代码作为自定义程序嵌入正则表达式解析器中,输出需要的结果。再看如下例子:

```
>> regexp('abcdefghij','(?@disp(sprintf(''starting match: [%s^%s]'',$`,$'')))g','once');
```

输出:

```
starting match: [^abcdefghij]
starting match: [a^bcdefghij]
starting match: [ab^cdefghij]
```

```
starting match: [abc^defghij]
starting match: [abcd^efghij]
starting match: [abcde^fghij]
starting match: [abcdef^ghij]
```

正则表达式中使用了『＄`』和『＄'』字符,分别匹配了当前解析位置之前和之后的字符串。

再看一个正则表达式:

```
>> regexp('abc','(\S+)(?@disp(sprintf(''starting match: [%s^%s]'',$`,$'')))=','match')
```

输出:

```
starting match: [^]
starting match: [^c]
starting match: [^bc]
```

此条命令中,除去输出部分,正则表达式部分为『(\S+)＝』,即匹配含"＝"的字符。输出表明,它在无法找到"＝"时进行了回溯,首先回溯到"c",然后是"b",当达到"a"时发现前面已经无法匹配。

在表达式中增加一个『＋』,即『(\S+)＋＝』。

```
>> regexp('abc','(\S+)+(?@disp(sprintf(''starting match: [%s^%s]'',$`,$'')))=','match')
starting match: [^]
starting match: [^]
starting match: [^c]
starting match: [^]
starting match: [^]
starting match: [^c]
starting match: [^bc]
```

理论上两个表达式能匹配同样的字符,但由于嵌套『＋』的存在,在 MATLAB 引擎中,匹配过程也明显地形成了嵌套。

19.8.5　综合示例:通过正则表达式增加行号

在 17.5 节中,为了在代码前增加行号采用了如下程序:

```
                    editorhtml2clipboard.m
……
14      nret = [0 find(str == char(10))];
15      for i = length(nret): -1:1
16          j = nret(i);
17          str = [str(1:j) sprintf('%02d  ',i) str(j+1:end)];
18      end
……
```

有没有办法显式地去掉循环呢？由于对于每个出现的换行符,需要更换的数值不同,需要每个匹配的编号,但正则表达式中并没有查编号的语法。一个办法是使用全局变量,在每次匹配时递增变量作为编号;还有一个办法是利用数组提前记录下每个换行符位置,在替换时利用『length($`)』进行匹配。

```
                          str_addlineno2.m
01   s = ['abc' 10 'bc' 10 'ef'];
02   str = [10 s];                      % 在字符串开头添加回车
03   nret = find(str == char(10));      % 找到所有换行符下标
04   str = regexprep(str,'(\n)','$1${sprintf(''%02d  '',find(nret == length($`) + 1))}');
                                        % 用下标处编号改写回车
05   str(1) = []                        % 删除开头回车
```

输出：

```
01   abc
02   bc
03   ef
```

第 03 行找到了所有换行符对应的下标 nret。

第 04 行利用了动态正则表达式,首先获取被匹配换行符之前字符串,得到长度,将长度与 nret 比较得到换行符数目,最后用相应数目替换原字符串。

程序中找到所有换行符下标命令,还可以嵌入正则表达式中。形成下述程序。

```
                          str_addlineno3.m
01   s = ['abc' 10 'bc' 10 'ef'];
02   str = [10 s];                      % 在字符串开头添加回车
03   nret = [];
04   str = regexprep(str,'(\n(?@nret(end + 1) = length($`)))','$1${sprintf(''%02d  '',find
     (nret == length($`))}');           % 用下标处编号改写回车
05   str(1) = []                        % 删除开头回车
```

20

读文本文件案例

本章给出几种典型的文本文件读取方法，这里选取的案例包含一些常用的文件格式，同时每个案例着重介绍一个读取函数。

20.1 示例：带标题栏的数组（importdata）

一种最常见的输入数据格式如下 dat1.txt 文件所示，第一行为各参数名称，之后为参数组成的数据：

```
time        X          Y          Z
  .0000    .0000      .0000      .0000
  .5000    .0000      .0018    - .0002
 1.0000    .0000      .0036    - .0005
```

采用如下程序，可直接按标题名称，形成 s.time、s.X、s.Y、s.Z 结构体便于访问。

```
                              readtext_1.m
01  content = importdata(dat1.txt'); % 读入数据
02  for ich = 1:length(content.colheaders)
03    s.(content.colheaders{ich}) = content.data(:,ich);
                        % 直接按标题名称将数据压入结构体
04  end
```

20.2 示例：非纯数值规则文本读取（textscan）

一种非纯数值规则文件如下 dat2.txt 所示，为时间、文本、数值混合格式。

```
09/12/2005 Level1 12.34 45 1.23e10 inf Nan Yes 5.1 + 3i
10/12/2005 Level2 23.54 60 9e19  - inf   0.001 No 2.2 - .5i
11/12/2005 Level3 34.90 12 2e5    10    100    No 3.1 + .1i
```

可通过 textscan 读出此格式。

```
                            readtext_2.m
01  fid = fopen('dat2.txt');
02  C = textscan(fid,'%s %s %f32 %d8 %u %f %f %s %f');
03  fclose(fid);
```

函数返回 1x9 元胞数组 C。

```
C{1} = {'09/12/2005'; '10/12/2005'; '11/12/2005'}
                                      class cell
C{2} = {'Level1'; 'Level2'; 'Level3'}  class cell
C{3} = [12.34; 23.54; 34.9]            class single
C{4} = [45; 60; 12]                    class int8
C{5} = [4294967295; 4294967295; 200000] class uint32
C{6} = [Inf; - Inf; 10]                class double
C{7} = [NaN; 0.001; 100]               class double
C{8} = {'Yes'; 'No'; 'No'}             class cell
C{9} = [5.1 + 3.0i; 2.2 - 0.5i; 3.1 + 0.1i] class double
```

20.3　示例：文件预处理（fileread）

在 linux、python 等语言中，将 ♯ 及其后面字母视为注释项。如下述 dat3.txt 文件：

```
1 2 3
4 5 6   ♯第二行
7 8 9
```

由于第二行 ♯ 的存在，无法直接 load 数组。一种读取方法是逐个读取判断是否为注释，也可以逐行进行文件预处理。

```
                            readtext_3.m
01  % 全文预处理
02  str = fileread('dat3.txt');
03  newstr = regexprep(str,'♯.*?(\n|$)','\n');  % 注释使用(.*?)以满足最小匹配
04  fpn = fopen('dat3_new.txt','w');
05  fprintf(fpn,'%s',newstr);
06  fclose(fpn);
07  % 读文件
08  data = load('dat3_new.txt')
```

第 01~06 行为读取整个文件，然后进行预处理。这种方式代码量少，但预处理时尤其需要注意表达式的处理，如本例中注释中需要使用最小匹配。此外，最后除匹配回车，也要匹配文件结束，否则最后一行无法预处理。

这种方法适用于小文件情况，因为它读取的字符串比较长，在文件长度较大或复杂正则表达式下效率偏低。如果文件较大，可逐行读取逐行处理然后写文件。

20.4　示例：读取按间隔分割文件（fgetl/frewind）

有些文件是按间隔进行分割的（如 nastran 输入 bdf 文件的非自由格式），如下述 dat4.txt 文件。

```
1234 1.234.1000
567892.34 5.678
```

看起来不像数值，但实际输出上是按 5 个数字一组的数据，如下所示：

```
1234 |1.234|.1000
56789|2.34 |5.678
```

此时可采用

```
>>  str = fileread('dat4.txt'); sdata = textscan(str,'%5c%5c%5c')
```

然后对 sdata 进行处理。但这种处理可能出错。如第一行的“.1000”，取掉后面三个“0”后，上述语句读取结果全部混乱。读取的 sdata 三个元素分别变为：

```
sdata{1}
1234
67892
sdata{2}
1.234
.34 5
sdata{3}
.1

5
```

因此，一个较为安全的处理方法还是使用预处理，读取某行，在相应位置处增加逗号分隔符，最后利用 textscan 一次读取所有结果。

```
                        readtext_4.m
01  fp = fopen('dat4.txt','r');
02  fpn = fopen('dat4_new.txt','w+');
```

```
03   while(~feof(fp))
04     str = fgetl(fp);  % fgetl 返回整行
05     str = [str(1:5) ','str(6:10) ','str(11:end)];
06     fprintf(fpn,'%s\n',str);
07   end
08   fclose(fp);
09   frewind(fpn);  % 此处使用 frewind 回到文件头
10   data = textscan(fpn,'%f,%f,%f','CollectOutput',true)
11   fclose(fpn);
```

20.5　示例：文件读写模板（fscanf）

之前介绍的 XML 等，可以通过模板读取文件。但 XML 使用较为麻烦，可设计一个十分短小的模板，通过模板读取文件。

譬如工程上常用的文件中包含数值、向量、矩阵等变量，在变量中可以给出变量名，也可以不给出。一个文件 datasample.txt 如下：

```
3
数值 3
4
1 2 3 4
向量 3
5 6 7
矩阵 3 2
1 2
3 4
5 6
结束
```

可以设计一种文件格式 filetype.txt 如下，每行第一个词代表变量类型，第二个为变量名称，第三个为变量别名。当别名前带"＊"时，进行强制检验，如果读取的名称与之不符就报错，此功能可用于读取校验。

```
VALUE,x
VALUE,y,数值
VECTOR,z
VECTOR,v,向量
MATRIX,m,矩阵
NAME,s,＊结束
```

读取函数 readdata.m 如下所示，函数中 filename 和 filetypename 分别代表读取文件和模板文件名，本例中分别为 datasample.txt 和 filetype.txt。

readdata.m

```
01  function data = readdata(filename,filetypename)
02  % 按 filetype 读文件
03  % filename: 读取文件名
04  % filetypename:需读取文件描述
05
06  % file_type: nx1 元胞数组,每个数组内为 mx1 元胞数组
07  stype = fileread(filetypename);                    % 一次性读取文件
08  file_type = regexp(stype,char(10),'split');        % 按回车分开文件
09  file_type = cellfun(@(s) strtrim(regexp(strtrim(s),',','split')),file_type,
    'uniformoutput',false);                            % 对每个元胞按逗号再次分隔
10  file_type(cellfun(@(s) isempty(s{1}),file_type)) = [];  % 清除空行
11
12  fp = fopen(filename);                              % 读文件
13  data.DATAINFO = {};                                % 读取的数据名按顺序存储在元胞数组内
14  for ift = 1:length(file_type)
15    ft = file_type{ift}; type = ft{1}; varname = ft{2};  % type 是变量类型,varname 是变量名
16    if(strcmp(varname,'DATAINFO')) error('变量名不能用 DATAINFO,请更改');end
                                                       % 变量名不能用 DATAINFO
17    reqalias = ''; alias = ''; if(length(ft)>=3) reqalias = ft{3};end  % 有别名时的处理
18    if(~isempty(reqalias))
19        alias = fscanf(fp,'%s',1);                   % 读别名
20        if(reqalias(1) == '*' && ~strcmpi(alias,reqalias(2:end)))
    % 格式描述中别名带星号时,强制检测别名是否正确,可用于文件定位
21            error(['错误:要求读' reqalias '实际读取:' alias]);
22        end
23    end
24
25    value = readwritevalue(fp,type);                 % 按类型读数据
26    data.(varname) = value;                          % 保存数据到结构体
27    data.DATAINFO{end+1} = {type varname alias};     % 将读取数据信息按顺序写到元胞数组中
28  end
29  fclose(fp);
```

第 08 行和第 09 行将模板文件转换为元胞数组便于访问。

第 19 行,当模板文件中给出别名时,在被读文件中读取变量别名。

第 20 行,如果模板文件中别名第一个字符为"＊",则对别名进行强制检测。

第 25 行,根据模板中指定的类型读取,如 value 类型直接读一个值,vector 和 matrix 读维数,然后按维数读取数值。

在命令行运行:

```
01  data = readdata('datasample.txt','filetype.txt')
```

可以读出 data 结构体如图 20-1 所示,可以看出,程序已经按照模板完成了文件读取。

图 20-1 读取结果

程序第 25 行调用的 readwritedata 子程序如下：

```matlab
                            readwritevalue.m
01  function value = readwritevalue(fp, type, value)
02  % 读或写单类型 value = readwritedata(fp, type, value)
03  % 若输入没有 value, 则为读文件, 否则为写文件
04  % fp 为文件句柄, type 为需要读的种类, 如'value', 'vector', 'matrix'等
05  if(nargin == 2) bread = 1; value = ''; else bread = 0; end
06  switch(lower(type))
07      case 'value'
08          if(bread)
09              value = fscanf(fp, '% f', 1);
10          else
11              fprintf(fp, '% g\n', value);
12          end
13      case 'vector'
14          if(bread)
15              dim = fscanf(fp, '% d', 1);
16              value = fscanf(fp, '% f', dim);
17          else
18              fprintf(fp, '% d\n', length(value));
19              fprintf(fp, '% g ', value(1:end - 1));
20              fprintf(fp, '% g\n', value(end));
21          end
22      case 'matrix'
23          if(bread)
24              dim = fscanf(fp, '% d', [1 2]);
25              value = fscanf(fp, '% f', fliplr(dim))';
26          else
27              fprintf(fp, '% d % d\n', size(value));
28              fprintf(fp, [repmat('% g ', [1 size(value, 2) - 1]) '% g\n'], value');
29          end
30  end
```

readwritedata 既可以读文件,也可以将值回写到外部文件。回写由如下 writedata.m 程序给出:

```
                              writedata.m
01  function writedata(filename,data)
02  % 写文件 writedata(filename,data)
03  % filename 为写文件名
04  % data 为变量结构体,其中 DATAINFO 内含有变量信息,结构体其他值为变量
05  fp = fopen(filename,'w');
06  for idat = 1:length(data.DATAINFO)
07    buf = data.DATAINFO{idat};
08    type = buf{1}; varname = buf{2}; alias = buf{3};
      % type 为变量类型,varname 为变量名,alias 为变量别名
09    if(~isempty(alias)) fprintf(fp,'%s ',alias);end
10    value = data.(varname);
11    readwritevalue(fp,type,value);
12  end
13  fclose(fp);
```

第 07 行,程序获取了 DATAINFO 信息。DATAINFO 中已经按顺序存储了读取的变量类型、变量名和别名。在本例中,DATAINFO 内容和模板文件完全一致。实际应用场景中,可以在读文件过程中,将更丰富的信息存入 DATAINFO 中。

可以用如下命令将数据回写到文件中,并用 visdiff 命令和原文件比较,确认读写过程是否正确。

```
>>  writedata('datasample2.txt',data)
>>  visdiff('datasample.txt','datasample2.txt')
```

当回写结果与原文件一致时,基本可以确信读取正确无误。

21

综合案例(MATLAB帮助中"参阅"的统计)

在 MATLAB 帮助中,可以通过"参阅"(see also)从单个函数引申到一类函数。哪个函数"参阅"其他函数最多? 哪个函数被"参阅"得最多?

21.1 "参阅"统计

表 21-1 为 TOOLBOX/MATLAB 下的函数及其"参阅"数量统计表。第一列代表"参阅"的数量,第二列代表等于此数量的函数个数,第三列代表函数个数在总数目中占比。从统计中看:大部分函数参阅了 2～3 个其他函数,有 169 个函数没有"参阅"(如 why、rank、waitfor、pcode 等)。

"参阅"最多的是 specgraph,它是一个目录。"参阅"最多的函数是 hdf,共"参阅"了其他 19 个函数,其他较多的包括 ode15i(18 次)、ode45(17 次)、single(17 次)等。plot(16 次)"参阅"了大量和它相关的绘图函数,是真正意义上的"参阅"大户。

表 21-1 MATLAB"参阅"函数统计

参阅数量/个	函数个数/个	占比/%	参阅数量/个	函数个数/个	占比/%
0	169	12.59	10	12	0.89
1	172	12.82	11	5	0.37
2	226	16.84	12	14	1.04
3	208	15.50	13	16	1.19
4	189	14.08	14	0	0
5	95	7.08	15	2	0.15
6	69	5.14	16	10	0.75
7	62	4.62	17	8	0.60
8	25	1.86	18 个以上	27	2.02
9	33	2.46	总数	1342	100

通过"参阅"的互相跳转的次数统计见图 21-1。图 21-1(a)为能找到本函数的函数总数统计,图 21-1(b)为本函数能找到的函数总数统计。

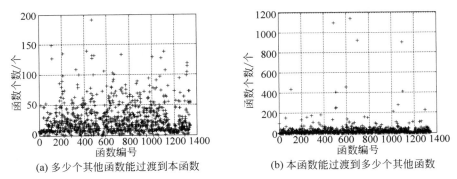

(a) 多少个其他函数能过渡到本函数　　　　(b) 本函数能过渡到多少个其他函数

图 21-1　函数过渡关系(三轮跳转)

经过不超过 3 轮跳转(图 21-1):

(1) 最容易被找到的函数为 function_handle,191 个函数经过跳转可以找到它。

(2) 从 iofun 文件夹出发,经过跳转可以发现 1139 个函数。

(3) 从函数 string 出发,经过跳转可以发现 411 个函数。

显然,IO 和函数是 MATLAB 的核心。

如不计跳转数目(图 21-2):

(1) 92%的函数可通过 800 多个函数找到。

(2) 通过 59%的函数可最终找到 1200 多个函数。

虽然不能以"参阅"为索引找到所有函数,但善用"参阅",绝对会有不一样的收获。

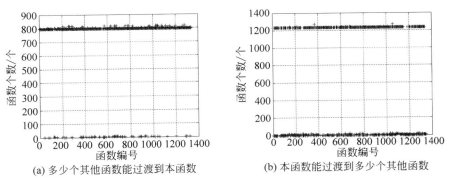

(a) 多少个其他函数能过渡到本函数　　　　(b) 本函数能过渡到多少个其他函数

图 21-2　函数过渡关系(不计跳转数目)

图 21-3 形象地绘制了函数"参阅"引用的关系,是用开源软件 graphviz 绘制的(http://www.graphviz.org)。

那些神奇的绘图软件

Visio、SmartDraw、CorelDRAW 很好用,除此之外,还有一些小众的绘图软件,如 metapost、asymptote、graphviz 等。

MetaPost 和 Asymptote 是输出矢量图形的脚本语言,其中 Asymptote 采用类似 C++ 语法,使用更便利。图 21-4 是编程得到的,对于规则图形可以输出更为美观清晰。

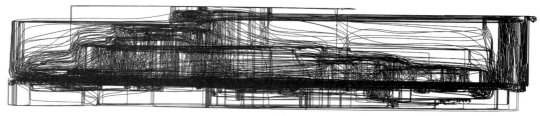

(a) 全局图

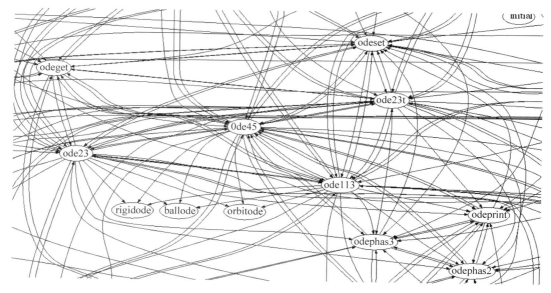

(b) 局部放大图

图 21-3 函数引用关系网络图

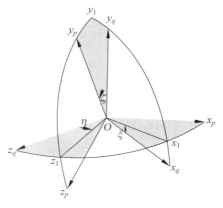

图 21-4 使用 Asymptote 绘制的欧拉角转换示意图

Graphviz(Graph Visualization Software 的缩写)则是一个由 AT&T 实验室启动的开源工具包,用于绘制 DOT 语言脚本描述的图形,在画逻辑关系图时有独到的特点(图 21-5)。

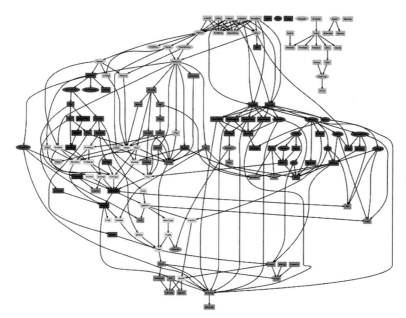

图 21-5　使用 Graphviz 绘制的逻辑关系图

21.2　主程序(函数调用和绘图)

```
                              main_seealso.m
01   % 通过"参阅"(see also)列出 MATLAB 帮助间引用关系
02   clc; clear; close all
03   bdata_seealsodone = true;  % 此步耗时较长,如之前保存过则直接读文件
04   if(~bdata_seealsodone)
05     allfuns = getfunsbytoolboxdir('\toolbox\matlab\');    % 获取 matlab 目录下的列出的函数
06     disp('-------- getfunsbytoolboxdir done --------------- ');
07     allseealsos = cellfun(@getseealso,allfuns,'UniformOutput',false);
       % 获取上述函数指向的函数
08     disp('-------- getseealso done --------------- ');
09     save data_seealso allfuns allseealsos;        % 存盘后直接载入
10   else
11     load data_seealso;
12   end
13   % 得到函数及其指向的邻接矩阵
14   conjmat = genconjmatrix(allfuns,allseealsos);
15   disp('-------- genconjmatrix done --------------- ');
16   % 从邻接矩阵得到每个函数被其他函数指向的总数
17   s = sum(conjmat,2);n = max(s);beref = zeros(n+1,2);
18   for i = 0:n,beref(i+1,:) = [i,length(find(s == i))];end
19   beref(find(beref(:,2) == 0),:) = [];
20   disp(sprintf('%d %5d %5.2f\n',[beref(:,1:2) beref(:,2)/length(allfuns) * 100]'));
```

```
21  figure; bar(beref(:,1),beref(:,2));grid on;xlabel('引用函数数目(个)');ylabel('函数个数
    (个)');xlim([-1 20]);
22
23  arrimat = graph_arrivemat(conjmat);
24  disp('-------- graph_arrivemat done --------------- ');
25  figure;plot(1:length(arrimat),sum(arrimat,1),'b+');grid on;xlabel('函数编号');ylabel
    ('函数个数(个)');title('多少个其他函数能过渡到本函数');   % 每个函数被它引次数
26  figure;plot(1:length(arrimat),sum(arrimat,2),'b+');grid on;xlabel('函数编号');title
    ('本函数能过渡到多少个其他函数');   % 每个函数引用其他
27
28  writedot('graph.dot',allfuns,allseealsos);
```

程序包含的元素和功能包括：

（1）文件夹访问：获取 MATLAB 目录下列出的函数，在第 05 行调用。

（2）字符串读取：获取函数的"参阅"内容，在第 07 行调用。

（3）数据结构：将函数的引用转换为数值格式，在第 14 行调用。

（4）数值计算与优化：计算"参阅"可达矩阵，在第 23 行调用。

（5）绘图：绘制引用图形，在第 25、26 行调用。

（6）写文件：将函数及其引用的关系按 Graphviz 格式输出，在第 28 行调用。

21.3　文件夹访问：获取 MATLAB 目录下列出的函数

getfunsbytoolboxdir.m
```
01  function allfuns = getfunsbytoolboxdir(toolboxname)
02  % 列出安装目录下 toolbox/matlab 所有分类名称，再从分类中找到其中所有函数
03  excludes = {'.','..'};                    % 排除'.'和'..'文件夹
04  allfuns = {};
05  dirs = dir([matlabroot,toolboxname]);     % matlabroot 为安装目录
06  for i = 1:length(dirs)
07    d = dirs(i).name                        % 获取文件夹名
08    if(strmatch(d,excludes,'exact')) continue;end    % 滤去'.'和'..'文件夹
09    seealso = getseealso(d);                % 从 Contents.m 文件得到函数参考列表
10    allfuns = [allfuns,seealso,{d}];        % 将列表和文件夹本身保存到函数列表中
11  end
12  allfuns = unique(allfuns);                % 去除相同的项
```

程序设计思路：通过搜索 MATLAB 文件夹，同时调用 MATLAB 帮助，获取文件夹内所有函数。

第 05 行，通过 dir 命令列出指定 matlabroot 目录下所有文件夹，并存储在元胞数组内。

第 08 行，从文件夹名中滤去"."（当前目录）和".."（上层目录）。strmatch 表示按行访问数组或元胞数组，看需要匹配字符与数组开头是否匹配，如果要精确匹配则使用"exact"关键字。

第 09 行，得到本目录下的"参阅"引用。显示 MATLAB 路径 DIR 下每个函数的简要

描述,如果目录下存在 Contents.m 文件,则会列出此文件的帮助。

第 10 行,将新发现的目录和所有引用增加到所有函数列表中。

第 12 行,由于函数列表中可能存在相同项,采用 unique 命令去除相同项。

21.4　字符串读取:获取函数的"参阅"内容

```
                              getseealso.m
01  function seealso = getseealso(comm)
02  % 列出相应函数的 See Also 列表,如果没有,则为空
03  if(nargin == 0) comm = 'help';end
04  str = help('-help',comm);          % 获取带超链接的帮助文本
05  n = regexp(str,'([\n]\s + Overloaded methods:|[\n]\s + Reference page in Help browser)');
06  if(isempty(n)) n = length(str);end;str = str(1:min(n));
        % 滤掉 Overloaded methods 等后文本(此文本含超链接)
07  seealso = regexp(str,'< a href = "matlab:help. * ?>(. * ?)</a>',  'tokens');
        % 正则表达式匹配超链接文本,超链接文本即为函数
08  seealso = cellfun(@(s) s{:},seealso,'UniformOutput',false);
        % 将匹配项中的 1×1 元胞数组展开
```

第 03 行,如果调用时不附加任何参数,则使用默认值,类似于 C 语言的默认型参。

第 04 行,调用 help,直接从其返回字符串获取 see also。此用法 MATLAB 文档中没有给出,但跟踪 help 程序可发现。

第 05 行,正则表达式,表示发现所有以回车开头,包括 $1 \sim n$ 个空格字符,然后连接 Overloaded methods 或 Reference page 的字符。

第 06 行,从最早发现字符处滤至结尾。

第 07 行,再次使用正则表达式,发现超链接文本。

第 08 行,由于正则表达式搜索结果被压缩到 1×1 元胞数组内,此处展开,因此输出结果为 $n \times 1$ 元胞数组,数组每项为字符型,表示命令指向的引用。

21.5　数据结构:将函数的引用转换为数值格式

```
                            genconjmatrix.m
01  function conjmat = genconjmatrix(allfuns,allseealso)
02  % 写出所有函数指向函数的邻接矩阵
03  n = length(allfuns);conjmat = zeros(n);
04  dict = containers. Map(allfuns,num2cell(1:n));         % 将数据压缩到字典,方便访问
05  for i = 1:length(allfuns)
06    root = allfuns{i};iroot = dict(root);
07    for j = 1:length(allseealso{i})
08        leaf = (allseealso{i}{j});
09        if(isKey(dict,leaf)) conjmat(iroot,dict(leaf)) = 1;end      % 填写邻接矩阵
10    end
11  end
```

第 03 行，如果调用时不附加任何参数，则使用默认值，类似于 C 语言的默认型参。

第 04 行，将函数→编号压缩为字典，在邻接矩阵中需要用到字符串→数字的对应关系，使用字典最方便。

第 09 行，将引用关系压缩到邻接矩阵。语句中采用了字典以提高效率，MATLAB 自带了很多高级的数据类型，因此大大方便了其操作。

21.6　数值计算与优化：计算"参阅"可达矩阵

```
                          graph_arrivemat.m
01  function Qr = graph_arrivemat(A,n)
02  %  计算可达矩阵
03  %  可达矩阵 = A + A^2 + ... + A^n
04  if(nargin == 1) n = length(A);end
05  A = single(A);
06  sqrtn = nextpow2(n + 1);
07  An{1} = A;
08  for i = 2:sqrtn - 1
09      i;
10      buf = An{i - 1}^2;buf(buf > 0) = 1;An{i} = buf;
11  end
12  I = eye(size(A));
13  Qr = sumA1ton(n);
14      function Q = sumA1ton(n)
15      %  计算 A + A^2 + ... + A^n 的递归程序,其中 An 和 I 变量继承自父程序
16          n;
17          if(n == 1)
18              Q = A;
19          elseif(rem(n,2) == 0)
20              Q = (I + A_power_n(n/2)) * sumA1ton(n/2);
21          else
22              Q = A * (I +   (I + A_power_n((n - 1)/2)) * sumA1ton((n - 1)/2)   );
23          end
24          Q(Q > 0) = 1;
25      end
26      function Q = A_power_n(n)
27      %  计算 A^n 的快捷算法
28          bin = fliplr(dec2bin(n));
29          Q = I;
30          for i = 1:length(bin)
31              if(bin(i) == '1') Q = Q * An{i};end
32          end
33          Q(Q > 0) = 1;
34      end
35  end
```

程序设计思路：图论业已证明，图的 n 次可达矩阵可以表示为 $A + A^2 + \cdots + A^n$。剩下

的就是通过 MATLAB 计算它。最简单的方法为按循环实现,结果效率非常低。而采用除法,即 $A+A^2+\cdots+A^n=A(I-A^n)/(I-A)$,会由于截断误差无法得出正确结果。此处使用了分治法,在 n 为偶数时,将 $A+A^2+\cdots+A^n$ 拆分为 $A+A^2+\cdots+A^{n/2}+A^{n/2+1}+\cdots+A^n=(I+A^{n/2})\times(A+A^2+\cdots+A^{n/2})$,从而将问题规模减半,依次类推,再对后者应用上述公式,直至规模为 1。在计算时,还发现,计算多个 $A^{n/2}$ 时存在重复计算的情形,因此事先将 A^1、A^2、A^4、A^8、$\cdots$ 计算好后存储,在计算 $A^{n/2}$ 时直接使用存储数值组合。使用分治法后,程序运行时间由小时级降低到 62s,存储中间计算结果后,运行时间进一步降低到 46s,将数值格式改为单精度,运行时间降低到 18s。

第 05 行,使用单精度存储数据。毋庸置疑,由于邻接矩阵为整型的、存在较多 0 元素的矩阵,采用更精简(如整型、单精度、稀疏矩阵等)的格式存储数据可提高计算效率。不幸的是,MATLAB 不支持整型乘法,也不支持单精度稀疏矩阵等,经测试使用单精度效果最好。

第 06 行,获取 $2^p>n$ 的第一个 p,用于计算 A^1、A^2、A^4、A^8、$\cdots$。

第 14 行,嵌套子程序,嵌套子程序可继承父程序内的变量,特别是 An 和 I,不用作为函数传入,方便了程序的编写。与普通程序相比,嵌套程序要求在相关函数后加 end 符,形成 function-end 对。

第 17~23 行,分治法递归程序,分为递归终止(n 为 1),n 为偶数和 n 为奇数 3 种情况。

第 24 行,将不为 0 的 Q 全部置为 1,此种方法称为逻辑切片,Q 内的输入 A 为与 Q 同维数,一般由逻辑操作生成的矩阵,则指定为 Q 中对应 A 不为 0 位置的元素,与下标切片 Q(find(Q>0))相比,此种语法更简捷,也运行的快一点。

第 28 行,dec2bin 将十进制数字转换为二进制字符串;fliplr 将字符串按从右至左顺序重写。

第 30~32 行,计算 A^n 的快捷程序,实现思路为任意 n 可写为 2^m 之和,譬如 9=8+1(即二进制 1001),13=8+4+1(即二进制 1101),将 n 展开后,用之前计算的 A^n 相乘即可得到。

21.7　写文件：将函数及其引用的关系按 graphviz 格式输出

```
                              writedot.m
01   function writedot(fn,allfuns,allseealso)
02   % 将函数引用关系写为 dot 文件,由 graphviz/dot 生成图形
03   fp = fopen(fn, 'w');
04   fprintf(fp,sprintf('#!"c:/Program Files/Graphviz2.26.3/bin/dot.exe" - Temf % s - o
     % s.emf\r\n',fn,fn));    % 需安装 graphviz 软件,使用时配置好 dot.exe 路径
05   fprintf(fp, 'digraph g\r\n{\r\n');
06   for i = 1:length(allfuns)
07     if(~isempty(strfind(allfuns{i},'.')) | ~isempty(strfind(allfuns{i},'/'))) continue;
     end    % dot 中不识别.和/,简单滤去
08     for j = 1:length(allseealso{i})
```

```
09        if(~isempty(strfind(allseealso{i}{j},'.')) | ~isempty(strfind(allseealso{i}
{j},'/'))) continue;end
10        fprintf(fp,'%s->%s;\r\n',(allfuns{i}),(allseealso{i}{j}));
11    end
12 end
13 fprintf(fp,'}\r\n');
14 fclose(fp);
```

这个子程序将引用关系写入 Graphviz 文件格式,由于 Graphviz 中不识别"."".""/"等符号,因此在循环中简单滤掉。

参 考 文 献

［1］ 阿贝尔森,萨斯曼.计算机程序的构造和解释[M].裘宗燕,译.北京：机械工业出版社，2004.

［2］ ALTMAN Y. Undocumented secrets of MATLAB-Java programming[M]. Boca Raton：Chapman & Hall/CRC，2012.

［3］ KELLEHER C，WAGENER T. Ten guidelines for effective data visualization in scientific publications[J]. Environmental Modelling & Software，2011,26(6)：822-827.

［4］ 佛瑞德.精通正则表达式[M].余晟,译.北京：电子工业出版社，2009.